U0062345

何以中华

何以中华

# 宴飨万年

王辉——著

文物中的
中华饮食文化史

广西人民出版社

**图书在版编目（CIP）数据**

宴飨万年：文物中的中华饮食文化史 / 王辉著 . — 南宁：广西人民出版社，2024.2（2024.6 重印）

ISBN 978－7－219－11665－4

Ⅰ . ①宴… Ⅱ . ①王… Ⅲ . ①饮食—文化—中国—古代 Ⅳ . ① TS971.2

中国国家版本馆 CIP 数据核字（2023）第 217495 号

YANXIANG WANNIAN：WENWU ZHONG DE ZHONGHUA YINSHI WENHUA SHI

宴飨万年：文物中的中华饮食文化史

王辉 著

策　　划　赵彦红
执行策划　李亚伟
责任编辑　卢秋韵　廖　献
责任校对　梁小琪
装帧设计　王程媛

出版发行　广西人民出版社
社　　址　广西南宁市桂春路 6 号
邮　　编　530021
印　　刷　广西昭泰子隆彩印有限责任公司
开　　本　787 mm × 1092 mm　1/16
印　　张　22.5
字　　数　443 千字
版　　次　2024 年 2 月　第 1 版
印　　次　2024 年 6 月　第 2 次印刷
书　　号　ISBN 978－7－219－11665－4
定　　价　88.00 元

版权所有　翻印必究

# 序

　　近年来，网络上流传着这样一个段子："人生有三大难题，分别是早上吃什么？中午吃什么？晚上吃什么？"乍看之下，这只是个普通的搞笑"梗"，但仔细想想，吃什么、怎么吃的确都是事关人类生存、发展的重大问题。

　　民以食为天，饮食是人类的本能需求。人类从诞生之日起，就在不断开发食物资源的过程中得到进步与发展，并且创造出光辉灿烂的文明成就。比如，人类饮食史上的第一次大飞跃，缘于对火的掌握和使用，让生食变为熟食。食用熟食有利于人体从食物中汲取更多的营养，从而促进了人类大脑的发育和体质的增强。又如，农业文明诞生的动因在于人类对食源的探索与追求。农

业文明诞生以前，人类的食物主要是依靠渔猎、采集
野生植物获得的。经过上百万年的渔猎、采集生活，
人类积累了十分丰富的动植物知识。随着经验的积
累，同时为了保障和增加食物的供应，人类逐渐学会
了种植自己所需要的植物和驯养自己所需要的动物。
因此，诞生了以种植业和畜牧业为基础的农业文明。

　　饮食在中华文明发展史上具有独特的历史地位。
它是中华文明的根基，对中华文明的各个方面均产生
了极其深远而重大的影响。医学、哲学、政治学、伦
理学、艺术学、文学等诸多学科的肇始均可追溯至
饮食活动。中华传统医学滥觞于史前先民的饮食过
程中，"药食同源"的理论与实践是中华饮食文化的
鲜明特色之一。从烹饪活动中引申出来的"和而不
同""五味调和"的哲学观念为中华文明提供了深厚
的内涵和底蕴。中国古代政治思想在饮食中有着深刻
的反映和体现，许多古代思想家和政治家都善于运用

饮食之道阐发自己的政治见解或处世哲学，老子的那句千古名言"治大国若烹小鲜"充分体现了中华饮食文化"食以体政"的突出特点。人伦教化是中华饮食文化持续发展的内在"凝固剂"。新石器时代开始的进餐之前祭祀祖先的礼俗，数千年来一直被国人传承。古人欢庆热闹的聚食活动充当了人们情感交流的媒介，敬酒、让菜、劝菜体现了相互尊重、礼让的美德，是中华饮食文化的独特魅力所在。音乐、诗歌、绘画、雕塑、舞蹈等多种艺术形式不仅产生于日常的饮食活动中，而且其每一阶段的发展和进步都离不开饮食。一方面，饮食活动为广大艺术家们提供了不竭的灵感来源和创作动力；另一方面，饮食活动本身也是艺术家们进行艺术创作的一个经久不衰的主题。

中国先民在开发食物资源过程中展现出的非凡创造力，不仅是中华文明生生不息、不断发展的源泉和动力，更对世界文明的发展产生了深远的影响。从文

献和考古资料来看，中国人在食物上的发明可谓世界之最。大米、小米、大豆等谷物和韭菜、白菜、萝卜、芒果、荔枝等蔬果的发现和培植，大大拓宽了人类的食源范围。作为"国饮"的茶的传播和推广，为世界人民带来了福音，茶文化也成为中华文明的"金字招牌"之一。中华饮食文化在接受外来饮食文化影响的同时，亦将自己的饮食文化源源不断地输往世界各地。除茶叶外，瓷器、酿造工艺、烹饪技法、进食工具、饮食方式、饮食礼仪等的对外传播，对世界其他地区的饮食文化产生了深远而广泛的影响。

中华饮食文化源远流长、内容宏富。如何在有限的篇幅里将历史悠久、博大精深的中华饮食文化内涵向广大读者传达？如何在确保本书学术性的同时，又增强故事性、趣味性？这些都是笔者面临的重要挑战。经过多番考虑，最终确定了本书以文物为叙述线索，通过深入挖掘文物背后的历史文化内涵来勾勒中

华饮食文化发展脉络的写作思路。本书所涉及的文物包括各博物馆馆藏的典型饮食器物，考古遗址中发现的食物遗存，传世文献或简牍帛书记载的饮食制度、食品清单、烹饪技法，画像砖石、壁画、历代丹青绘画作品上的食物图像和饮食场景，等等。透过这些漫长历史长河中的幸留片羽，我们可以在一幅幅鲜活生动的古代饮食文化图景中，领略古人日常饮食活动中体现出的创新精神和智慧之道。

醇酿佳饮

五味调和

烹饪有术

礼始饮食

斤豉汁生薑橘皮口調之

羊腸六斤又肉四

妾一兩安石榴汁

用胡麻一斗擣

炙火上蔥頭米

用瓠葉五斤羊

一頭解骨肉相

齊民要術

炙出腸切之

粆三升麫三斤或汁

作胡羹法用羊肳六斤

忽頭一斤胡荽一兩安

作胡麻羹法用胡麻一

一升米二合煮令大豆

作瓠葉羹法用瓠葉五

口調其味

# 五谷为养

　　以"吃饭"而不是以"吃菜"或"吃肉"作为进餐的代称，源于中国人沿袭数千年的以谷物为主的膳食结构。中国古代粮食作物统称为"五谷"。粟、麦、稻作为古人膳食中常见的三大谷物，在不同历史时期的地位不尽相同。早在新石器时代，先民们的主食就呈现出"北粟南稻"的格局。伴随着外来作物麦的崛起，自唐宋时期起，小麦取代了粟，成为北方农业生产的主体农作物，由此造就了现今我国"北麦南稻"的农业生产格局。

# 『社稷』何来

　　我们经常在古装电视剧中听到这样一个词："江山社稷。""江山"之意很容易理解，那么何谓"社稷"？其实，"社稷"指的是土地和五谷之神，是中国古代国家的代称和象征。用"社稷"代指江山出自东汉班固《白虎通》一书。《白虎通》又名《白虎通义》，是班固等人根据汉章帝建初四年（公元79年）经学辩论的结果撰集而成，因辩论地点在白虎观而得名。书中说："王者所以有社稷何？为天下求福报功。人非土不立，非谷不食。土地广博，不可遍敬也；五谷众多，不可一一而祭也。故封土立社，示有土尊；稷，五谷之长，故封稷而祭之也。"这段话的意思是，帝王应为天下百姓谋福祉，而百姓若没有土地就没有容身之所，没有谷物就没有食物，但是土地广袤，五谷众多，并不能一一祭祀，于是就封"社"为土地之神，"稷"为五谷之首，用来祭祀。因此历代王朝建国必先设立社稷坛，灭国亦必先变更其社稷，故《礼记·檀弓下》中有"执干戈以卫社稷"之语。

　　"稷"，在古代有很多名字，如禾、粟、粱、谷等。"粟"是"稷"最常用的名字。与粟特性相近的还有黍，也称"糜子"。两者的栽培条件和地理分布非常相似，仅在颗粒、形态

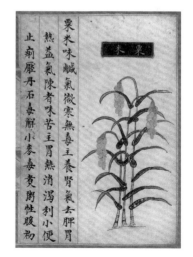

粟

北京社稷坛

和米质上存在微小差别，如黍大而粟小、黍穗散而粟穗聚、黍
的米质不如粟等。由于粟、黍的籽粒都非常细小，所以被统称
为"小米"。

大约在 1 万年前，先民们在黄河流域的广袤土地上，最早
驯化出粟和黍两种作物。因为粟和黍具有生长期较短、耐旱和
耐贮藏等优势，所以它们很快成为史前北方居民最主要的口
粮。目前考古发现的最早的栽培小米出自北京门头沟的东胡林
遗址，距今 10000—9000 年，这也是目前世界上发现的最早
的小米籽粒。此外，在内蒙古赤峰敖汉旗的兴隆沟遗址和陕西
西安的鱼化寨仰韶文化遗址中也曾出土过距今约 8000 年和约

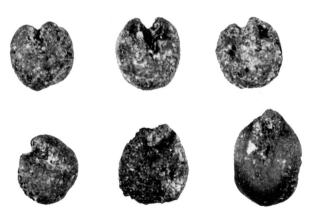

东胡林遗址出土的粟

7000 年的数万粒炭化粟粒和黍粒。

那么，先民们是如何烹饪粟和黍的呢？最早的烹制方法应该是石炙法，即烤炙。《古史考》曰："神农时，民食谷，释米加烧石上而食之。"意思是将谷物捣碎或磨碎后放在石板上烤熟。显然，用石炙法来烹制粟、黍并不方便，口感也不会太好。伴随着陶器的发明，人们制作出各种炊具（如鬲、鼎、甑、甗等），从而能够把粟、黍等做成美食。除了上述"粒食法"外，先民们也掌握了粟、黍的"粉食法"。2002 年，考古学家在青海民和的喇家遗址发现了一碗有着 4000 多年历史的面条。这碗面条粗细均匀，颜色鲜黄，与现在的拉面形态相似。经检测，面条是由粟米和黍米做成的。虽然面条的具体加工流程尚不清楚，但可以肯定先民们已经掌握了对植物籽实进行脱粒、粉碎、成型等一系列技术。这碗面条在中国乃至世界食物史上都具有重要的历史地位，为人类的饮食生活增添了丰富的内容。

4000 多年历史的面条表明先民们已经掌握了"粉食"技术。但这种"粉食"方式似乎并不普及，因为考古发现和文献记载表明，当时粟和黍的烹饪方式主要还是煮和蒸。

商周时期，粟、黍的地位愈发重要，甚至已经上升到政权更迭和王朝兴亡的高度了。《诗经·王风·黍离》中"彼黍离离，彼稷之苗"，描写了周大夫见到西周故宗庙宫室历沧海桑田而尽为黍稷的景象而彷徨哀叹，心生"黍离之悲"。这些记载表明粟和黍是并列的"五谷之王"。但随着时间的推移，粟、黍的并列地位在悄悄地发生着变化。相对于粟，商代人更注重的是黍。在商代甲骨文卜辞有关农作物的文字中，关于"黍年"的记载就有 100 多条。"黍年有足雨"表达了商代人最虔诚的期盼。为了得到神灵的庇佑，商代人在耕种时节用前一年的黍举行祈求丰收的仪式，收获后还要"献新黍"以禀告神灵。

为什么商代人如此重视黍呢？原因在于，黍舂出的黏性黄

4000 多年历史的面条

米，不仅是商代人最主要的粮食，也是他们酿酒的优质原料。商代人把酒视为和鬼神、祖先沟通的桥梁。因此，相对于粟而言，商代人对于黍的依赖性更强，如果黍的收成不好，那么势必会影响到酒的酿造。由此，也就不难理解为何商代甲骨文卜辞中会出现这么多"黍年"的记载了。

商亡以后，周代统治者汲取商代人"嗜酒亡国"的教训，发布禁酒令《酒诰》，这使得作为最优质酿酒原料的黍回归了粮食的本质。由于黍的口感和种植范围均不如粟，且粟还被赋予周人先祖后稷的重要象征意义，因此，粟的地位显著提高了，成为粮食在祭祀礼仪中的专称，而黍则渐渐走向了没落。黍、粟在商周时期的烹饪方式主要还是蒸制。如周天子专享品——"八珍"之一的淳毋，即将肉酱烹制好以后，盖在黍米饭上，类似现在的盖浇饭。与黍饭相比，粟饭的普及程度更高。

春秋战国时期，统治者对粟的种植十分重视，把粟的受灾减产作为大事在《春秋》中记载下来。《孟子》云："圣人治天下，使有菽粟如水火。菽粟如水火，而民焉有不仁者乎？"意思是圣人治理天下，使百姓的粮食像水与火一样充足。粮食像水与火一样充足了，老百姓哪有不仁慈的呢？粟的重要地位在下面这则故事中可见一斑。春秋时期，邹国宫廷里喂鸭子用的是秕谷（即人无法食用的带壳瘪粟子），秕谷用光了，君主下令拿上好的粟米跟百姓换秕谷，但民间的秕谷也不多了，所以用两石粟米换一石秕谷。有个官员觉得这种置换很可笑，君主便怒斥他不懂道理，说粟米人还舍不得吃哩，用它喂禽兽简直是伤天害理，把粮仓里的粟米转移到老百姓家中，为的是不糟蹋国家的粟米。除了用粟米煮饭外，时人也用粟米煮粥。在制作粟米粥时，为了提高口感和增加营养，有时还会添加菜、肉等其他配料。《墨子·非儒下》记载："孔某穷于蔡、陈之间，藜羹不糁。"意思是说，孔子在蔡、陈绝粮了，因无米做粥饭，只能食菜羹果腹。对于上文提及的"糁"，《说文解字》称："糁，以米和羹也。"可见，"糁"是指粟等谷物与菜或肉

粟和黍

混合的一种粥。

秦汉时期，粟位居各类谷物之首，在主食中的地位是最高的。北京大学收藏的秦简牍《泰原有死者》中记载了一则异闻：有个人死了3年后又复活了，被带到当时的首都咸阳，此人就将自己死后的感受告诉了官吏。他说："死人所贵黄圈。黄圈以当金，黍粟以当钱，白菅以当繺。"大意是黄圈（黄色的豆芽）、黍粟、白菅（白茅）都可以成为死者的财富，即以黄色的豆芽代替黄金，而黍、粟可以当作缗钱（用绳穿连成串的钱），白茅可以当作丝绸来穿。这则故事反映出黍、粟在秦人饮食生活中的重要地位。

粟的重要地位还表现在秦汉时期对职官和官阶的称呼上。秦代主管农业的官员叫"治粟内史"，西汉叫"搜粟都尉"。汉代官阶用粟米（俸禄）的多少来描述，如太守的俸禄为粟米六百石，故称为"六百石"，而丞相则为"两千石"。尽管粟的地位很高，但达官贵人却鲜少食用口感欠佳的粟饭。《西京杂记》记载：西汉大儒公孙弘做了丞相后，以前的故友前去拜访，公孙弘给他吃脱粟饭，盖布缝的被子。这位故友非常不满，逢人便说公孙丞相里面穿着华贵的衣服，外面套上一件粗麻布衣，在家里偷偷地大吃大喝，表面上却只吃粟饭。于是，朝野上下纷纷怀疑公孙弘是虚伪狡诈之人，公孙弘因此发出"宁逢恶宾，无逢故人"的感叹。除了粟饭外，据马王堆汉墓遣策记载，汉代人也食用以粟米为原料的饼食——"黄粢食"。

魏晋南北朝时期，黄河流域粟的种植十分普遍。据《魏书》记载：北魏献文帝派兵攻克肥城，获粟30万斛；攻破垣苗城，得粟10余万斛；等等。史籍记载，统治阶级的赏赐和赈济也以粟为主，如"赐畿内鳏寡孤独不能自存者粟帛有差""贫俭不能自存者，赐以粟帛"等。此外，从北魏贾思勰《齐民要术》中各章节的布置也可以看出粟的重要地位。此书介绍了几种农作物，粟排在其他农作物之前，其次是黍，再次是粱秫，最后是大豆、小豆和其他农作物。粟饭是普通百姓

马王堆汉墓出土的粟

餐桌上常见的主食，统治阶层如果食用粟饭则被视作节俭。如《三国志》记载，曹魏时，魏文帝曹丕的母亲卞太后"菜食粟饭，无鱼肉，其俭如此"。《齐民要术》记载了两款粟米蒸食法，一为作粟飧法，二为折粟米法。无论是作粟飧法还是折粟米法，前期的加工工序都异常烦琐，但蒸煮出来的粟饭饭粒呈现青玉的颜色，口感顺滑，味道甘美，又很饱腹。

黍米在这一时期多用于制羹和制粽。据南朝梁宗懔《荆楚岁时记》记载，农历三月初三"取黍曲菜汁作羹，以蜜和粉，谓之龙舌粙，以厌时气""夏至节日食粽"。又据西晋周处《风土记》记载："仲夏端午，烹鹜角黍。注曰：'端，始也，谓五月初五日也，俗重此日，与夏至同。先节一日，以菰叶裹黏米，以栗枣灰汁煮，令熟，节日啖……黏米一名粽，一名角黍，盖取阴阳包裹未散之象也。'"可见，当时的粽子是以黍米为原料、以菰叶为包裹材料的，名"角黍"。

从汉代开始，粟在全国粮食生产中的地位开始有所下降。至唐代，在时人眼中，粟米的品级已不及稻米。唐代宰相郑余庆曾通过邀请众官员食用粟饭来表现清廉和节俭。唐代官员褚亮也提出过"黍稷良非贵"的评价。唐军中若供应粟饭，则是待遇降低的信号。当年，唐德宗被逼出长安的主要原因是给兵士们提供了粟饭而非其他更佳的主食。尽管地位下降，然而粟在黄河流域仍不失为主粮之一，唐代仍有不少讴歌粟的诗作。如唐代诗人李绅云"春种一粒粟，秋收万颗子"，杜甫云"瘦地翻宜粟，阳坡可种瓜"等。河南洛阳出土的隋唐遗存"含嘉仓"中，就有各种各样的农作物种子，其中最多的是粟谷，盛谷粒的陶罐上写有"万石"字样，表达祈求粟谷丰收的愿望。

与粟的地位直线下降不同的是，黍曾在一定历史时期内出现过"复兴"的迹象。如魏晋南北朝时期，由于长期的战乱造成了经济的凋敝和土地的荒芜，这种状况使得黍的食用价值凸显，种黍成为农民的首要选择。《齐民要术》记载："耕荒

清代徐扬绘《裹角黍图》，故宫博物院藏

毕……漫掷黍稷，劳亦再遍。明年，乃中为谷田。"由于黍的地位在南北朝时期有所回升，故品种也较之前大为增加，《齐民要术》中记载黍的品种将近 20 个。唐代，黍在人们饮食生活中的地位虽不像以前重要，但仍具有代表性。如唐代诗人杜甫云"禾头生耳黍穗黑，农夫田父无消息"。黍饭是唐代农家招待客人的重要主食。如唐代孟浩然《过故人庄》云："故人具鸡黍，邀我至田家。"有鸡有黍的日子，便是唐代普通农家幸福生活的真实写照。黍也并非难登高雅之堂的寻常之物。据考证，韦巨源《烧尾宴食单》中记载的御黄王母饭，就是一道精制的盖浇黄米饭。

宋元时期，粟、黍的地位进一步下降，其在北方已居于麦后，在南方则少量用作旱地作物。尽管在《宋史·食货志》所载的"谷之品七"中，粟、黍分列第一、第四位，其种植范围已远不及排名第二的稻和第三的麦。由于粟在中国粮食发展史上有重要地位，宋代诗作中仍然将粟作为标志性的粮食作物。如宋代诗人吕南公有诗云："昨者小麦熟，野人稍相宽。新粟今又黄，喜闻不青干。"在餐饮文化尤其发达的宋代，许多名士大家都以俭食引领时尚，而俭食的标准之一就是食用粟饭。大文豪苏轼提倡蔬食养生的理论，并身体力行之。他在《送乔仝寄贺君》一诗中写道"狂吟醉舞知无益，粟饭藜羹问养神"，以自己的经验劝导别人不要醉生梦死，而要以粗茶淡饭养生。陆游在《山居食每不肉戏作》中云："二升畲粟香炊饭，一把畦菘淡煮羹。"对于陆游来说，甘美的粟饭、清甜的菘羹实为佳肴。元代人流行在夏日食用粟米水饭。元代无名氏《居家必用事类全集》中记载了粟米水饭的制作方式："熟炊粟饭，乘热倾在冷水中，以缸浸五七日，酸便好吃。如夏月，逐日看，才酸便用。如过酸，即不中使。"可见，元代水饭是将粟米饭放入冷水中浸泡，利用夏日高温的有利条件自然发酵酸化而成。因为水饭酸爽冰凉，所以成为人们夏日里可口的消渴去饥的食品。

御黄王母饭

　　明清两朝，水稻在全国粮食生产中的主导地位已完全确立；即使在北方，粟、黍的地位也被小麦碾压。宋应星《天工开物》记载："今天下育民人者，稻居什七，而来、牟、黍、稷居什三。"这一时期，人们除了食用单一谷物炊成的粟饭、黍饭外，也食用添加其他配料炊成的复合饭。比如明代田艺蘅《留青日札》中记载的桃花饭，而北方人常吃的粟米水饭也具有"解渴去烦"的功效。据金易、沈义羚《宫女谈往录》记载，因庚子事变仓皇出逃的慈禧太后也曾吃过农家的粟米水饭。

　　就粥品而言，明清时期北方人所食之粥多为粟米和黍米熬制的小米粥，而南方所食之粥多为大米粥。清代人对煮粟米粥颇有心得。清代薛宝辰《素食说略·粥》云："煮粟米粥，初下米时，加生香油一匙，粥煮成时，但觉其味厚而腴，而不知有油味，加油迟则不可下咽矣。粟米粥加淡红小豆颇佳，豇豆、刀豆、白红扁豆亦可，若绿豆、黄豆、黑豆，皆不宜。"意思是煮粟米粥，刚下米的时候，加入一勺生香油，粥煮好时，只会觉得味道醇厚丰腴，而不会感到有油味，油放晚了则难以下咽了。在粟米粥里加入淡红小豆最好，加入豇豆、刀豆、白扁豆、红扁豆也可以，但不能放绿豆、黄豆、黑豆。由粟米粉制成的窝头在北方人的餐桌上也很常见，虽然此品口感较差，但是便于携带且饱腹感强，因此成为农家必备的主食之一。粟米做成的小糕点则口感较好，如把粟米粉和糯米粉混合，添加大枣、红豆、莲子、百合等配料，则可制作成风味独特的可口发糕。

　　作为先民们最早驯化的两种作物，粟和黍在中国饮食文化发展史上占有不可估量的重要地位。古人将"黍稷"连用来比喻王朝的兴亡，可见粟和黍也具有非比寻常的政治意义。随着周族的先祖后稷由宗庙祭祀的对象成为郊祀天帝的"配神"，具有后稷象征意义的稷（粟）成为当仁不让的唯一的"五谷之王"，与"社神"一起被列为最主要的祭祀对象，"社稷"也成为国家的代名词。古人对粟、黍的烹食方法最早是石炙，后有蒸、煮等，但由于麦和稻的迅速崛起，加之粟、黍的口感不佳，所以粟、黍这两颗北方粮仓的"双子星"在主食中的地位从秦汉时期开始逐渐衰落。至于唐宋，麦逐渐代替了粟、黍成为北方人民最重要的主食，稻则逐渐成为南方人民最重要的主食。尽管如此，粟、黍依然是最早的"五谷之王"，是中国农耕文化最重要的标志。正如赵志军先生所言：黄色的土地、黄色的河、黄色的小米，共同孕育出了辉煌的中国古代文明。

稻养万年

2006 年，考古学家们在浙江浦江上山遗址的地层中发现了一粒距今上万年的炭化稻米。经研究，专家们认定这粒稻米属于驯化初级阶段的原始栽培稻。专家们在上山遗址中发现的水稻收割、加工和食用的较为完整的证据链，是迄今所知世界上最早的稻作农业遗存。上山遗址的发现将稻作栽培历史上溯至 1 万年前，刷新了人们对世界农业起源的认识。

上山遗址出土的第一粒稻米

稻是中国南方史前遗址中发现最多的植物遗存，目前出土稻遗存的遗址已近 200 处，主要集中在长江中下游地区，这一带的史前遗址中或多或少会发现稻遗存。出土稻米数量较大的遗址有距今 8000 年左右的湖南澧县八十垱遗址以及距今约 7000—5000 年的浙江余姚河姆渡遗址。在新石器时代的一些气候温暖期，水稻也曾一度北传，在黄河流域的史前文化遗址中，已发现多处出土有稻遗存的遗址，分布于河南、陕西、甘肃、山东等省份，这一带一直是稻作农业和粟作农业的交会地带。但北方出土的稻遗存与南方出土的稻遗存肯定不可同日而语。

新石器时代炭化稻谷，中国国家博物馆藏

先民们对于稻米的烹饪，是置于烧石之上炙熟而食之。但烤米干硬，不利于消化吸收，尤其不适合老幼病残者食用。伴随着陶鬲和陶甑等原始炊具的发明，先民们吃上了米粥和干饭。中国国家博物馆收藏的新石器时代客省庄二期文化所出土的单耳陶鬲就是一件"煮粥神器"。此陶鬲为夹砂灰陶，折腹圜底，三个空袋足略短肥，分裆。口与腹部间附一个略宽扁的桥形把手，把手上部有一个扁圆形泥饰，中部有数条竖绳纹。鬲的三个足可以使鬲在煮食时稳稳当当地撑起，便于生火燃烧；空足和鼓腹，扩大了鬲中食物的受热面积，提高了热能的利用率，既缩短了烹饪时间，又节省了燃料。汉字"鬻"是一个上下结构的会意字，上部为"粥"，下部为"鬲"，其实就是用鬲来煮粥的意思。出土的鬲外部多见烟迹，而鬲内的水锈较少，腹内及足内壁常残留一层黑灰，应是长期煮粥留下的焦煳之迹。

先秦时期，稻的种植之地主要是在长江中下游。《周礼·夏官·职方氏》中有"（荆州、扬州）其谷宜稻"的记载。荆、扬之地处于长江中下游地区，在春秋战国时期分属楚、吴，是著名的水乡。这一带历来都是我国水稻高产区。与南方相比，北方种植的水稻不多，所以水稻在北方尤其珍贵。《周礼》在记载周天子的饮食时，首先提及的粮食便是"稌"（即稻）。《论语·阳货》云："食夫稻，衣夫锦，于女安乎？"意思是，吃稻米，穿锦衣，难道你能心安吗？可见，当时稻是比较珍稀的粮食品种，所以才能作为天子之食，食用稻的行为也被视为奢侈行为。

新石器时代单耳陶鬲，中国国家博物馆藏

除了稻米饭外，《周礼》中还记载了一款专供天子享用的美食——"糗饵"，这里的"饵"是用稻米粉和黍米粉合蒸而成，即后代的糕。而《楚辞·招魂》中的"蜜饵"，应为一种蜜糕。传说年糕的起源与伍子胥有关。春秋时期，吴王阖闾去世后，儿子夫差继位，夫差听信谗言，赐死伍子胥。伍子胥临死前叮嘱部下说："我死后若国家遭了饥荒，你们就把城墙扒掉，掘地三尺，百姓便可以得救了。"伍子胥死后，吴国果然日渐衰落。越国乘机进攻，兵临苏州城下，城中百姓很快就到了无粮可吃的境地。这时，部下想起伍子胥留下的话，于是扒了城墙，掘地三尺，发现那城墙底下的砖竟是用糯米粉制成

"粥"的篆体

的。就这样，苏州百姓奔走相告，纷纷前来捡"砖"，平安地度过了饥荒。此后，人们为了纪念伍子胥，便在丰年腊月里将糯米制成糕状来祀奉他，这种习俗一直流传至今。由于糯米糕是在过年时制作食用的，人们便称之为"年糕"。

秦汉时期，水稻的种植技术取得了巨大发展。《氾胜之书》中有种植水稻法的详细记载，其中提到的通过控制水流来调节水温，为水稻在北方地区种植提供了新思路。汉代水稻的品种甚多，主要有籼稻、粳稻、糯稻（秫稻）等，颗粒长、中、短并存。汉代，江南各地已广泛种植水稻。湖北江陵凤凰山汉墓所出简牍中记有粱米、白稻米、精米、稻粝米、稻稗米等各种稻米，反映出稻米是当地的重要主食。据杨孚《异物志》记载，交趾地区在这一时期出现了双季稻。广州番禺出土的东汉陶水田呈长方形，四周微翘。四边砌埂，内砌十字埂，形成"田"字形地块，又在其中三块地砌斜向埂。田中有7个戴笠俑，或低头，或弯腰，表现出插秧的劳作场面。这件文物显示的是双季稻抢种抢收场面，表明双季稻的种植地区已经扩展到珠江流域。

"吃干饭"在现代词汇中是一个不折不扣的贬义词，用来比喻光吃饭不做事的人或无能之辈。可是，古代中国人却经常"吃干饭"。干饭，又称为"糒"，是将蒸熟的米饭摊开在日光下暴晒而成的干燥饭粒。汉代行军作战，多携糒充饥。糒也是河西屯戍吏卒最重要的食用粮之一。居延汉简中有大量关于

东汉陶水田，番禺博物馆藏

制作、储存、分发和食用糒的记载，其中一则粮食登记簿记载的"米糒"数量为230多石。有的非行伍之士在日常饮食生活中也有食糒的习惯，如谢承《后汉书》："沈景为河间相，恒食干糒。"

魏晋南北朝时期，随着水利事业的发展，北方的某些地区也具备了种稻的条件，但是稻米在北方仍属于珍贵的物品。据史籍记载，北魏明元帝拓跋嗣在位期间，其元老重臣安同的长子安屈掌管太仓。为表孝心，安屈竟然偷盗太仓的数石粳米来供养安同。安同得知后，大为光火，立即上奏请求诛杀安屈，并治自己教子不严之罪。拓跋嗣很欣赏安同为明法纪大义灭亲的做法，遂下诏长期供应安同粳米。元老大臣的粳米供应还要皇帝特别下诏赏赐，足见当时粳米的珍贵程度。南方水田稻作在这一时期取得了更大的发展。《齐民要术》设有种稻专章，所记稻的品种十分丰富，有黄瓮稻、黄陆稻、青稗稻、豫章青稻、尾紫稻、青杖稻、飞蜻稻、赤甲稻、乌陵稻、大香稻、小香稻、白地稻、秫稻等。这些品种中既有水稻，又有陆稻。这些记载表明，经过历代人民在生产实践中的精心选育，至魏晋南北朝时期，水稻的品种体系已经颇具规模。

这一时期，石磨的普及和推广使大量稻米被用于磨粉，进而加速了米粉的批量生产。值得一提的是，最初的米粉在文献记载中不是食用物，而是护肤品及化妆品。魏晋士大夫生活奢靡，如名士何晏就粉不离身，有"傅粉何郎"之称。南朝梁《颜氏家训》对此现象进行过犀利的批评："梁朝全盛之时，贵游子弟，多无学术……无不熏衣剃面，傅粉施朱……"《齐民要术》把米粉制作法纳入《种红蓝花、栀子》一节中，即是米粉作为化妆品的明证。现今，米粉的美容作用仍没有绝迹，我国华南地区仍保留将稻米粉制成蜜粉护肤的传统，这可能是魏晋南北朝时期的孑遗。用作护肤品的米粉毕竟是少数，多数米粉还是用于制成米线或糕点以供食用。《齐民要术》中详细记载了米线的制法，米糕的制作技艺在当时也有所提高。《齐民要术》中还收录了"粩"的制法，这种"粩"，即包裹了枣、栗的糯米粉米糕。

隋唐时期，人们饮食生活中的主粮结构与前代相比出现了两个明显的变化：一是水稻的种植面积和总产量后来居上；二是在旱地作物中，以小麦为主的麦类作物的地位上升，并显示出领先的趋势。至此，我国北麦南稻的粮食结构基本成型。水稻生产规模的迅速增长与北方人口频繁南迁，使南方劳动力持续增长，耕地面积不断扩大有关。当时，南方水稻的主产区为江浙、两湖和四川地区，这些地区激增的稻米产量使当地稻米已经开始外运，经常接济京师等地。北方水稻在这一时期生产规模和产量方面也达到前所未有的水平，关中、河南、徐州等地的水稻种植业尤为亮眼。如白居易《饱食闲坐》诗句"红粒陆浑稻"描写的就是洛阳所产稻米的情况，唐代孟诜《食疗本草》中"淮、泗之间米多"的记载反映出徐州地区稻米的种植情况。这一时期水稻的种植与选育已经相当成熟，粳、籼、糯三大品系正式确立，并奠定了后世的规模。此外，还出现了新的水稻品种。据《新唐书》记载，东北地区的渤海国曾培育出名为"卢城之稻"的著名稻种。

这一时期，著名的饭食有"碎金饭""清风饭"等。谢讽是隋朝的尚食直长，他在所著的《食经》中记载有多款美食，其中有一款名为"越国公碎金饭"。"越国公"指的是隋朝重臣杨素；"越国公碎金饭"应该是杨府之食。"碎金饭"，顾名思义是饭如碎金，色泽金黄。有专家推测，"碎金饭"很可能是在饭中加入色泽金黄的食材，而食材色泽最金黄的，莫过于蛋黄，因此，这款"碎金饭"极有可能是现在扬州炒饭的前身。北宋陶谷在《清异录》中记载了唐敬宗时期流行的一款"清风饭"，是用糯米饭、龙睛粉、奶酪等调制冷却而成。

糕点制作在当时有很大发展，名品有谢讽《食经》所记载的"花折鹅糕""紫龙糕"，韦巨源《烧尾宴食单》所记载的"水晶龙凤糕"，以及刘𫗧《隋唐嘉话》中的"百花糕"等。

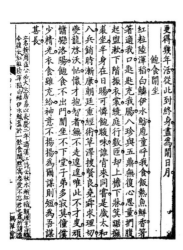

白居易《饱食闲坐》书影

"花折鹅糕""紫龙糕"的得名恐与形制有关；"水晶龙凤糕"可能指枣米同蒸，开花方可上桌食用；"百花糕"是以多种花卉和米粉蒸制而成。这一时期，还出现了专门的糕店。《清异录》记载，后周显德年间，开封一座糕点作坊的主人因纳财买官，人称"花糕员外"，可见糕品售卖的利润不菲。

宋元时期，全国的经济重心已转移到南方，而南方的主要粮食作物就是水稻，于是水稻一跃成为全国第一位的粮食作物。尤其是太湖流域，不仅是当时最成熟的稻作区，更是漕粮的主要供给区，于是民间出现了"苏湖熟，天下足"的说法。这一时期，我国还引入了外来的水稻品种——占城稻。这是越南人民培植起来的一种优质稻种，具有耐水耐旱、穗长而无芒、粒差小、不择地等诸多优点。因为占城稻优点颇多，所以在当时的长江流域很快被推广开来。

这一时期，饭、粥、糕、团、粽等主食品种更加丰富。团、粽一般是作为节令小食出现的，另文阐述，此处只介绍当时著名的饭、粥、糕。古代重视饭食调养之道，吃"青精饭"便是其中之一。南宋文人林洪《山家清供》记载了"青精饭"的制法：取南烛木的枝叶捣出汁后，浸入上好的粳米；一两个时辰后，将浸透的米隔水蒸熟；接着，将熟透的米饭暴晒至坚硬后就可以贮藏起来了；烹饪时，取出"坚而碧色"的干米饭投入适量的水中，水一开即可食用。像"青精饭"一样的混合制饭类还有"蟠桃饭"（桃肉与米合煮）、"金饭"（黄菊花与米合煮）、"蓬饭"（白蓬草与米合煮）等。也有将鱼肉、虾仁、鸡肉、鹅肉、猪肉、羊肉等与米杂煮的饭食。宋人认为喝粥能延年益寿。南宋诗人陆游在《食粥》中有"只将食粥致神仙"之语。北宋的《政和圣济总录》中详细介绍了"苁蓉羊肾粥""生姜粥""补虚正气粥""苦楝根粥"等130多款药粥。宋代的糕品种繁多，这里简要介绍《中馈录》所记载的"五香糕"以及《山家清供》所记载的"广寒糕"。"五香糕"采用上等白糯米和粳米，加入芡实、人参、白术、茯苓、砂仁等配

青精饭

料拌和，磨粉，过筛，加糖水拌匀，放入甄中蒸熟即可食用。此糕松软香甜，有健脾开胃的功效。"广寒糕"的制法为：采摘桂花，择掉青色的花蒂，洒上甘草水，和米混合在一起春成粉，蒸熟即可。每逢科举之年，一起读书的朋友都会做这种糕品相赠，以讨一个蟾宫折桂的好彩头。蟾宫，即月宫，又称广寒宫。也许在宋人的眼中，吃了"广寒糕"就能"逢考必过"吧！

明清时期，全国的经济重心仍在南方，水稻在全国粮食生产中占据不可撼动的主导地位。明代宋应星《天工开物》中有"今天下育民人者，稻居什七"，而由于境田的开发，湖广地区（今湖南、湖北地区）取代了苏湖地区成为全国最大的粮仓。此外，由于当时人地矛盾问题极为突出，所以多熟制在长江流域得到大力推广。岭南和台湾地区的两熟制比长江流域更普遍，而且局部地区已开始推行一年三熟制。

这一时期，饭的种类及制法更加多样化。因米质、做法不同，饭可分为多种，如"香稻饭"（用江苏丹阳、常熟等地所产稻米所制，通米皆香，香气别具一格）、"荷叶饭"（以荷叶包好米煮而得名）、"青菜饭"（因取青菜心炒制而得名）、"蚕豆饭"（因蚕豆泡水去皮与米同煮而得名）等。康熙帝对庶母孝惠章皇后十分孝敬。据蒋良骐《东华录》记载，在皇太后六十岁生日时，康熙帝作一篇《万寿无疆赋》为之祝寿，又从各地进贡的大米中，精心挑选大小、形状、色泽一模一样的一万粒，命御膳房蒸成米饭，称"万国玉粒饭"，再配上精美的菜肴和果品，供皇太后享用。

与前代一样，明清时期的权贵阶层也爱食用养生类粥品。据统计，《红楼梦》中提及的美食有 186 种，而粥品有 40 多种，约占 1/5。如史太君食"红稻米粥"，林黛玉食"燕窝粥"，贾宝玉喝"碧粳粥"等。粥品的繁多从侧面反映出贾府的奢侈生活。与权贵阶层食用的具有养生保健作用的混合粥不同，普通百姓经常食用的是纯大米煮成的白粥。因为便于消化吸收，

《天工开物》中的插秧图

简单的白粥也有养生的功效。清吴敬梓《儒林外史》中虞博士的娘子因生儿育女导致身体病弱，因无钱买药而每日只食三顿白粥，身体竟也渐渐好转。清人则总结出熬粥的经验，薛宝辰《素食说略》中记载，煮粥须水先烧开，然后下米，这样水米易于融和。粥须一气煮成，否则味便不佳。煮粥以泉水为上，河水次之，井水又次之。煮粥须按米多少调节水量，水少则过稠，水多则过稀。

当时的饮食典籍中记载的糕品数不胜数。韩奕《易牙遗意》中载有"五香糕""松糕""生糖糕"等，宋诩《宋氏养生部》中载有"山药糕""莲蓊糕""芡糕""松黄糕"等。值得注意的是，此时，糕点的烹饪方法已不限于蒸制，也有炒制。《宋氏养生部》记载了"炒米糕"的制法：白糯米制成炒米，加炒芝麻、赤砂糖、饴糖在热锅中搅匀、揉实，等冷却后切片。如做成圆形的食品，则称之为"欢喜团"。清代的糕品更加丰富多彩。收入糕品最多的当数《调鼎集》，据统计，其共收入 50 多种糕品。其中的"菱粉糕"即为《红楼梦》中出现的美食。据《红楼梦》第三十九回记载，大观园的姑娘们咏菊、吃蟹、饮酒，好不热闹，王熙凤又将舅太太那里送来的菱粉糕和鸡油卷儿，命婆子们送去给大家吃。"菱粉糕"即用菱角研粉制成，其制作之法为：准备鲜菱角、糯米粉、白糖适

做年糕

量；将菱角去皮壳，煮熟，打烂，与适量糯米粉、白糖拌匀，制成糕状，上笼蒸熟即可食。此外，袁枚《随园食单》记载有"雪花糕""百果糕""青糕""鸡豆糕""脂油糕""软香糕"等 10 多种糕品。李化楠《醒园录》中亦记载有 10 多种糕品。值得注意的是，其中的"蒸西洋糕法"，反映出当时中外饮食文化的交流。

　　起源于中国的水稻，作为世界最重要的粮食作物之一，养活了世界将近一半的人口，是我国先民对世界做出的巨大贡献。先秦时，北方种植的水稻不多，所以水稻尤其珍贵；秦汉以降，水稻的种植技术获得极大的发展；隋唐时期，水稻的种植面积和总产量后来居上。水稻在我国古代粮食发展史上之所以能一路"高歌猛进"，一个重要的原因在于其高产量可以养活更多的人口，因此只要自然条件允许，历代政府都主张能种稻的地方都尽可能种稻。稻米是最重要的"粒食"原料，随着粮食加工工具和技术的进步，稻米的"粉食"也逐渐被普及。在历史长河中，智慧的中国先民们创造了众多的稻米的"粒食""粉食"品种，如饭、粥、糕、团、粽、米粉等，这些品类丰富了国人的主食选择，也有重要的养生保健价值。稻养万年，水稻延续着中华民族的命脉，也传承着中华文明的基因。

# 外来之麦

　　小麦作为中国古代主要的粮食作物之一，其产地有本土起源说和外来说的争议。绝大多数学者认为小麦是"五谷"中唯一的外来粮食作物，它起源于西亚及地中海东岸地区。古代文献中记载的麦的古称"来"似乎也佐证了麦的"外来"身份。张舜徽先生曾对甲骨文中的"麦"字和"来"字进行了细致的考证，认为两字当为一字。"来"的意思是，麦种自外来，与粟、黍等本土作物有别。

　　小麦究竟是何时传入中国的呢？有人认为周之祖先始得麦种并教民播种，所以《诗经·大雅·生民》才有"诞降嘉种"的记载。但考古发现表明，麦的传入应早于这个时期。新疆吉木乃县通天洞遗址中发现的炭化小麦，测定年代为距今5000—3500年，是目前中国境内发现的年代最早的小麦遗存。此外，新疆孔雀河古墓沟墓地发现有随葬的小麦遗存和大型磨麦器，年代在公元前1800年左右。1955年，考古工作者在安徽亳县钓鱼台遗址中发现了一个大陶鬲，里面装有大量炭化小麦，遗址年代距今4000多年，这说明新石器时代的淮北平原已种植小麦。先民对于小麦的食用应和粟、黍、稻一样，主要是"粒食"，通过蒸或煮的方式制成麦饭或麦粥。

　　先秦时期，小麦的种植技术不高，种植范围也很狭窄，产量远远不如粟、黍、稻等本土粮食作物。小麦的低产量与当时

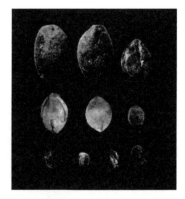

新疆通天洞遗址出土的小麦

新疆孔雀河古墓沟墓地出土的麦粒

的地理气候环境有很大关系。我国小麦的种植方法起初是借用了粟的栽培技术，栽培季节与粟一样是春种秋收。《诗经·豳风·七月》中所说的"麦"是播种于春、收获于秋的春小麦。而黄河流域的气候特征却是春天干旱、夏季多雨，与小麦需要利用春季的雨水生长、在干旱的夏季收获的生长习性相违背。为了扭转小麦种植的劣势，人们发明了秋种夏收的冬麦技术，历史上称为"宿麦"。《礼记·月令》记载"仲秋之月……乃劝种麦"，就是小麦秋种夏收技术存在的明证。尽管冬麦技术的发明在一定程度上提高了小麦的产量，但由于整体种植技术的落后和水利灌溉网的不畅，导致小麦的发展受到很大限制。在这种情况下，小麦不可能成为先秦时期普通人家餐桌上的常见食品。殷墟卜辞记载"月一正，曰食麦"。有学者认为，这句话表明小麦只是新年的食品，并不是平日所能吃到的。

产量低，种植难度又大，为什么先秦时期的统治者却格外重视小麦呢？一是因为麦饭的口感比粟饭、黍饭更好，二是麦的登场是在其他谷物还未成熟的"粮荒"之时，因此备受时人重视。殷墟中有"告麦"二字，有学者解释为"侯伯之国把麦子丰收的消息告知商王"。这表明小麦在当时是比较珍贵的粮食品种，所以商王才会对麦子的收成格外关心。春秋战国时期，抢夺麦子的记载不绝于书。如《左传·隐公三年》记载："四月，郑祭足帅师取温之麦。秋，又取成周之禾。周郑交恶。"杨伯峻先生注曰："四月，夏正之四月，麦已熟，故郑人割取之。"又《左传·哀公十七年》记载："楚既宁，将取陈麦……陈人御之，败。"由此，西汉学者董仲舒才有"《春秋》它谷不书，至于麦禾不成则书之，以此见圣人于五谷最重麦与禾也"的论述。

由于麦的稀缺性，先秦时期的麦主要作为统治阶级的主食和祭祀食品出现。《周礼·天官·食医》记载："凡会膳食之宜，牛宜稌，羊宜黍，豕宜稷，犬宜粱，雁宜麦，鱼宜菰。"意思是牛肉宜配合稻饭，羊肉宜配合黍饭，猪肉宜配合稷饭，狗肉

麦

宜配合粱饭，鹅肉宜配合麦饭，鱼肉宜配合菰米饭。凡是君子的膳食都应该遵照这种调配原则。《礼记·王制》记载："庶人春荐韭，夏荐麦，秋荐黍，冬荐稻。"这里的"荐"是进献的意思。礼制规定，人们需要依时节不同，分别用不同的时令食物去祭献宗庙，夏季需要进献麦。

　　秦汉时期，灌溉网络的发展，加之精耕细作水平和防旱保墒能力的提高，使麦类作物的种植进入了历史上的第一个高潮。这主要表现在三个方面：一是品种比较丰富。小麦有小旋麦（春小麦）和宿麦（冬小麦）两种。除了小麦外，还有穬麦、大麦等麦类作物，学者们一般认为穬麦是大麦的一个品种。中国国家博物馆馆藏的一件出土于河南洛阳金谷园汉墓的陶仓，其上朱书"大麦万石"。二是种植技术也有很大提高。氾胜之是汉成帝时期的农官，因成功推广小麦种植而得到了擢升。他根据自己的农耕经历和经验，写成了《氾胜之书》，这是中国现存最早的农业著作。其中专门论及了种植小麦和大麦的技术，"小麦"一词也首见于此书。该书所引民谚曰"子欲富，黄金覆"，指的是种植冬小麦时的情景。三是种植范围的扩大。《汉书·食货志》记载，西汉大儒董仲舒就曾上书汉武帝，建议加强麦作的推广："愿陛下幸诏大司农，使关中民益种宿麦，令毋后时。"除中原地区外，淮河流域和长江流域也是小麦的种植地区。1993 年，在江苏省连云港市东海县温泉镇尹湾汉墓中出土了 23 方木牍和 113 支竹简，其中的木牍《集簿》（相当于现在的政府年度工作报告）格外引人注目。这份《集簿》将小麦种植面积的扩大作为重要政绩向朝廷呈报，说明淮河流域也是重要的小麦种植地。长江流域也有小麦的种植记录。湖北云梦出土的秦简《法律答问》："有禀菽麦，当出未出，即出禾以当菽麦，菽麦贾贱，禾贵，其论何也。"这说明麦的种植领域已扩展至长江流域。1972—1974 年，湖南长沙马王堆汉墓出土了人工栽培小麦的实物，这表明在西汉初年，小麦的种植至少已经发展到长江中游以

汉代"大麦万石"陶仓，中国国家博物馆藏

南地区，小麦的种植范围较前代扩大了很多。

　　这一时期，小麦的食用方法不仅有"粒食"，还有"粉食"。"麦饭""饼饵""甘豆羹"是普通百姓的日常之食，说明麦在人们的主食中已由配角晋升为主角之一。"麦饭"在汉代史游《急就篇》中位列第三。颜师古注："麦饭，磨麦合皮而炊之也。"《氾胜之书》形容溲种法是"以溲种如麦饭状"。有学者根据上述材料，得出这样的结论："麦饭"既是磨麦合皮而炊成，其中必有磨碎的麦粉成糊，而大部分仍是破碎的或不大破碎的麦粒，炊后仍是一粒粒的。以麦粒煮饭而食，相较于以麦磨粉制成主食更加便捷，

悬泉汉简《籴麦出入簿》

因此非常适合行军打仗的应急之炊。《后汉书·冯异传》记载，新莽时，刘秀与诸将征战之际便曾以"麦饭"充饥。又《三国志·袁术传》记载，袁术被击败后，"士众绝粮……问厨下，尚有麦屑三十斛"。意思是说，士兵都断粮了，军营中仅剩下没人喜欢吃的麦屑，这里的"麦屑"指的就是碾碎的小麦粒。除了"麦饭"外，由小麦磨成面粉后加工成的食物——"饼"，在这一时期也大放异彩。当时石磨的推广和应用以及西域传入的面食加工技术，为小麦的精细化加工提供了物质和技术支持，食用方法的改进让小麦正式跻身北方农业生产中最重要的粮食作物之列。

魏晋南北朝时期，麦已是北方广泛种植的粮食作物，许多游牧民族也开始种麦。《魏书·释老志》记载拓跋焘至长安，"长安沙门，种麦寺内，御驺牧马于麦中"。麦也是军队士兵的重要口粮和物资。《三国志·张既传》言张既从大散关追讨叛氐，"收其麦以给军食"。又《晋书·桓温传》记载，桓温拟"恃麦熟，取以为军资"后，再讨伐前秦，却被苻坚抢先一步。该时期小麦的栽培技术更趋成熟。《齐民要术》设立专篇讨论大麦、小麦的种植，记载了 10 多个麦类品种。当时的人已经总结出适宜小麦生长的土壤和水质条件——小麦适合种植于水量大的低田中。当时民间歌谣中有"高田种小麦，终久不成穗"之语，意思是说种植在高亢之地的小麦，多穗而不实。由于栽种范围的扩大以及栽种技术的提高，魏晋南北朝时期的麦类（尤其是冬小麦）在时人心目中的地位较之秦汉时期明显提高。秦汉时期的传世文献几乎不见"麦""粟"并称，但魏晋南北朝时期的人们却经常将它们并提。例如《资治通鉴·晋纪》中有"铁骑万群，麦禾布野"的记载；《周书·武帝纪》记载，"凡有贮积粟麦者，皆准口听留，以外尽粜"。可见，麦的地位已经逐渐上升到与粟并重的地位。

尽管自汉代以来"粉食"大兴，但"麦饭"在这一时期仍占据主食中的重要地位。据《陈书·孔奂传》记载，南朝梁末年陈霸先率兵作战时士兵吃的就是用荷叶裹着的"麦饭"。《北史·魏本纪》记载北魏最后一位皇帝孝武帝逃难至湖城王思村，"有王思村人以麦饭壶浆献帝，帝甘之，复一村十年"。《南史·邓元起传》中有"令家有五母之鸡，一母之豕，床上有百钱布被，甑中有数升麦饭"的记载，可以说是当时普通人家的真实生活写照。面粉发酵技术的广泛传播和应用，加工和烹饪工具的进步以及胡汉融合带来的调味料的丰富，使得这一时期以麦面为主所制的面点发展迅速。据《饼赋》《齐民要术》《荆楚岁时记》等文献记载，当时著名的面食品类有"粔籹""汤饼""烧饼""膏环""细环饼""馄饨""春饼""煎饼"等。

　　隋唐时期，在北方地区以小麦为主的麦类作物的地位已经与粟类作物并驾齐驱，南方很多地区也有种麦的记载。如唐末诗人郑谷《游蜀》云"梅黄麦绿无归处"，南唐李中《村行》曰"极目青青垄麦齐"。粟、麦并重的地位也反映在唐代的税收政策中，在"两税法"中，夏税麦与秋税粟数额不相上下，有时前者甚至略高于后者。这一时期，虽然仍有麦饭的食法，但已不是主流。如《新唐书·徐敬业传》记载，徐敬业起兵反对武则天时，其部下曾发出"士皆豪杰，不愿武后居上，蒸麦为饭，以待我师"的口号。这里的"蒸麦为饭"，应该已经成为"怀古"之词。因为文献记载表明，唐代的人们基本上不再将麦类"粒食"，"粉食"才是当时麦类食法的主流。麦类"粉食"的流行，一方面得益于磨面业的迅速发展，另一方面也与炊具的进步以及煤炭等燃料的广泛使用有关。当时，前代已有的面食品类派生出多样化的口味，同时还涌现出一些新品种。如南北朝时已有的"馄"，此时又有"象牙馄""金粟平馄""樱桃馄"等种类。又如，此时才出现的新品种有"捻头""馅""包子"等。

　　宋元时期，麦类作物的地位进一步上升。《资治通鉴》记载，宋仁宗非常关心农事，宫中后苑有块空地，他便让人种上小麦。每年麦子成熟时，宋仁宗就亲临后苑，坐在殿中看人割麦子。明代《帝鉴图说》的《后苑观麦》插图描绘的就是这一事件。

　　这一时期，麦已成为北方地区最重要的粮食作物，如周紫芝《竹坡诗话》"河朔地广，麦苗弥望"，生动地描绘了小麦被广泛种植的盛景。此外，小麦种植技术在南方地区已普及开来，稻麦复种在当时已成定制。庄绰《鸡肋编》记载："建炎之后，江、浙、湖、湘、闽、广，西北流寓之人遍满。绍兴初，麦一斛至万二千钱，农获其利，倍于种稻。"小麦的种植方法除了继续采用传统的初春镇压法，还实行桑麦间作法。史籍记载，苏轼谪居黄州任团练副使时，生活贫困，他的朋友马正卿请求州府拨给苏轼几十亩旧营地，他就在那里筑屋居

唐墓壁画中的端馍男侍

《后苑观麦》插图

住，并取名"雪堂"。因为这块地在黄州府治东边的山坡上，故被苏轼取名为"东坡"，从此他自己也以东坡为号。苏轼写了《东坡》诗一组共八首，其中第五首曰："良农惜地力，幸此十年荒。桑柘未及成，一麦庶可望。投种未逾月，覆块已苍苍。农夫告我言，勿使苗叶昌。"此诗反映出苏轼种植小麦得到了当地农夫的指点，表明宋代农夫已经积累了丰富的小麦种植经验。

小麦除具有食用价值外，也有医学养生价值。小麦种子的各个部位都可入药，有浮小麦、麦芽、麦曲、麦麸、面粉等，而且药性和功效都不相同。据史籍记载，宋代太平兴国年间，京城名医王怀隐采用汉末"医圣"张仲景《金匮要略》中的良方"甘麦大枣汤"治好了一位患有脏躁症的妇人。小麦性凉，有养心安神功效，所以对于这位整日心神不宁、狂躁易怒的妇人有显著的疗效。小麦的养生价值也被应用于食疗面点的制作上。元代忽思慧《饮膳正要》中记载了30多种面点食疗方，这些面点大多以麦面为原料，配以羊肉、奶、酥油、蜂蜜及其他多种配料、调料制成，如具有补中益气作用的"鸡头粉雀舌棋子""鸡头粉馄饨"，以及能起到补虚赢，益元气功效的"山药面"等。

明清时期，小麦已成为仅次于水稻的主要粮食作物。宋应星《天工开物·乃粒》记载："四海之内，燕、秦、晋、豫、齐鲁诸道，烝民粒食，小麦居半，而黍、稷、稻、粱仅居半。"意思是在今河北、陕西、山西、河南、山东各省，老百姓的口粮中，小麦占了一半，黍子、小米和水稻等加起来占了另一半。其又记载："西极川、云，东至闽、浙、吴、楚腹焉，方长六千里中，种小麦者，二十分而一。磨面以为捻头、环饵、馒首、汤料之需，而饔飧不及焉。"意思是西起今四川、云南，东至福建、浙江、江苏，以及中部的安徽、湖南、湖北一带，方圆六千里的地区中，小麦的种植面积占二十分之一，用来磨面制作花卷、糕饼、馒头和汤面等，但正餐却不食

宋代壁画中的面食制作场景

用它。

　　这一时期，以麦粉制作的面点的制作技术取得重大进展。其一，面点成形手法的进步。如明代《宋氏养生部》记载当时已出现缠在手指上的抻面，到清代，抻面已能拉出三棱形的、中空的以及细如线的许多品种了。刀削面在清代已很有名。其二，面点烹饪方法的发展。其主要表现在多种烹饪方法的综合使用上。如有的饼要先烙后蒸，有的面条要经煮、炸、煨等多道工序才能制成，这样就可产生不同的风味。其三，面点旧品种的演化和升级。如包子类出现了汤包、水煎包等；面条类出现了抻面、刀削面、八珍面、伊府面等；饺子类出现了扁食、饽饽、水点心等，馅料更加多样化，煮、蒸、炸均可。其四，面点新品种的涌现。新出现的面点品种主要有春卷、月饼、火烧、油条、锅盔等。春卷始于元代，此时才叫春卷；"月饼"之名虽在宋代时已出现，但真正大放异彩却是在这一时期；火烧、锅盔等为烤烙而成的面点，这一时期十分流行；油条传说是宋人因痛恨奸臣秦桧而作，但其制作方法和名称却是始于明清时期。其五，各面点风味流派基本形成，面点的有关著作也愈加丰富。这一时期，京式、苏式、广式面点争奇斗艳，各领风骚。《易牙遗意》《食宪鸿秘》《养小录》《随园食单》《调鼎集》等饮食典籍中均有专章介绍面点，其中，《调鼎集》共收入面点制法200余种。

　　在"五谷"之中，只有小麦不是起源于中国。这种外来作物在传入我国后，经历了一个由西向东、由北而南的扩张过程，直到唐宋时期彻底取代了粟和黍两种小米，成为中国北方农业生产的主体农作物，由此造成现今我国"北麦南稻"的农业生产格局。小麦传入后先是沿袭粟的栽培技术，春种秋收，后来改变为上年秋种下年夏收，这是适应中国自然条件所发生的最大改变。正是由于这一改变，小麦才真正扎根于东方的土地中，开启了它逐渐挤压本土原有粮食作物种植空间的扩张之路，深刻改变了中国人的饮食习惯。

南种牟麦图

# 谷物加工演进史

回顾人类发展史就不难发现，人类的每一次微小的进步都包含了艰辛的探索历程。这一点也体现在谷物加工方面。《诗经·大雅·生民》记载："或舂或揄，或簸或蹂，释之叟叟，烝之浮浮。"从这段记载可知，当时谷物脱粒和做饭都是十分繁复的集体劳动过程：有的人用木杵在地上掘出的臼里捣着谷物，有的人用木瓢把舂好的谷粒舀出来，有的人在簸糠皮、稗谷，有的人用双手搓揉着谷粒使糠皮剥落；等到谷物加工好后，就去淘米，淘米声叟叟响，接着下锅蒸煮，热气升腾，这样才能实现"粒食"。可见，谷物加工的最初目的是脱粒（又称脱壳），即将稻、麦、粟一类粮食的壳去掉，可供"粒食"之用，之后才是将脱壳的谷物（主要为麦类）加工成面粉，供"粉食"之用。

在原始农业出现之前，先民们采集的主要对象是各类植物，如坚果和野生谷物。中国史前遗址中发现的采食类植物遗存十分丰富，有菱角、橡子、核桃、榛子、松子等。富含淀粉的坚果可以有效地抵御饥饿，弥补主粮的不足。但是，各种坚果的外壳十分坚硬，谷物也有硬壳无法直接食用，如何将可食用部

新石器时代石磨盘、石磨棒，中国国家博物馆藏

分从外壳中剥离出来呢？这可难不倒先民们，他们发明了石磨盘、石磨棒以及杵臼等工具，对坚果或野生谷物进行脱壳。

中国国家博物馆馆藏的裴李岗文化的石磨盘、石磨棒就是新石器时代典型的谷物加工工具。此磨盘形似履底，底部有四矮足，磨棒呈柱状，两者均留下了明显的长期使用的痕迹。石磨盘其实并不是农业社会的发明，早在旧石器时代晚期，山西下川遗址就出土过距今2万余年的石磨盘。不过，这种原始的石磨盘多是利用天然的石块稍加修整而成，底部是无足的，磨盘的形状也不甚规则。它的作用主要是研磨采集品。华北最早的新石器时代遗址，比如河北徐水的南庄头、北京门头沟东胡林等遗址，也都还没有农业经济的痕迹，却都有磨棒和磨盘，说明它们未必是农业经济的产物。陈星灿先生认为，在原始农业出现之前，磨棒、磨盘或者杵臼的主要加工对象是坚果。他提出这一观点的论据是对于南非卡拉哈里沙漠布须曼人进行的民族学观察。这个部族是一个典型的采集狩猎民族，部族内的男人负责狩猎，女人负责采集并照看幼儿。当季节变化一家人必须离开营地的时候，女人们便会随身携带石杵和石臼。石杵和石臼的加工对象主要是坚果，如果没有石杵和石臼等加工工具，要将外壳坚硬的坚果果仁剥离出来十分困难。为此，即便是长途旅行，带上沉重的杵臼也是必须的，因为沙漠中不一定能找到石头。

　　中国原始农业的出现大约是在近万年前，最早种植成功的谷物主要是粟、黍和水稻，它们都有 7000 年以上的栽培史。小麦从西域引进，在 5000 年前便引种到黄河流域，只是当时种植不太普遍。原始农业的产生和发展使先民的食物获取方式发生了由索取到创造的根本性改变，极大地丰富了他们的饮食生活。但是谷物的果实多有硬壳，无法直接食用，一般得经过脱粒等加工步骤才能使其变成能烹煮的"粒食"，所以原来用于加工坚果的工具自然而然成为谷物加工工具。考古发现表明，石磨盘和石磨棒主要是女性使用的工具。新石器时代的墓葬中，男性墓多随葬石铲、石镰、石斧等，而女性墓多随葬石磨盘、石磨棒和陶器。这表明当时的生产生活已经有了明确的男女分工：男性主要从事农耕渔猎以及房屋建造等重体力劳动，而采集、粮食加工、家畜饲养等轻体力劳动则主要由女性完成。

　　那么，石磨盘和石磨棒是如何使用的呢？过去一般的看法是，其使用时将谷物放于磨盘上，用磨棒来回擀压，就能使谷物脱壳或粉碎。但也有学者认为谷物加工步骤不应如此简单。他们根据云南独龙族、怒族使用石磨盘加工粮食的民族学资料，推断出史前时代的谷物加工过程应包括两个阶段：第一阶段是晒干或烧干，第二阶段是研磨。石磨盘和石磨棒只是第二阶段的加工工具，第一阶段的加工工具是比较坚固的炊具。值得注意的是，石磨盘并不是放置在地上的，而是放置在皮革上或竹编的器皿内。而石磨盘底部带足的设计有两个好处：一是带足石磨盘在器皿内不容易滑动；二是石磨盘与器皿之间有一定空间，可以堆放磨好的谷物，这样谷物就不会散落到地上，便于收拾。石磨盘和石磨棒的使用时间很长，使用范围较广，但也存在着不足，比如谷物容纳量少、加工谷物时容易外溢、碾磨效果不佳等。

　　随着谷物产量的增加和木器、石器制作技术的提高，新的谷物加工工具——杵臼取代了石磨盘。杵臼这种新式工具在很多文献中有记载。《周易·系辞下》记载："断木为杵，掘

石磨盘、石磨棒使用示意图

地为臼。"《世本》记载："雍父作舂杵臼。"从上述记载可知，杵臼早在渔猎和采集时代就存在了。同石磨盘相比，臼的容量更大，一次加工的粮食更多，并且臼有一定的深度，加工时可避免谷物外溢，加工效率大大提高。

用杵臼舂米劳动强度大，且效率低下，于是，比杵臼更先进的碓应运而生。据孙机先生研究，碓的发明时间大约在西汉，其工作原理与杵臼相同，只是用足踏代替了手舂，不仅省力，而且工作效率也得到大幅提高。因为是用足踏，所以这种碓又名践碓。东汉桓谭《新论》云："宓牺之制杵臼，万民以济。及后世加巧，因延力借身，重以践碓，而利十倍杵舂。"中国国家博物馆馆藏的四川地区出土的舂米画像砖显示：践碓是利用杠杆原理，将一根长杆连在木架上，杆的一端装着碓头，下面置一石臼，脚踩杆的另一端，碓头翘起，脚一松，碓头落下舂打臼中的谷米。除人力碓外，还有畜力碓和水碓。如《新论》记载："又复设机关，用驴骡牛马，及役水而舂，其利乃且百倍。"《后汉书·西羌传》记载西羌"因渠以溉，水舂河漕。用功省少，而军粮饶足"。孔融《肉刑论》云："水碓之巧，胜于断木掘地。"与人力碓和畜力碓相比，水碓的优势特别明显：能够循环利用，用之不竭，堪称古代最经济实用的

汉代踏碓舂米画像砖，中国国家博物馆藏

农具之一。

战国后期，出现了新的谷物加工工具——石磨。河南洛阳、陕西西安、河北邯郸和新疆等地的遗址都出土过战国时期的石磨。但从总体上看，这个时期出土的石磨数量极少，因此可以推断出石磨对当时的饮食生活并未产生多大的影响。到西汉时，石磨已普遍推广至南北各地，东汉时期石磨作为明器模型在墓中出现较多。

秦汉时期的石磨有磨粉用的和磨浆用的两种。一般而言，石磨多用于磨粉。其上扇磨面有两孔，常作半月形，向下缩小成椭圆孔，谷物从孔中落入磨齿间。上扇石磨边上有方榫眼，以备推磨时插入磨棍。上下两磨盘之间则装短铁轴。1958年，河南洛阳烧沟汉墓出土了3个磨盘，应为这类磨粉的石磨。1968年，河北满城中山靖王刘胜墓北耳室出土了一个圆形石磨和一个铜漏斗。据专家分析，满城汉墓出土的这件石磨应该是磨米浆的石磨。

魏晋南北朝时期，谷物加工有了两项重大进步：一是明确了冬季舂米的原则。由于春季稻谷休眠期已过，生命活动开始复苏，这时舂米容易碎，损耗较大，而冬季舂米则米粒坚实不易碎，损耗少。二是发明了一批连磨、舂车和磨车等加工机械，极大地提高了谷物加工的效率。晋人嵇含《八磨赋》在中国科技史上具有重要价值。《太平御览》引《八磨赋》曰："外兄刘景宣作为磨，奇巧特异，策一牛之任，转八磨之重，因赋之曰：方木矩跱，圆质规旋，下静以坤，上转以乾，巨轮内建，八部外连。"意思是说表兄刘景宣发明了一部精巧独特的"连转磨"，其主要构造为：中间有一个巨轮，轮轴直立在臼里，上端有木架管制（防止倾侧），在轮的周围，排列着8个磨，轮辐和磨边都用木齿相间，构成一套齿轮系统。由1头牛牵引轮轴，则8个磨可同时转动。这样的"连转磨"无疑可以大大节省劳力和提高工作效率，是谷物加工工具发展史上的一项重大进步。据晋人陆翙《邺中记》记载，后赵君主石虎追求

汉代绿釉陶磨，中国国家博物馆藏

春车和磨车的复原图

新奇，曾主持制造了指南车、司里车以及春车与磨车。此书有关于春车与磨车的记载："作行碓于车上，车动则木人踏碓春，行十里成米一斛。又有磨车，置石磨于车上，行十里辄磨麦一斛，凡此车皆以朱彩为饰，惟用将军一人，车行则众并发，车止则止。中御史解飞、尚方人魏猛变所造也。"据学者分析，关于春车和磨车的结构，当时不大可能有自动使用碓的春车"木人"（即机器人），可能春车上的"木人"仅为摆设。春车似乎是利用车轮与地面间的摩擦力驱动，车上的石碓是依靠齿轮转动，力先转至轴，再通过安装轴上的拨板拨动碓上的杠杆工作的，其结构类似连机碓。磨车的原理和春车一样，都是将石磨置于车上，一边行车，一边磨面的，就这样，春车行走十里即可"成米一斛"，磨车每走十里可以"磨麦一斛"，这些加工机械的工作效率令人叹服。

西汉石磨，河北博物院藏

隋唐五代时期，人们普遍使用碓臼，但岭南地区仍在使用杵臼。不过当地人已经将常用的石臼改为木槽，由一杵单个操作变为多杵集体操作，尽管这样做的效率有所提高，但劳动强度并没有减轻。水碓在隋唐五代时期则更为普及。随着人们主食结构的变化，隋唐时期，磨的使用更为广泛，使用范围远远超过前代。1972 年新疆吐鲁番阿斯塔那 201 号唐墓出土了一组彩绘泥塑劳动女俑，其中：擀饼女俑腿上放一面板，双手用

隋代黄釉陶碓，中国国家博物馆藏

唐代彩绘泥塑劳动女俑，新疆维吾尔自治区博物馆藏

擀面杖擀面，其身旁有一饼鏊，鏊上正烙着饼；推磨女俑右手持磨杆，左手放在磨盘上，头微斜侧，神情专注地转动磨盘磨粮；簸粮女俑踞坐，手端簸箕，正在聚精会神地清除粮食中的杂质；舂米女俑双手持一舂米棒，正在用力捣米。整组泥塑造型优美，形态生动，真实地再现了当时的谷物加工场景。

由于当时的人们极喜爱面食，因而社会对面粉的需求量很大。庞大的社会需求促使了一系列面粉加工作坊的涌现。由于经营面粉加工有利可图，权贵阶层也开始进入这一行业。如太平公主、高力士、郭子仪等都经营面粉作坊牟利。大的面粉加工工坊普遍使用水磨，以水做动力驱动磨盘转动，将谷粒、麦粒磨碎。与水磨功能近似的还有水碾，即用水驱动碾轮石将谷粒、麦粒碾碎。水碾和水磨的使用，使生产效率成倍增长。

面粉磨好后，还必须把面粉与麦麸皮分开。这就需要另外的工具——罗。罗是将磨碎的麦或谷过筛的工具，用以清除麸皮，得到纯净的面粉。这是面粉加工的最后一道工序。汉代已有类似的筛粉工具，而在晋代，罗已广泛使用。晋代束皙《面赋》云："重罗之面，尘飞雪白。"意思是用罗筛了两次的面粉，质地细如尘，白如雪。《齐民要术》还有"绢罗之""细绢筛"的记载，用这种罗可以筛出质地更为细腻的面粉、米粉，为面点制作提供了优质原料。隋唐时期对罗没有太多改

隋代面粉加工作坊，河南博物院藏

进，基本承袭前代，但从面食的普及和精细程度来看，罗的使用范围和频率都是前代所不能比拟的。

宋代，谷物加工业可分为官营和私营两种。私人经营者称为磨户和碓户。史籍记载，很多人通过谷物加工业积累财富。洪迈《夷坚志》中《侠妇人》记载了这样一则故事：有一位名叫董国庆的人，是江西饶州德兴人氏，宣和六年（1124 年）进士及第，被任命为莱州胶水县主簿。上任时，正好遇到金兵南下，他只得把家眷留在江西，独自一人在山东做官。中原陷落后，他无法回到故乡，只好弃官在乡间避难。他与旅店的房东交情很好，房东同情他的遭遇，于是花钱给他娶了一个小妾。这个妾侍精明能干，见董国庆贫困潦倒，便出谋划策赚钱养家，她耗尽家中所有钱财购买了七八头驴子、数十斛小麦，以驴牵磨磨粉，然后骑驴入城出售面粉，如此这般，三年后赚了很多钱财，甚至还购买了田地住宅。由这则故事可见，宋代从事谷物加工业的利润相当可观。

这一时期，谷物加工工具也有了改进。先秦时期起，清除谷中杂质和秕谷的方法中最重要的是簸法。簸法利用的是间断人造风，用的工具是簸箕。秦汉时期，传世文献中出现"扬法""扇车"的记载。风扇车由机体、风箱、叶轮、手柄、曲轴、高槛和出料口等部件组成，使用原理为利用连续转动轮形风扇鼓动空气（即连续的人造风），分开轻重不同的籽粒，除去谷糠。汉代发明的风扇车，箱体已从长方形改为圆柱形，这是风扇车技术的一大进步。《王祯农书》对风扇车的构造和工作原理有着详细的介绍，风扇车的形制为（扇腔）中央安设榫轴，轴周围辐列四叶或六叶扇片，用薄板或者糊竹篾制成。扇叶有竖扇、卧扇两种。轴的一端带着运转短把，或用手转，或用脚踩，扇叶就跟着转动。凡是舂、碾谷米的时候，把糠米倒入上面的高斗中，斗底开条狭缝溜米，当糠米匀速向筛孔滑落时，立刻转动短把扇它。糠被扇去，便得到净米。抬到场地上扇的，叫作扇车，凡是打落的禾麦之类，秕屑相杂，也需要用

风车

风扇车来扇。比起用簸箕扬，效果显著提升。宋代风扇车的出现，标志着中国古代风扇车形制和技术的成熟。英国科学技术史专家李约瑟曾指出："风扇车是中国传向西方的重要机械和技术发明之一。"

明清时期，谷物加工工具基本与前代无异，只是在加工技术上更胜一筹。《天工开物》中详细地记载了水稻和小麦加工的注意事项和操作方法。具体而言，水稻的加工方法是，稻谷砻磨后，用风车扇去谷糠和秕谷，然后倒入筛中团团转动。没有破壳的稻谷浮在筛面上，再把它们倒入砻中。筛有大小两种尺寸。稻米过筛后，再放入臼里春。精米都是用臼加工出来的。人口不多的家庭，就用木做手杵，用木或石做臼来承春。春后，皮膜就变成粉，名叫细糠，可以用来喂猪、狗等家畜。歉收的荒年，人也可以吃细糠。细糠被风车扇干净了，留下来的就是大米。碾是用石块砌成的，由牛或马拉都可以。需要注意的是，受碾的稻谷必须十分干燥，略湿一点米就容易碎。小麦的加工方法为手握麦秆摔打脱粒（与取稻谷的方法一致）。去秕的方法，小麦主要是扬法，扬麦不能在屋檐下，且必须等有风时才能进行，没有风或雨没停时都不可以进行。小麦被扬过以后，用水淘洗干净，再晒干，然后入磨。面粉的品质会因磨的制作石料不同而有差异，江北的石料质地更好些。麦子磨过以后，要多次入罗。罗底用丝织的罗地绢制作，浙江湖州一带出产的丝织制品最佳。

历史上，饮食领域任何一项重要的发明和创造，其动因都在于扩展更广泛的食源、追求更丰富的口感以及吸收更充足的营养。自农业产生以来，谷物逐渐成为先民们的主要粮食和营养来源，谷物加工也成为古代食品加工中最重要的一环。而谷物加工的核心内容是脱壳和粉碎。纵观中国古代谷物加工演进史，杵臼、踏碓、簸箕、扇车、石磨、罗等工具的发明和普及，加速了主食制法从"粒食"到"粉食"的转化，为人们制作丰富多彩、风味独特的主食品类提供了坚实的基础。

# 国民美食——饼

饼是我国最重要的面点种类之一。现代语境上的"饼"指的是扁圆形的面食制品，如烧饼、煎饼等。可在我国古代，面条、包子、馒头等各种形制的面食制品均可称为"饼"。宋人黄朝英《靖康缃素杂记》记载："凡以面为食具者，皆谓之饼。"这说明，古代的"饼"是所有谷物面粉制成的食品的统称。

新石器时代陶鏊，郑州博物馆藏

按烹饪方法，古代的"饼"可分为水煮的、汽蒸的、火烤的、煎烙的、油炸的等多个种类。考古发现表明，史前先祖已经吃上了煎饼。河南荥阳青台遗址出土的陶鏊，就是最原始的烙饼工具。陶鏊等烙饼工具的出现，说明中国人吃煎饼的历史至少有5000年。除煎饼外，在古代面点文化中最具代表性的"饼食"有三种，分别是水煮而成的汤饼、汽蒸而成的蒸饼以及火烤烹制的胡饼。

清代煎饼摊

## 一、汤饼

汤饼，在古代又有"索饼""煮饼""水引饼""水溲饼""馎""淘""拨鱼""泼刀""馎饦""面条""面"等名称。

明人蒋一葵《长安客话》记载："水瀹而食者皆为汤饼。"可见，汤饼就是指在汤水中煮熟的面食，类似于今日的面条或片儿汤。有学者认为汤饼至少在汉代就已经出现了，实际上汤饼出现的时间远远早于汉代。考古发现表明，史前人民就已会制作汤饼（面条）。2002 年，考古学家在青海民和的喇家遗址发现了一碗有着 4000 多年历史的古老面条。经检测，该面条是由小米面和黍米面做成的。有学者认为这碗面条应是谷、黍粉经热水烫和后捻搓而成的，很可能是一碗用于祭祀的食品。

尽管史前人民已经掌握了面食制作方法，但由于谷物加工工具和技术的落后，先秦时期饼食尚不普及。因此，在当时的史籍中关于饼的记载极少。到了汉代，随着石磨的推广和普及，"粉食"制品——饼开始大行其道。汉朝天子对饼食的喜爱程度令人咋舌。传说，西汉宣帝在落难时，非常喜欢吃饼，经常自己去饼铺买饼。他每到一个饼铺买饼，这个饼铺的生意就特别好。后来，大将军霍光废掉昌邑王刘贺，迎立他当皇帝后，关中的面点师竟然开始奉他为祖师，称其为"饼师神"。

东汉质帝刘缵甚至因为爱吃饼而丢掉了性命。汉冲帝去世后，把持朝政的外戚梁冀认为刘缵年幼，容易控制，于是就拥立刘缵称帝，是为质帝。刘缵继承皇位后，梁冀更加专横跋扈，为所欲为。对此，年仅 8 岁的刘缵十分不满。一次，他当着群臣的面叫梁冀"跋扈将军"，彻底激怒了梁冀。梁冀觉得刘缵年纪虽小，但聪慧早熟，将来很可能联合朝臣来对付自己，于是有了杀害刘缵的想法。146 年，他让安插在刘缵身边的亲信暗中把毒药掺在刘缵最爱食用的汤饼中，刘缵吃了毒饼后一命呜呼，成了东汉王朝在位时间最短的皇帝。

魏晋时期，人们对汤饼的喜爱程度有增无减。束皙《饼赋》曰："玄冬猛寒，清晨之会。涕冻鼻中，霜成口外。充虚解战，汤饼为最。"意思是在吐气成霜的寒冬清晨，最能够充

汉宣帝像

饥暖胃的当数一碗热气腾腾的汤饼。关于汤饼，还有一则趣事。《世说新语》记载，魏晋时期著名文学家何晏是一个出名的美男子。他生来皮肤极为白净，魏明帝曹叡却怀疑何晏脸上是抹了白粉，就想了一个妙计来试探他。六月的一天，魏明帝曹叡故意邀请何晏吃汤饼，只见何晏吃汤饼吃得大汗淋漓，拿着衣袖不断擦汗，但是不管怎么擦他还是肤色洁白。魏明帝哈哈大笑，方才相信何晏并没有擦粉，而是天生皮肤白净。正是由于汤饼是连汤带面吃的，所以"热汤饼"才能让何晏吃得大汗淋漓。《齐民要术·饼法》记载了"水引""馎饦"两种汤饼的制法，"水引"类似于后世的面条，而"馎饦"类似于后世的面片儿。

汤饼在隋唐五代时期出现了很多新品种，比如"生日汤饼""槐叶冷淘""剪刀面""汉宫棋"等。"生日汤饼"即今日的"长寿面"。《新唐书·后妃传》记载，唐玄宗的皇后王氏因武惠妃专宠，曾泣对玄宗云："陛下独不念阿忠（皇后之父王仁皎）脱紫半臂易斗面，为生日汤饼邪？"李隆基早年并不得势，有一次过生日时，无人道贺。王皇后的父亲卖了身上穿的紫衣换钱买了一斗面，为李隆基做了一碗长寿面。王皇后提起此事意在提醒唐玄宗顾念往日情分。从这则记载来看，唐朝已有过生日吃面以祈福长寿的风俗。"槐叶冷淘"指的是槐叶汁和面粉制作的过水凉面。《唐六典》记载："太官令夏供槐叶冷淘……凡朝会燕缮，九品以上并供其膳食。"可见唐代宫廷盛行夏日吃"槐叶冷淘"。冯贽《云仙杂记》记载："柳公权以隔风纱作《龙城记》及《八朝名品》，号锦样书以进。上方御剪刀面、月儿羹，即命分赐公权。"顾名思义，"剪刀面"应是用剪刀剪出的面条。陶谷在《清异录》中对"汉宫棋"注释为："钱能印花煮。"可见，"汉宫棋"是用面粉做成双钱形的棋子大小的，上边印花的一种汤饼。

宋元时期，汤饼的制作方法更多了，花色品种也比前代丰富，当时已经出现能够贮存时间较长的挂面。《东京梦华录》

唐玄宗像

《梦粱录》《武林旧事》《山家清供》《居家必用事类全集》《饮膳正要》记载的汤饼种类近 100 种，根据名称，大致可分为汤饼、面、拨鱼、泼刀、淘、棋子、馎饦等多个品类，如"梅花汤饼""插肉面""炒鸡面""丝鸡面""桐皮面""三鲜面""山药拨鱼""玲珑拨鱼""姜泼刀""笋泼刀""泼刀鸡鹅面""笋淘面""银丝冷淘""丝鸡淘""抹肉淘""素棋子""三鲜棋子""七宝棋子""丝鸡棋子""红丝馎饦""玲珑馎饦""斋馎饦"等。其中，"梅花汤饼"和"玲珑拨鱼"颇具时代特色。林洪《山家清供》记载"梅花汤饼"的制作方法为：用初开的白梅鲜花和檀香粉适量在水中浸泡，然后将此水和面做成馄饨皮，用梅花形的铁模子凿成一朵朵小梅花的样子，煮熟了后放进清鸡汤内供客人食用。此汤饼色、香、味、形兼具，是古代汤饼的杰出代表。当时在座的客人每位分到的"花"有限，可是吃过一次就忘不了。"玲珑拨鱼"因用匙子将面糊拨入沸水中煮熟而食，形状似鱼，故名"拨鱼"。此汤饼的特点是造型玲珑剔透，口感柔滑而滋润。

明清时期，汤饼之名逐渐被"面条""面"取代。其种类除了多沿袭前代传承下来的品种，也出现了一些新的品种，如"拉面"（又名抻面、扯面）。关于"拉面"的最早记载见于明代宋诩的《宋氏养生部》，其制法为：用少盐入水和面，一斤为率。既匀，沃香油少许。夏月以油单纸微覆一时，冬月则覆一宿，余分切如巨擘。渐以两手扯长，缠绕于直指、将指、无名指之间，为细条。先作沸汤，随扯随煮，视其熟而先浮者先取之。从这则记载可以看出，这一时期"拉面"的制作手法已非常成熟。其一，已充分考虑到因夏冬季节气候温度的不同，和面、饧面的时间也应有区别；其二，通过在水中增加食盐，使和出的面更筋道，更具延展性；其三，拉扯面的动作非常科学规范，通过有序地抖动和拉扯，使面条的外形更加匀称规整；其四，现扯现煮的做法可以保证面条的爽滑口感。以上四点制作手法与如今的烩面、拉面制法大同小异。

这一时期，汤饼的另一特色在于出现了很多"有味面条"。以往的面条多以汤美卤鲜制胜，面条本身是没有味道的。所谓"有味面条"是指将动植物原料和各种调料混合于面粉中，使原本无味的面条变成有味的。明代刘基《多能鄙事》记载的"萝卜面"和"红丝面"分别是萝卜混合调料、煮熟的红虾汁混合调料制作的面条。清代的"有味面条"品种也很多，有"八珍面""鳗面""五香面"等。李渔《闲情偶寄》记载"八珍面"的制法为：鸡、鱼、猪肉晒干，加鲜笋、香蕈、芝麻、花椒，共研极细之末，掺入面粉之中，再加焯笋或煮蕈、煮虾之鲜汁调拌，擀切成细条，入滚水下熟。袁枚《随园食单》记载"鳗面"的制法为：把大鳗蒸熟，拆下肉，和入面中，并掺鸡清汤调和，然后切成细面条，放入鸡汁、火腿汁、蘑菇汁中煮熟。除各具特色的"有味面条"外，北京的"炸酱面"、扬州的"裙带面"、四川的"担担面"、山东的"伊府面"等皆为人们称誉一时的地方名面，可谓品种繁多，风味各异，名品迭出。

## 二、蒸饼

蒸饼，顾名思义就是面粉发酵后蒸出来的面食，外形有点像如今的馒头、包子之类，其造型一般为上圆下平。在古代，蒸饼又有"笼饼""炊饼"之名。蒸饼在汉代时已经出现，但它的大发展却是在魏晋南北朝时期。《晋书·何曾传》记载："何曾性奢豪，务在华侈……厨膳滋味，过于王者……蒸饼上不坼作十字不食。"意思是何曾这个人的生活十分奢侈，尤其喜欢吃蒸饼，但是他对蒸饼是很挑剔的，蒸饼的上面若是没有裂开"十"字，他是不吃的。可见上面裂"十"字，是蒸饼制作成功的标志。这种蒸饼是用发酵面制作，类似后代的开花馒头。据记载，十六国后赵君主石虎"好食蒸饼，常以干枣、胡桃瓤为心蒸之，使坼裂方食"。这是升级版的奢华蒸饼了，类似果仁馅心的开花馒头。

刘基像

由于蒸饼用笼屉蒸制，所以又有"笼饼"之名。蒸饼也是唐代人喜食的饼食之一。各类蒸饼不仅是百姓餐桌上的常见食品，也能登上皇家贵族的大雅之堂。《次柳氏旧闻》记载了这样一个故事：唐肃宗李亨还是太子的时候，有一次和父皇唐玄宗李隆基一起用膳，当日膳食中有一道烤羊腿，切肉的活儿自然落到太子李亨身上。只见李亨用刀将羊腿切完以后，顺手拿起一块蒸饼将刀刃上的油汁抹拭干净。为了打造自己勤俭节约的"人设"，李亨顺势把蒸饼塞进自己的嘴里，这一行为使李隆基龙心大悦。这个故事表明，蒸饼是皇家膳食中的常见食品。唐代皇帝赏赐给大臣的食品中，也有蒸饼的影子。如白居易在《社日谢赐酒饼状》中曾提到"蒙恩赐臣等酒及蒸饼、环饼等"。蒸饼在民间也非常普及，当时长安的街道两旁就有不少的蒸饼摊或店肆。史籍记载，有一位官员因贪吃美味蒸饼而错过了升职加薪的机会。唐代张鷟《朝野佥载》记载，武周时期，一位名叫张衡的四品官员本来即将提升为三品官，但遭到御史的弹劾外放降级。被弹劾的理由令人啼笑皆非，竟是由于他在退朝路上购买蒸饼摊的蒸饼并"马上食之"（骑在马上食之），有损官威。一时贪食，竟然毁掉了自己的大好前程，令人唏嘘。

关于蒸饼的制作方法，唐代段成式《酉阳杂俎》记载：蒸饼法，用大例面一升，练猪膏三合。可见，蒸饼会掺入猪油。无馅的蒸饼类似于现在的馒头，而有馅的蒸饼则类似于现在的包子。《太平广记》引《御史台记》记载，武后时，左台侍御史侯思正，出生于卖饼世家，在他飞黄腾达后，就开始炫富摆谱。但他炫富的方式很特别，炫耀的不是金银细软、美衣华服，而是自家厨房所制的"缩葱笼饼"。由于当时街上售卖的笼饼都是葱多肉少，而他家的饼则葱少肉多，所以人送绰号"缩葱侍御史"。这段记载说明，有些蒸饼的制作原料有葱也有肉，实际上相当于后世的包子。

宋元时期，蒸饼又有了新的名字——炊饼。据宋代吴处厚《青箱杂记》记载："仁宗庙讳贞（祯），语讹近蒸，今内庭上下皆呼蒸饼为炊饼。"意思是说因为宋仁宗名叫赵祯，"祯"与"蒸"音近，时人为了避讳，便把蒸饼改称为炊饼。当时的炊饼经常与包子、馒头并提，可能三者在形制上存在一些区别。与炊饼相比，馒头和包子的记载在这一时期非常多。馒头类有"羊肉小馒头""独下馒头""杂色煎花馒头""灌浆馒头""四色馒头""太学馒头""笋肉馒头""鱼肉馒头""仓馒头""鹿奶肪馒头""茄子馒头""剪花馒头"等，包子类有"鹿家包子""软羊诸色包子""薄皮春茧包子""细馅大包子""水晶包儿""笋肉包儿""虾鱼包儿""鹅鸭包子""天花包子"等。

关于馒头的起源，正史未有记载。在宋代以前的文献中，馒头的出现频率并不高，宋代以后馒头开始大放异彩。宋代最有名的一款馒头为"太学馒头"，其得名源于北宋太学。传说，元丰初年的某日，宋神宗去视察国家的最高学府太学，正好赶上学生们吃饭，于是令人取太学生们的饮馔来看看。不久饮馔呈至，宋神宗品尝了其中的馒头，颇为满意，并表示"以此养士，可无愧矣"。从此，太学生们纷纷将这种馒头带回去馈赠亲朋好友，以浴皇恩。"太学馒头"遂名扬天下。抗金名将岳飞的孙子岳珂有《馒头》诗详细介绍"太学馒头"的制法为：将猪肉切丝，拌入花椒面等佐料做馅，再用发面做皮，制成葫芦形上笼蒸熟。此款馒头表皮白亮光滑，馅肉红嫩，椒香四溢。从此诗记载来看，"太学馒头"实际上类似于现在的大肉包子，只是和现在收口处有褶的包子形状不同。

"包子"之名，始见于五代。宋时包子不仅是民间流行的美食，也是权贵之家的心头所爱。据史籍记载，北宋权臣蔡京府中专门设有包子厨。有学者指出馒头和包子的区别在于：馒头的馅料只能是肉馅，包子的馅料则花样繁多，可肉可素，可膏可汤，可甜可咸等。在形状上，馒头只能是圆的，而包子的造型不限于圆形，可以是三角形等。与炊饼、包子、馒头相近

宋神宗像

的蒸制面食还有兜子、烧卖、卷子等。当时知名的兜子有"四色兜子""决明兜子""石首鲤鱼兜子""鱼兜子""鹅兜子""蟹黄兜子""荷莲兜子"等。兜子的烹食有三大特点：其一，将粉皮铺在盏中，再装上馅料，用粉皮裹好馅料，然后蒸熟；其二，一般不将馅料全部包死，而是只紧裹一下，顶部或攒成花状，略露馅料；其三，食用时要将兜子倒扣在碟中，浇上调料。兜子的制法一方面便于直观馅料，另一方面带盏蒸制也有利于固其形状。由于用料精且多，"蟹黄兜子""荷莲兜子"均属兜子品类中的佼佼者。烧卖亦写作"烧梅"等，也是这一时期新出现的食品。宋话本《快嘴李翠莲记》中，李翠莲在夸耀自己的烹饪手艺时说："烧卖、匾食有何难，三汤两割我也会。"烧卖的造型和制法与兜子类似，两者可能为一物两名。元代时，还出现了一种新的蒸制食品，名"经卷儿"，相当于今天的花卷，外形类似于方形馒头，层叠状，中间裹有芝麻盐或葱花。

宋元时期出现的蒸制面食——卷子、烧卖（兜子）在明清时期有了新的发展。卷子类有"豆沙卷""椒盐切卷""油糖切卷""汤面卷""鸡油卷儿"等多个品种。明代宋诩《宋氏养生部》记载了3种"蒸卷"的制法如下：一是用酵和面，轴开薄，同花椒、盐于面卷之，分切小段，俟肥，蒸。二是以酵和赤砂糖或蜜匀面为卷，蒸。三是用酵和面，卷甜肥枣子蒸。从这些记载中可以看出，蒸卷是将发酵面擀薄后加入咸甜配料后蒸制而成的。烧卖类有"三鲜烧卖""火腿烧卖""蟹肉烧卖""油糖烧卖""肉丝烧卖"等，清代郝懿行《证俗文》云："稍麦之状如安石榴，其首绽开，中裹肉馅，外皮甚薄。稍谓稍稍也，言用麦面少。"这个记载非常重要。清时南北各地均有烧卖名品，如北京"都一处"的"三鲜烧卖"，山东的"临清烧卖"，四川的"金钩烧卖"，云南的"都督烧卖"，贵州的"夜郎烧卖"等。

这一时期，馒头、包子、面条、馓子等面点已不被纳入

"饼"的范畴。饼的含义和现代语境中的饼趋同，多指面粉制成的扁圆形的煎烤面食。明代宋诩《宋氏养生部》明确记载了馒头、蒸饼的区别：其一，"圆而高起者曰馒头，低下者曰饼"；其二，馒头有馅而蒸饼无馅。无馅的实心馒头大概出现于明末，这一点可以从明末小说《西游记》中窥见端倪。在《西游记》第九十九回中有猪八戒食用馒头的情节。同为明末小说，冯梦龙《醒世恒言》中有"羊肉馒头"的记载，可见当时的馒头有荤有素。僧人吃素，故猪八戒所食的馒头应是实心无馅的馒头。到了清代，馒头的称号出现分野：北方谓无馅者为馒头，有馅者为包子；而南方则称有馅者为馒头。当时的馒头名品很多，如"千层馒头""小馒头""豆沙馒头""南翔馒头""山药馒头""荞麦馒头""盘龙馒头"等。袁枚《随园食单》记载的"千层馒头"为"杨参戎家制馒头，其白如雪，揭之如有千层"。此款馒头揭之有千层，说明当时馒头的制作技法非常成熟。又据顾禄《清嘉录》记载，清代苏州"市中卖巨馒为过年祀神之品，以面粉搏为龙形，蜿蜒于上，循加瓶胜、方戟、明珠、宝锭之状，皆取美名，以谶吉利，俗呼盘龙馒头"。此款馒头体现了清代面点厨师高超的造型能力。

### 三、胡饼

古代最重要的烤制饼食为胡饼。考古发现最早的胡饼实物可能为新疆且末县扎滚鲁克墓地出土的"粟米饼"，距今有2000多年的历史。胡饼的得名有三种说法：其一，从字面理解，胡饼为胡地之饼。古代人常将中原地区以外的西域等地传入的事物前面冠以"胡"字，如胡床、胡服、胡舞、胡瓜、胡麻、胡饼等。其二，"胡"有"远、大"之义，与中原饼类食品相比，胡饼的显著特点之一就是尺寸比较大。其三，胡饼的得名与胡麻有关。汉刘熙《释名》中记载，胡饼"以胡麻着上也"。有学者认为，汉代的胡饼类似于今日的芝麻烧饼。无论哪种解释都说明胡饼并非中原地区食品。

芝麻烧饼

　　胡饼在中原地区的流行大概在东汉末年。《太平御览》引《续汉书》云："（汉）灵帝好胡饼，京师皆食胡饼。"不仅京师地区流行"食胡饼"，其他地区也已广泛食用之。《艺文类聚》引《三辅决录》曰：汉末"赵岐避难至北海，于市中贩胡饼"。这则记载说明汉末京师以外地区的百姓也爱食胡饼，还有专门大宗制作胡饼的作坊，以供小贩批发零卖。

　　**魏晋时期**，胡饼在中原地区越来越流行，文献中有很多关于胡饼的记载。据史籍记载，胡饼与大书法家王羲之有着不解之缘。东晋太尉郗鉴曾派遣自家管家去往丞相王导府上为女儿择婿，王家的众子弟们闻知此事都十分高兴，纷纷打扮一新出来迎见，盼望可以雀屏中选，成为郗家的乘龙快婿。郗府管家感觉王府的青年才俊们的言谈举止都过于刻意，并不自然。最后，郗府管家来到东跨院的书房里，看见靠墙的床上有一个袒腹仰卧的青年，正神态自若地吃着手中的胡饼，心中便生出了好奇之意。于是，管家走上前去，向青年搭讪，青年却并不理睬，依然躺在床上吃着胡饼。这个吃胡饼的青年便是大名鼎鼎的"书圣"王羲之。原来，王羲之在来丞相府的路上再三赏玩东汉著名书法家蔡邕的古碑后，沉迷不已，相亲的事情早就忘到九霄云外了。当他急急忙忙来到丞相府，因为天气实在太热，就随手脱掉外衣，袒胸露腹，边吃着胡饼，边继续想着蔡邕的书法。于是就发生了郗府管家问话而他置若罔闻的一幕。管家回府后便向郗太尉禀明详情。郗鉴邀王羲之来见，见王羲之谈吐不凡、才貌双全，当下决定将女儿嫁给他。

　　当时的胡饼又有"蝎饼""截饼""髓饼"等名称。汉代文献中没有记载"蝎饼"的制法，但《齐民要术·饼法》中载有"截饼"，并说明"截饼"又名"蝎子"，所以"截饼"指的可能就是"蝎饼"。"截饼"要用蜜调水来泡面粉。如果没有蜜，可以用煮好的红枣汁来代替，也可以用牛油羊油，用牛奶羊奶也好，能使饼的味道美。"截饼"完全用奶浸泡，入口就碎，像冰块一样脆。《齐民要术》中还记载了"髓饼"的制

王羲之像

法。"髓饼"是用动物骨髓、蜂蜜和面做成的经胡饼炉烤熟的饼食。此外，《齐民要术》中还有关于"烧饼"的记载。很多学者认为"胡饼"即"烧饼"，但曾维华先生认为尽管两者都是"胡食"，但存在一些区别：胡饼之面不发酵，无馅料，上有芝麻；烧饼之面是发酵面，有馅无馅均可，上无芝麻。

隋唐时期，由于中外关系和民族关系的发展，从而促进了中外之间、各民族之间的饮食文化交流，饮食文化交流呈现了空前的兴盛局面。饼食铺较此前明显多了起来，各类"胡食"较汉晋时期更加盛行。《旧唐书·舆服志》记载，唐玄宗时"太常乐尚胡曲，贵人御馔，尽供胡食，士女皆竞衣胡服"。《唐会要》等文献记载，唐德宗时，京城很多卖饼之家为了躲避宫中宦官在市场上的巧取豪夺，都被迫关门以等待宦官离去再开业。这说明京城饼肆应该数量不少。当时的饼食可谓种类繁多，且颇具域外特色，当然最具代表性的饼食还是胡饼。胡饼不仅流行于世俗社会中，还是佛门僧人的习食之物。日本僧人圆仁《入唐求法巡礼行记》中有"立春节。（上）赐胡饼、寺粥。时行胡饼，俗家皆然"的记载。这一时期，人们并不避讳"胡"字，"胡饼"之名又重新流行起来。白居易在《寄胡饼与杨万州》诗中，对胡饼的特征作了细致的描写，云："胡麻饼样学京都，面脆油香新出炉。寄与饥馋杨大使，尝看得似辅兴无。"从此诗可见唐代胡饼也称为"胡麻饼"，即芝麻饼。值得一提的是，由于出家人食素，因此他们所吃之胡饼一定不是用动物髓脂所制的"荤食"，应该是如今日烤馕一样的素饼。《资治通鉴》记载：唐玄宗为避安禄山之乱，仓皇出逃，行至咸阳，饥不可耐，守吏尽皆逃散……杨国忠自入市，衣袖中盛胡饼，献上皇。既然杨国忠于咸阳肆中所购胡饼可以"衣袖中盛"，可见这种胡饼应该是不带油脂的。1969年新疆吐鲁番阿斯塔那墓葬出土的胡饼，经测量，直径为19.5厘米，此胡饼无论从形制还是尺寸来看，都和今日新疆地区流行的素馕十分相近。

升作，

作白餅法

麵一石白米七八升作粥以白酒六七升酵中

著火上酒魚眼沸絞去滓以和麵麵起可作

作燒餅法

麵一斗羊肉二斤蔥白一合豉汁及鹽熬令熟

炙之麵當令起

髓餅法

以髓脂蜜合和麵厚四五分廣六七寸便著胡

《齐民要术》中记载的"髓饼法"

　　除了不带油脂的素馕胡饼，唐代应该还有带油脂的胡饼。前引白居易诗中"面脆油香"的胡麻饼就是这种油脂类胡饼。唐代饮食风格十分粗犷，当时社会还流行一种名为"古楼子"的超大胡饼，制法为：起羊肉一斤，层布于巨胡饼，隔中以椒豉，润以酥，入炉迫之，候肉半熟食之。唐李德裕《次柳氏旧闻》记载，唐朝一位名叫刘晏的官员，因为贪食胡饼而有过一次"失态"的经历。某日五更时分，刘晏赶着上朝，路过街边的一家胡饼店时，店里蒸制的胡饼香味把刘晏给馋住了。于是，他连忙吩咐手下代他去买几个胡饼解馋。买到的胡饼太烫，刘晏用手拿不住，于是就用袖子把胡饼包着，一口一口地啃，全然不顾个人形象。大快朵颐后，刘晏嘴上沾满了饼渣，还意犹未尽地向身边人夸奖胡饼的滋味真是妙不可言啊！这一时期，也有"烧饼"之名。唐人慧琳《一切经音义》曰："胡食者，即饆饠、烧饼、胡饼、搭纳等。"这里将烧饼与胡饼并列，说明唐代烧饼与胡饼应同前代一样，存在细微的区别。

　　宋代的胡饼又有"炉饼"之称。孟元老《东京梦华录》记载："胡饼店……皇建院前郑家最盛，每家有五十余炉。"又张师正《倦游杂录》曰："市井有鬻胡饼者，不晓名之所谓，得非熟于炉而食者，呼为炉饼。"可见，"炉饼"的得名与前述"抟炉"一样，皆因胡饼在炉中制熟。当时，南北方对胡饼

唐墓中出土的胡饼

和烧饼的认识并不一致。在北方地区，如北宋汴京等地，似无"烧饼"之名，仅称"胡饼"。或者说，在北方人眼中，胡饼即烧饼。而在南宋临安地区，胡饼和烧饼的区别则更为明显一些。如《武林旧事》记载，南宋临安市肆有售"猪胰胡饼""七色烧饼"。到了元代，胡饼的记载明显少于烧饼。《饮膳正要》中有"黑子儿烧饼""牛奶子烧饼"，《朴通事》中有"芝麻烧饼、黄烧饼、酥烧饼、硬面烧饼"的记载，而《居家必用事类全集》中载有"山药胡饼"的制法。

明清时期，"胡饼"之名已属罕见，大量出现的是"烧饼"之名。烧饼、火烧等和胡饼的制法是一致的，都是用火烤制的。明蒋一葵《长安客话》曰："炉熟而食者皆为胡饼，今烧饼、麻饼、薄脆、酥饼、髓饼、火烧之类。"如明周祈《名义考》记载："凡以面为食具者皆谓之饼，以火炕曰炉饼，有巨胜曰胡饼……汉灵帝所嗜者，即今烧饼。"到了清代，"胡饼"之名基本上被"烧饼"之名所涵盖，"烧饼"成了泛称。之所以有这种变化，有学者认为一方面与清代北方民族入主中原后忌讳"胡"字有关，另一方面是胡饼、烧饼之间的微小差异已被忽略不计。袁枚《随园食单》记载的一款烧饼制法十分独特，为：把松子、胡桃仁敲碎，加上糖屑、脂油一起和到面里，用锅烤，以烤到两面黄为止，再在烧饼面上撒上芝麻。面在箩里滚到四五次，就会跟雪一样洁白。烤饼时必须用两面锅，上下都放上火。用这种方法做奶酥更好吃。此款"烧饼"的制法非常讲究。据说，如今"黄桥烧饼"的制法与此相近，如此下烤上烘，制出的饼色泽金黄，酥松可口，别有风味。当时南北均有烧饼名品，如北京有"萝卜丝烧饼"、扬州有多种馅心的烧饼、西安有"锅盔"、杭州有"回炉烧饼"等。一些烹饪著作中也记载了大量烧饼名品，如"顶酥饼""玫瑰火饼""金钱饼""天然饼""银光饼""蓑衣饼""桃酥""奶酥"等。

从古至今，饼都是中国人最重要的面食。饼就是"并"的意思，将面粉用水合并和成面团后拍成饼状，然后再加工制

清代壁画中的饼面铺

成，故名。依照烹饪方式，古代的饼大致可以分为煎饼、汤饼、蒸饼、烤饼等若干品类。考古发现表明，新石器时代的人们就已经会制作"索饼"（面条的古称）和煎饼。早期的饼都不是用发面做的，最早的发面食品出现于魏晋时期，发面饼不仅吃起来口感更好，而且更容易被人体消化和吸收。在漫长的历史演进过程中，饼的造型和馅料变得日渐讲究，饼的名实也发生了一系列变化。如笼蒸食品"蒸饼"后来演变为传统的主食馒头和包子，水煮食品"汤饼"后来演变为传统美食面条，而烤制饼食由"胡饼"逐渐演化为今日的烧饼和火烧。

# 岁令小食

现存最早的传世医学名著《黄帝内经》里记载了食物搭配的指导性建议："五谷为养，五果为助，五畜为益，五菜为充，气味合而服之，以补精益气。"意思是，五谷是为身体提供能量的主食，水果、蔬菜只能起辅助作用，肉类食物有助于补益脏腑的精气；选择食物，要跟个人体质、时令、环境等相匹配，只有这样，才有益于身体健康。在中国古代的大部分地区，尤其是长江和黄河中下游地区及华北地区，具有四季分明、物产丰富的气候地理特点，与这些环境特点相适应，形成了诸多很有特色的节令饮食风俗。无论是炎热的夏季，还是寒冷的冬季，智慧的先民们创制了各式各样五谷为原料制作的节令小食，如春节的饺子、年糕，立春的春饼，元宵节的元宵，端午节的粽子，中秋节的月饼，重阳节的重阳糕，腊八节的腊八粥，等等。这些岁令小食不仅丰富了人们的饮食生活，还体现了先民们的饮食养生理念。本文将着重介绍 3 款最具代表性的节令小食在古代的变迁史，以期探讨美味小食背后蕴藏的深厚文化内涵。

一、饺子

"好吃不过饺子，舒服不过倒着。"这是流传很广的北方谚语。饺子，是一种以面为皮的包馅食物，是中国北方的传统食物。传说，饺子最初被称为"娇耳"，是东汉"医圣"张仲景创制的滋补药膳。当时，张仲景用面皮包上一些祛寒的药材（胡椒等）做成药膳，避免病人耳朵上长冻疮。这道药膳在当时被称为"祛寒娇耳汤"。根据这个传说，推测"饺子"似乎只有1800多年的历史。但考古发现证实饺子的起源远比东汉时期久远。考古学家们曾在山东滕州薛国故城的一座春秋晚期墓中发现了一种呈三角形的面食，这应当是迄今所知最早的饺子，只是它的形状与今日的饺子有一些区别，更像是馄饨。

历史上，饺子有过多种名称，如"馄饨""牢丸""粉角""角子""扁食""水包子""水馎馎"等。汉代扬雄《方言》中记载："饼谓之饦……或谓之馄。"这是关于馄饨的文献最早记载。"馄饨"一名，据说是象征宇宙混沌之形，寓意开天辟地之始。饺子就是由馄饨发展过来的，北齐颜之推曾云："今之馄饨，形如偃月，天下通食也。"重庆忠县三国墓葬出土的几件庖厨俑，其操作的厨案上就有古代饺子的形象，只见这些花边饺子被放置在厨案中的醒目位置，可见饺子在三国时期也是人们喜爱的美食之一。

唐代，饺子除了沿用"馄饨"之名外，还称"牢丸""粉角"等。段成式《酉阳杂俎》记载："今衣冠家名食，有萧家馄饨，漉去汤肥，可以瀹茗。"意思是说长安萧家制作的馄饨十分精致，如果去掉汤中的油花，馄饨汤甚至可以用于煮茶。可见，当时有名的饺子（馄饨）已是煮着吃的食物。"牢丸"之名最早见于晋人束皙《饼赋》中的记载："其可以通冬达夏、终岁常施、四时从用，无所不宜，惟牢丸乎！"从这段记载可知，在时人的眼中，"牢丸"属于面食家族中的"佼佼者"，因为它的食用无时日之分，一年四季均可，是最灵活的美食。赵荣光先生认为"牢丸"与古代祭祀所用之"牢"有关。古时祭礼的牛、羊、豕三牲为"太牢"，无牛而仅有一羊、一豕是"少牢"。当然，"牢丸"的馅料不必非是牛、羊、豕三

三国时期庖厨俑，四川博物院藏

牲同备，只需一种即可。因而，从字面意思理解，"牢丸"即为肉馅饺子。1972年新疆吐鲁番阿斯塔那的唐墓里出土的饺子，距今已有1300多年了，它的形状和今日的饺子没有太大差别。饺子在新疆地区的出土，证明当时饺子不仅已在中原成为"天下通食"，而且随着丝绸之路传到了西域，成了当地人的美食。

唐代，饺子被列为宴席面点之一。唐代韦巨源《烧尾宴食单》记载的"二十四气馄饨"指的其实就是24种形状、馅料不同的饺子。据记载，这些饺子的内馅有海参、鱿鱼、鲜贝、鹌鹑、鸡、鱼、猪、兔、牛、鹿、鹅、鸭、羊、豆腐、韭黄、香菇等24种，分别包成长方形、三角形、圆形、菱形、鲜花形等各种不同的样式，形色香味俱佳。这道"二十四气馄饨"很可能就是今日饺子宴的雏形。

宋元时期，称饺子为"角子"或"角儿"。赵荣光先生认为"角子"的命名，显然是象形取义，因其像牛、羊、鹿等兽类头上初萌之角，故名。《东京梦华录》说，汴京市肆有售卖"水晶角儿"和"煎角子"的。吴自牧《梦粱录》中记载南宋朝廷皇帝寿宴时提及了"驼峰角子"。周密《武林旧事》"蒸作从食"中记有"诸色角儿"。林洪《山家清供》中提到的"胜肉"，是用冬笋、蘑菇、松子、胡桃等原料加酒、酱料、香料调味，然后用面皮包好，用薄油煎烙的食物。由于这款素馅饺子淡淡的面香里融入了笋菇的鲜香，松子和胡桃又会带来油脂甘香，几种食材合力打造出了比肉还美味的口感，故名"胜肉"。《饮膳正要》记载了"水晶角儿""撇列角儿"的制作方法。从记载可知，"水晶角儿"和"撇列角儿"与今日的蒸饺、煎饺类似。

除"角子"或"角儿"之外，宋元时期的文献记载还有馄饨，说明饺子和馄饨在当时已有了明确的区分。宋林洪《山家清供》记载，当时馄饨又有新品种，如"椿根馄饨"（以香椿的根为馅）、"笋蕨馄饨"（以笋、蕨菜为馅）等。周

唐代饺子，中国国家博物馆藏

密《武林旧事》中有"贵家求奇，一器凡十余色，谓之'百味馄饨'"的记载。元代忽思慧在《饮膳正要》里记载了"鸡头粉馄饨"的制法：用鸡头粉（芡实粉）、豆粉加水调和为皮，以羊肉、陈皮、生姜、五味制馅，然后包成枕头形，煮熟食用。

明代时，出现了专用的饺子名称，赵荣光先生认为"饺子"是"角子"的进一步通俗化、规范化表述。明人沈德符《万历野获编》提到北京名食有"椿树饺儿"，也许是用椿芽做馅料的饺子。特别有意思的是，《万历野获编》引述的是流传于京城中的一些有趣的对偶句"细皮薄脆对多肉馄饨，椿树饺儿对桃花烧卖"，此句表明当时人们对馄饨、饺子、烧卖等主食已有明确区分。此外，明刘若愚《酌中志》中提及饺子在明宫中被称为"扁食"。明宋诩《宋氏养生部》中载有"汤角""酥皮角儿""蜜透角儿"等品类。"酥皮角儿"的做法为：用面，与少量油、水、盐和为小剂，擀开，在馄饨皮中放入生肉馅、素馅或熟油盐，调干面，封边，最后用油煎。这其实是一种用油煎的饺子，类似今日的锅贴儿。"蜜透角儿"是一种以去皮胡桃、榛、松仁或糖蜜、豆沙为馅的油煎饺子。明张自烈《正字通》中有这样的记载："今馄饨，即饺饵别名，俗屑米面为末，空中里馅类弹丸形，大小不一，笼蒸啖之。"这段记载说明当时的水饺也蒸着吃，类似现在的蒸饺。

清代时，饺子又有"水饽饽""扁食"之名。如清富察敦崇《燕京岁时记》记载："（初一）无论贫富贵贱，皆以白面作角（饺）而食之，谓之煮饽饽。"汪日祯《湖雅》记载："（饺）有粉饺，亦名肉饺。有面饺，一曰水饺，亦呼扁食。一曰汤面饺，汤去声，俗作烫。有酥饺，用面起油酥为之。"《清稗类钞》记载："饺，点心也，屑米或面，皆可为之，中有馅，或谓之粉角。北音读角为矫，故呼为饺。蒸食、煎食皆可。蒸食者曰汤面饺，其以水煮之而有汤者曰水饺。"从上述记载可知，清代有用米粉和面粉做皮的两大类饺子，而饺子中又分冷水面皮、烫面皮、油酥面皮 3 种，饺子的成熟方法为蒸、煎、煮均可。清代饺子的品种极其丰富。除上述"粉饺""面饺""烫面饺""酥饺"，还有各种馅料的水饺。如《调鼎集》中记载有 10 余种饺子，如"野鸭粉饺"（系用野鸭肉为馅、米粉为皮制的蒸饺），"蛋饺"（似用蛋汁和面为皮，再包裹各种馅料的煎饺）。《清稗类钞》记载了一款"椴木饺"，据称是每年五月的宫中食品。椴木，又称木槿，是一种落叶灌木，花有红、白、紫等颜色，可以食用。制作方法大概是以木槿汁液和面制成色彩艳丽的面皮，美观又美味。

袁枚《随园食单》中记载了一款名为"颠不棱"的主食，经邱庞同先生考证，这是一款肉饺，除肉质鲜嫩、作料讲究外，还在于"中间用肉皮煨膏为馅，故觉软美"。为何一款肉饺取了"颠不棱"这么奇怪的名字呢？其实，这是英文"dumpling"的汉语音译。据学者考证，英国 18 世纪食谱所记的"dumpling"中包括有多种类似中国饺子的以薄面皮包裹馅心而制成的食品。袁枚应该是在广东旅游探亲时在与当地官员的宴饮中得知了这款肉饺的英文名字，于是将其写入了自己的著作中。除用肉做馅料外，还有以海鲜为馅料的饺子。如曹雪芹《红楼梦》第四十一回曾提及螃蟹馅的油炸饺子。只是这款饺子太过油腻，完全没有清蒸螃蟹的鲜美之味，所以似乎并不受贾母等人的欢迎。时令鲜菜是时人最喜爱的制饺原料。咸丰年间的《燕台竹枝词》中写道："略同汤饼赛新年，荠菜中含著齿鲜。最是上春三五日，盘餐到处定居先。"这里说的是北京地区最著名的荠菜饺，颜色鲜丽，口齿留香。

饺子成为大年初一的传统美食，大约始自明代。为什么饺子可以打败其他美食，成为春节必备食品呢？据学者分析，可能有如下几个原因：其一，饺子形如元宝，在中国人最重要的节日——春节吃饺子，有"招财进宝"之意。其二，饺子有

年画中的"包饺子"场景

馅，便于人们把各种寓意吉祥的东西包进馅里，来寄托人们对新年的祈愿。如包进钱币，寓意"财源广进"；包进红枣，寓意"早生贵子"；包进蜜糖，寓意"日子甜美"；等等。其三，由于春节第一顿饺子必须在旧年最后一天夜里十二时包完，这个时辰也叫"子时"，此时食饺子，取"更岁交子"之义，寓意吉利。

## 二、粽子

农历五月初五是中国的传统节日端午节，它与春节、清明节、中秋节并称为"中国四大传统节日"。端午，又称"端五""重五"。先秦时，人们就认为五月是个"恶月"，重五之日更是"恶日"，如《吕氏春秋》中认为五月是阴与阳、死与生激烈斗争的一个月；《风俗通义》中有"五月五日生子，男害父，女害母""五月到官，至免不迁""五月盖屋，令人头秃"的记载。据《史记·孟尝君列传》记载，孟尝君田文出生时，他父亲田婴迷信五月初五生子将不利其父母的说法，打算弃养他。但他母亲私下将田文抚育成人。后来，田文拜见田婴，力陈迷信之说不可信，得到田婴的认可。田文依靠卓越的才干协助田婴振兴封邑薛地，声名鹊起。田婴去世后，田文代立于薛地，是为孟尝君。从这些记载可知，后世端午节所进行的一系列辟邪、除疫的活动，早在先秦时期已有端倪。

端午节最主要的节令食品是粽子。有很多人认为，吃粽子是为了纪念屈原。但这话并不准确。实际上，关于粽子的出现，有多种说法：宗懔《荆楚岁时记》有"夏至日食粽"的记载，但没有提到端午食粽以及屈原的事；陈元靓《岁时广记》引《岁时杂记》说"京师人自五月初一日，家家以团粽、蜀葵……祭天"；著名学者闻一多先生认为端午食粽与龙崇拜密不可分；一些民俗学家认为五月端午原为巫节，此日重在祛病除邪。

关于粽子是为了纪念屈原的说法始见于南朝梁吴均《续齐谐记》中的记载。汉代建武年间，有一长沙人晚间梦见一人，自称是三闾大夫（即屈原）。梦中，屈原对他说："你们祭祀的东西，都被江中的蛟龙偷去了，以后可用楝叶包住，用五色丝线捆好，蛟龙最怕这两样东西，这样就不用担心再被蛟龙破坏了！"人们知道这个梦后，便以五色丝线和楝叶制粽。

由上述记载可知，最早的粽子是用楝叶包裹的。后来，人们又改用菰叶来包粽子。周处《风土记》说："仲夏端午，烹鹜角黍。"《齐民要术》中又引《风土记》注说："用菰叶裹黍米，以淳浓灰汁煮之，令烂熟，于五月五日夏至啖之。粘黍，一名粽，一名角黍，盖取阴阳尚相裹，未分散之时象也。"宋罗愿《尔雅翼》注引《荆楚岁时记》说："其菰叶，荆楚俗以夏至日用裹黏米煮烂，二节日所尚，一名粽，一名角黍。"南朝时，楚地"粽子"这一名称开始流行，并逐渐取代了"角黍"，其制作原料发生了由黍米到大米的转变。粽子成为夏至和端午两个节日的节令食品也是基于此时。姚伟均先生认为用竹筒贮米和包裹粽子，原是巴楚地区以水稻种植为生的民众制作主食的两种古老方法，本无特殊的纪念意义。后来，在魏晋南北朝传

屈原像

承过程中，人们将吃粽子与祭屈原联系起来。这样，后世围绕着粽子这一食品便衍生了一系列食俗与禁忌，粽子的花样及品种也越来越多。

晋代，包粽子的原料除糯米外，还添加了中药益智仁，煮熟的粽子称"益智粽"。南北朝时期，出现了"杂粽"，即米中掺杂肉、板栗、红枣、赤豆等，品种繁多。粽子还成为走亲访友的馈赠佳品。到了唐代，粽子的用米已"白莹如玉"，其形状有锥形和菱形。日本文献中就有"大唐粽子"的记载。"赐绯含香"是唐代烧尾宴中的一道奇异食点。陶谷将这道食点解释为"稷子蜜"，"稷"古同"粽"，指的是一种甜味粽子。据说，唐玄宗李隆基最爱吃"九子粽"。"九子粽"指的是用九种颜色的丝线将九只粽连成一串，有大有小，大的在上，小的在下，形状各异，非常好看。有一次，唐玄宗品尝"九子粽"后，禁不住大加赞赏，当即吟诗说道："四时花竟巧，九子粽争新。"粽子不仅是皇帝的心头好，而且普通百姓也爱吃。据说，当时长安人常吃一种"百索粽"，这种粽子因外面缠有许多丝线或草索而得名。此外，由于粽子谐音"中子"，很多地方认为吃粽子可得子，因此粽子也成为父母送给出嫁女儿、公婆送给新婚媳妇的礼物。

宋元时期，粽子作为节令食品颇受人欢迎。孟元老《东京梦华录》记载："端午节物……香糖果子、粽子、白团。"苏东坡说"时于粽里得杨梅"，陆游有"盘中共解青菰粽，哀甚犹簪艾一枝"的诗句。此时，还出现了用粽子堆成楼台亭阁等造型的风尚，说明宋代吃粽子已成为一种时尚。元代出现了用箬叶包的粽子，突破了菰叶的季节限制，后来又出现用芦苇叶包的粽子。附加料已出现豆沙、猪肉、松子、枣子、胡桃等。明清时期，粽子品种更加丰富多彩，著名的有桂圆粽、肉粽、水晶粽、莲蓉粽、蜜饯粽、板栗粽、辣粽、酸菜粽、火腿粽、咸蛋粽等，品种繁多，味道极佳。

赐绯含香

### 三、月饼

每年农历八月十五，是我国的传统佳节中秋节。中秋节，又名"团圆节""八月节""仲秋节""秋节"等。因其恰值三秋之半，故名中秋。又因此夜月亮又亮又圆，民间遂以阖家团聚赏月为主要活动，意在祈求美满团圆。从中秋月圆引申出家人团圆，并以中秋为团圆节，虽然是比较后起的风俗，但祈求亲人团圆的心理和习俗却是中国人古已有之的传统。

中秋节的渊源可以追溯到先秦时期的秋祀和拜月习俗。秋天是收获的季节，家家祭祀土地神，久而久之，围绕秋祀形成了一系列习俗。当时民间也有月神信仰，并伴随一系列祭月活动。秋祀和拜月习俗奠定了中秋节产生的基础。晋代已有中秋赏月之举，至唐代，中秋赏月、玩月颇为盛行。月饼在唐代已经出现，据文献记载，一次，唐僖宗在中秋节吃到美味的月饼，便下令赐给新科进士们吃。不过，唐代还没有"月饼"这一名称，直至宋代才有月饼之名。此外，唐代人在中秋节还喜食一种名为"玩月羹"的食品，这是以桂圆、莲子、藕粉等精制而成的特色甜点。

到了宋代，朝廷正式将农历八月十五定为中秋节。而月饼作为正式的节令食品，也是始于宋代。宋代时，月饼已经是市肆经营的点心品种。苏东坡写有"小饼如嚼月，中有酥与饴"之诗句，诗中的"酥"与"饴"道出了月饼的主要口味特点。《梦粱录》是宋代吴自牧所著的笔记，是一本专门介绍南宋都城临安城市风貌的著作。据此书记载，当时临安集市上售卖的点心，有芙蓉饼、菊花饼、梅花饼、月饼等多种品类。至迟到了明代，月饼开始有了"团圆"的意义。明田汝成《西湖游览志》中有"民间以月饼相遗，取团圆之义"的记载。明时，月饼作为中秋节令象征性食品的意义更加突出，明刘若愚《酌中志》中记载："至十五日，家家供月饼瓜果，候月上焚香后，即大肆饮啖，多竟夜始散席者。如有剩月饼，仍整收于干燥风凉之处，至岁暮合家分用之，曰'团圆饼'也。"

唐墓出土的月饼

民间还有一则关于元朝末年"月饼起义"的传说。相传，元朝的统治者为了巩固统治地位，在每10户人家中便安排一名奴隶主的爪牙，10户人家只被允许使用一把菜刀。元代统治者的暴虐使百姓们忍无可忍，于是百姓们便暗中串联，把"八月十五，家家齐动手"的起义号召写在纸条上，藏于月饼中作为联络信号，举行起义，一举推翻了元朝的统治。从此，月饼便成了中秋佳节的必食食品。到了清代，民间承袭了古代拜月、赏月、合家吃月饼与瓜果的习俗。清代有"男不拜月，女不祭灶"的习俗，所以拜月活动多为妇女儿童参与。拜祭前，人们先将月饼、瓜果等食品供月，参拜之后，再将祀月之饼按人数切为数块分食。

中国国家博物馆馆藏的清代月饼模子，圆心里刻着弯月下露出半面的广寒宫，台基旁、桂树下，有一只持杵捣药的玉兔；圆心外，仙山环绕，间以桂花枝。月饼模子、饽饽模子，都是清代常见之物，点心铺、蒸锅铺，皆必备，因此专有"模子作"一行。讲究的模子不仅花样美观，而且深浅大小极费心思。

经过古代面点大师们的不断探索，我国各地形成了品类繁多、风味各异的月饼，其中的京式、苏式、广式、潮式月饼最为著名。京式月饼多施素油，其中的红白月饼皮最具特色；苏式月饼特点是油多糖重，玫瑰月饼、豆沙月饼是其中的"佼佼者"；广式月饼重糖轻油，多以豆蓉、椰蓉、五仁等为馅，味

清代月饼模子，中国国家博物馆藏

道清香、口感软糯；潮式月饼则重油重糖，质地软润。

　　我国的传统节日是在数千年的历史发展中逐渐形成并完善起来的，不仅历史悠久、种类众多，而且内涵极为丰富。针对每个传统节日，智慧的先民们基本都创造出了一种或几种标志性的特色食品。这些食品具有强烈的传承性，蕴含着强大的精神力量，凝聚着人们的情感寄托，使中国人的岁令饮食文化传统具有旺盛的生命力。

# 肉食为充

作为谷类食物的重要补充，肉食是古人获得热量和营养的另一重要途径。因为肉食资源的稀缺性，所以在中国古代能经常吃上肉的仅为社会上层人士，而广大人民一般只能在年节或庆典才能吃上肉。古代肉食有马、牛、羊、鸡、犬、豕"六畜"之说。除马之外的五畜加鱼，构成我国传统肉食的主要品种。各类肉食也有"等级"之分，如牛是最高品级的肉类，羊是富裕人家的常见肉食，猪和鸡则是普通人家餐桌上最主要的肉类。也正是由于肉食资源的稀缺性，才使得古人对"黑暗"肉食的容忍度更高，动物内脏、雏鸟幼兽、蛇虫鼠蚁等都曾是古人餐桌上的美食。

# 最高规格的牛肉

　　人类驯养家畜虽已有万年以上的历史，但牛的驯养历史却相对较短。由于牛属于群居动物，以素食为主，驯化难度低，故而成为"六畜"之一。在中国古代，牛的品种主要包括北方的黄牛、南方的水牛以及藏族饲养的牦牛等。考古发现表明，在距今7000多年的北方的磁山、裴李岗文化时期，人民已经开始饲养黄牛；距今约8000年的浙江萧山跨湖桥遗址出土了大量水牛的标本，表明水牛的人工畜养至少可以追溯至这一时期。值得注意的是，水牛遗存还出现在新石器时代的北方地区，比如在大汶口文化遗存中就有水牛的遗迹，而在殷墟中所发现的水牛骨也比黄牛骨多。这说明，先秦时期，水牛生活在包括黄河中游在内的广大北方地区。家牦牛是由野牦牛驯化而成的家畜，分布于中国西南、西北地区。距今约15000—5000年，古羌人已将牦牛驯养成功，形成了原始的牦牛业。

　　牛在古代是一种非常珍贵的祭祀品。所谓"伏羲氏教民养六畜，以充牺牲"，"牺牲"二字的部首均为"牛"，可见牛在祭祀品种中的重要位置。《史记》记载尧时即有"特牛礼"，即选用牡牛作为祭品。殷商时期，关于用牛祭祀的卜辞很多，在小屯地区发现了很多牛骨遗存，都属于祭牲。清华大学艺术博物馆馆藏的一件卜骨的内容为：在乙丑日卜问发生"日又（有）戠"（日食或是太阳黑子现象），应以3头、5头还是6头牛为祭品举行告祭？由这件卜骨可知，当时祭祀所用牺牲的品类和数量都要进行占卜。用于祭祀的牛，品级非常高。甲骨文中的"牢"字，是牛被封闭在固定空间里的形象。从造字本意来看，"牢"字表明了远古君王对于祭祀活动的高度重视，精心养育的、用于祭祀的高品质纯色牛，最值得拥有专门的"牢"。

西周祭祀中，牛的数量较殷商时大幅下降。据记载，周成王在洛邑王城告成之祭时，对周文王和周武王的祭祀分别只用一头骍牛（红色毛皮的牛），相比于商代隆重的祭祀，实在逊色不少。祭祀用牛数量减少的原因，可能与当时农业生产的发展有关。由于牛应用于农事活动的情况日益增多，因此其用于祭祀和宴飨场合的次数必然有所减少。西周时期，官府设有专门的职官来管理国有畜牧业，如有所谓的"牧人""牛人""羊人"等。其中"牛人"的职责为掌管国家公有的牛只，具体而言，主要工作内容为督管职人畜养祭祀所用的牛只：有供给进献举行飨礼、食礼或宾射礼等膳食所需的牛；有军事行动，供给犒劳将士所需的牛；有丧事，供给奠祭死者所需的牛。西周礼制规定，"太牢"是最隆重的祭礼。所谓"太牢"是三牲齐备，即牛、羊、猪三种牺牲俱全，没有牛的即称"少牢"。天子祭祀用"太牢"，诸侯祭祀用"少牢"，只有天子可以用牛来祭祀，可见牛肉在各类肉食品中的尊贵地位。牛肉不仅是祭祀场合周天子的专享，而且在日常饮食生活中也只有周天子才能享用。

在"礼崩乐坏"的春秋战国时期，相继崛起的几大霸主不仅僭越了周天子礼乐征伐大权，还延续了周天子无限制专享牛肉的特权。如诸侯会盟大会上，齐桓公、晋文公等霸主们主动宰牛来招待各位诸侯，因此"手执牛耳"成为当时霸主的

商代卜骨，清华大学艺术博物馆藏

标志。《左传》记载，秦师袭郑，到达滑国，得知此事的郑国商人弦高便先后赠送给秦军 4 张熟牛皮和 12 头牛以稳住他们，从而赢得时间派人向郑国报告。给几万人的秦军送去 12 头牛犒劳，在当时已算是一份有分量的礼物了。《楚辞》的《招魂》《大招》中记载了战国时期楚国的饮食名品，其中肉食类馔品第一个提及的就是"煨牛腱子肉"，这充分表明了牛肉在肉食排行榜上的尊贵地位。

秦汉时期，养牛业的分布范围比较广，黄河中下游流域养牛业发展较快，南方地区养牛业以家庭畜养牛为主。这一时期的牧养、兽医技术已有一定积累，为养牛业的扩展提供了技术支持。秦时，国家对官牛的管理非常严格。睡虎地秦简中记载：如若官牛死亡，当事人必须呈报官府，卖其肉的钱及筋、皮、角等如数上交官府，最后由主管官府通知销籍。秦律还规定每年必须根据养牛情况对这个专门人员进行考评：每年正月、四月、七月、十月对耕牛饲养情况进行考核评比，被评为优秀者，就有干肉 10 条、免除更役等奖励；若是耕牛腰围减瘦一寸，要答打主事者 10 下。西汉时期，开放关卡要道，解除开采山泽的禁令，交易之物通于天下，各地畜牧业因势崛起。据《史记·货殖列传》记载，汉武帝时期的巨富桥姚就是通过在边疆大力发展畜牧业而积累出"马千匹，牛倍之，羊万头，粟以万钟计"的财富。汉景帝阳陵陪葬墓放置了大量彩绘陶牛，它们形态逼真，栩栩如生。其中有一只陶牛长达 71 厘米，是目前见到的最大的同类陶俑，它四腿如柱而短，身躯前低后高，腹宽颈粗，显然是力役型的黄牛。

这一时期，牛的数量不断增长，"杀牛置酒""击牛酾酒"的场景时有发生。尽管当时也有"毋得屠杀牛"的诏令，但百姓们也有吃上牛肉的机会。如在国家发生重大事件时，皇帝"赐民百户牛酒"，百姓也能吃上牛肉。在权贵之家的餐桌上，牛肉则是常见的肉食。如西汉时，昌邑王刘贺（后来的海昏侯）赐大臣王吉牛肉 500 斤、酒 5 石、脯 5 束；东汉时，

西汉陶牛，汉景帝阳陵博物院藏

光武帝诏太中大夫"赍牛酒"赐冯异，赍为赠送之意。《后汉书》记载了一则"吴汉椎牛飨士"的故事。吴汉为东汉开国名将，杰出的军事家，位列云台二十八将第二位。东汉初年，苏茂叛乱。光武帝刘秀派遣大司马吴汉率兵平定叛乱。一次，吴汉与苏茂大战时，不慎落马摔伤膝骨，败回营中。诸将见此情形，便对吴汉说："大敌在前，而您却受伤卧床，恐怕军心忧惧啊。"吴汉听罢，立马起身下床，杀牛犒赏将士们，并对将士们说："贼兵虽然人多，但都是匪盗不义之徒，胜了互不相让，败了则各自奔逃、互不相救，所以现在正是大家立功封侯的好机会啊！"众将士们享用美味的牛肉后，又被吴汉的劝勉深深感染，于是群情激愤，士气大振。第二天，吴汉挑选精兵数千，一举将叛军打得落花流水。与"吴汉椎牛飨士"相似的故事还有"魏尚杀牛"。《史记》记载，西汉时期，有一位名叫魏尚的将军抵御匈奴时，为了激励士气，五天杀一头牛给军士吃。于是，军士奋勇杀敌，以致"匈奴远避，不近云中之塞"。无论是"吴汉椎牛飨士"还是"魏尚杀牛"，都表明牛肉在当时属于高规格的肉食，军士们平时基本不会吃到，所以杀牛飨士才起到如此大的激励作用。

　　这一时期，牛的烹制方法更为丰富，且牛肉和牛杂都是时人喜爱的美味。据汉刘歆《西京杂记》记载，汉高祖刘邦为泗水亭长时，放走赴骊山众多徒卒，为表感激，徒卒赠予刘邦酒两壶，鹿肚、牛肝各一。后来，刘邦即帝位后，早晚餐时也常备烤鹿肚、烤牛肝两种炙品。马王堆汉墓遣策中关于"牛"的菜品有"牛白羹"（牛肉与稻米熬制的羹品）、"牛逢羹"（牛与蒿类蔬菜熬制的羹品）、"牛苦羹"（牛与苦菜熬制的羹品）、"牛脯"（风干牛肉）、"牛炙"（烤牛肉）、"牛胁炙"（烤牛胁肉）、"牛胃濯"（涮牛胃）、"牛脍"（生牛片）等。

　　魏晋南北朝时期，北方的游牧民族进入中原，推动了畜牧业的发展，养牛业发展亦较迅速。这一时期，牛主要用于耕田、驾车，而非食用。《世说新语》记载，"彭城王（司马权）

有快牛","王君夫(王恺)有牛名八百里驳";《晋书·桓温传》记载,刘景升"有千斤大牛……负重致远"。可见牛在当时主要用作役畜。历代统治者也发布禁令,不准滥杀耕牛。不过,权贵之家不受禁令制约,依然宰牛吃肉。曹植《箜篌引》云:"置酒高殿上,亲友从我游,中厨办丰膳,烹羊宰肥牛。"《晋书·王羲之传》记载,王羲之13岁时,曾经去拜见当时的名士周顗,周顗见了他以后就觉得他与众不同。当时人们把烤熟的牛心作为最珍贵的食物,在座的客人还没有吃,周顗就先割了一块牛心给王羲之吃,于是人们对年幼的王羲之刮目相看。这则记载表明,牛肉在当时是待客的珍品,而牛心则是珍品之中的珍品。

这一时期,牛肉的烹饪方法更加进步和多样化。先秦时期周天子专享的牛醢(牛肉酱)在这一时期仍然流行。《齐民要术》记载当时制作牛肉酱的方法为:用活杀的鲜肉,去掉脂肪,斩成细块。一斗肉,五升曲末,两升半白盐,一升黄蒸,晒干,捣细,用绢筛筛过。将它们一起在盘子里拌和均匀,放进瓮中。有骨头的,和好后先捣过,然后盛进瓮里。用泥涂封瓮口,搁在太阳下面晒。在寒冷的月份酿造,宜于将瓮埋在黍穰堆里,露出瓮头。14天后,打开来看,酱汁已经出来,没有曲的气味,便成熟了。这段记载将肉、曲末、白盐、黄蒸的用量和比例列得十分详细,如此"标准量化",可方便后人进

马王堆汉墓遣策中的牛肉馔品

唐代韩滉绘《五牛图》,故宫博物院藏

行仿制，确实是烹饪史上的一大进步。此外，《齐民要术》记载的"捧炙"也尤为引人注目，其制法为：选择牛脊肉或小牛的脚肉为原料，用火烤肉的一面，熟了之后就将这面割下来食用；割完之后就换另一面。这样边烤边吃，可以确保肉质的鲜嫩，具有游牧民族古朴粗犷的风格，体现了这一时期饮食文化中胡汉交融的特色。除牛肉外，时人对牛百叶等也格外青睐。《齐民要术》记载有一道"牛胘炙"。所谓"牛胘"，就是牛百叶。老牛的百叶，厚且脆。"牛胘炙"制法为：用签子将牛百叶贯穿起来，尽力地压迫使其皱缩挤拢，用大火急速地烤，让它面上裂开口子，再割来吃，就脆而且味很美。如果拉平伸展开来，在微火上远隔着烤，就薄而且韧了。这道菜很考验火候，在烤制时，火要大而急，但如果"过犹不及"，味道就变差了。

隋唐时期，一方面，"以农为本"的基本国策使养牛业备受重视；另一方面，北方和西部游牧民族的频繁内迁使大批牛、羊进入内地，养牛业和养羊业都迅猛发展，并从此长盛不衰。故宫博物院收藏的韩滉绘《五牛图》中，刻画了五只肥壮的黄牛，分别作昂首、独立、嘶鸣、回首、擦痒之状，姿态迥异，牛的筋骨和皮毛的质感都被刻画得入木三分。

由于养牛业的大力发展，牛的数量大大增加，牛肉在人们的饮食生活中发挥着重要作用。唐代著名边塞诗人岑参《酒泉

魏晋牛耕画像砖

太守席上醉后作》云："琵琶长笛曲相和，羌儿胡雏齐唱歌。浑炙犁牛烹野驼，交河美酒金叵罗。"这里的"浑炙犁牛"是唐代的一款超大型烤制菜肴。所谓"浑炙"即为整烤之意，"犁牛"即牦牛，"浑炙犁牛"意即整烤牦牛。在当时西北、西南等少数民族饮食风俗中，吃牦牛是招待贵客的最高标准，而唐朝地方官酒泉太守举行的宴席上也有"浑炙犁牛"这道菜，一方面体现唐代饮食文化的豪迈粗犷风格，另一方面也反映了各民族间的饮食文化的交流。除传统的炙法外，这一时期，牛肉的制法还有羹法、脍法、脯法等。《食医心鉴》记载了一道"水牛肉羹"，制法是把水牛肉、冬瓜、葱白加豉汁煮成，以盐、醋调味。唐代韦巨源《烧尾宴食单》中的"五牲盘"，是将牛、羊、猪、熊、鹿这5种动物肉细切成丝，直接生吃或者稍加腌制后生吃。除"羹""脍"外，唐代还有诸多牛肉脯名品。据宋代陶谷《清异录》记载，权阉仇士良府中有一种叫作"赤明香"的肉脯，其特色为"轻薄甘香，殷红浮脆"。这种以轻薄和造型见长的肉脯表明唐代的制脯技术已经十分高超了。此外，还有将牛乳制菜的尝试。《烧尾宴食单》中的"仙人脔"就是将鸡肉放在牛乳或羊乳中煮制而成。

宋代的养牛技术多有书籍记载，《陈旉农书》从卫生、饲养、使用、保健、医疗等多个方面总结了牛的饲养经验。宋周去非《岭外代答》记载了当时养牛技术的要点，一是牛舍要注意保暖，二是重视牛舍的清洁卫生。养牛业以南方为盛，如据陆游《入蜀记》记载，陆游曾见到"沙际水牛至多，往往数十为群"的情形。清徐松《宋会要辑稿》中也有"牛皮筋角，惟两淮、荆襄最多者，盖其地空旷，便于水草"的记载。尽管当时牛的数量很多，但用于食用的机会其实很少。在《水浒传》中，经常可见这样的情节描述：英雄好汉们下馆子，从来不看菜单，张口就要几碗酒，再切几斤熟牛肉。比如，林冲看守草料场时，外出沽酒，"店家切一盘熟牛肉，烫一壶热酒，请林冲吃"。又如，武松在景阳冈打老虎之前，也是点了熟牛肉下

五牲盘

酒。这些情节很容易让人产生误解，那就是牛肉在当时是随处可见的肉食，但其实这并不符合史实。周密《武林旧事》中记载了100多道菜品，鹅、鸭、猪、羊、螃蟹、兔、鹿、鱼、虾等食材无所不包，却唯独不见牛肉馔品的踪影。宋代司膳内人《玉食批》（"玉食批"的意思是关于美食的指示、说明）记载了宫中食谱，此书中出现的食材包括羊、鹌子、鸠子、石首鱼、田鸡、海蜇、鲇鱼等，也无牛肉。可见，无论是民间食谱还是宫廷食谱都没有牛肉的记载，说明当时牛肉的食用并不普及。且宋代对杀牛者处罚较此前更为严格，杀牛者要处徒刑两年，甚至要刺配充军。那么为什么《水浒传》中会有如此多食用牛肉的情节呢？一方面恐怕是为了突出英雄好汉们的反抗精神而进行的艺术夸张，另一方面也说明宋代偏远地区的一些小店为了追逐高额利润不惜违规售卖牛肉。当时的牛肉还可生食，洪迈《夷坚志》记载了这样一个故事：南宋绍兴年间，有位叫郑行婆的老妇，去报恩光孝寺听悟长老说法。路过一家熟牛店，她见到有人正在切割牛肉，便对同行者说"此肉生切后，用盐醋浇泼，十分美味"。当她到了光孝寺，悟长老问她是否吃过"牛生"，她谎称从未吃过。长老遂调了杯汤药让她喝了，她随即吐出一碗多生牛肉。

由于蒙古族是游牧民族，所以元代不忌讳也不禁止吃牛肉。元代御医忽思慧所著的《饮膳正要》记载："肝病禁食辛，宜食粳米、牛肉、葵菜之类。"而且其还介绍了牛腱、牛蹄、牛脯、牛髓、牛酥、牛酪、牛乳腐之类的滋补食品。用牛肉和牛内脏烹制菜肴，以往较为普遍，而食用牛蹄则较为罕见。"攒牛蹄"的做法为：将2只牛蹄用温水刮洗干净后，入锅煮熟取出，出骨，将肉切成小块；炒锅烧热，下油少许，下姜末和切好的牛蹄肉，加适量的好肉汤和盐，烧至汤浓，下葱花调和即成。这道"攒牛蹄"是元代宫廷的一道名菜。同书所载的"牛肉脯"非常适合脾胃久冷、不思饮食人士食用，做法为：取胡椒、陈皮、草果、砂仁、良姜研粉，葱、姜绞汁拌和

宋代群牛图砖雕，山西博物院藏

药粉，加盐调成糊状，将牛肉切片，用调好的药糊拌匀，腌制
2个月后用清水漂洗干净牛肉，沥干水分，烤熟。

　　明清时期，畜牧兽医学获得了极大的发展，尤其是在清
代，由于朝廷禁止在内地牧区养马，马医逐渐衰落，代之而起
的是与牛和猪有关的畜牧兽医学的发展，出现了《牛经大全》
《养耕集》《抱犊集》等养牛专著，畜牧兽医学的进步使牛的
死亡率进一步降低。这一时期，虽然官府一度恢复了禁止吃牛
肉的法规，但很多地方还是保留着吃牛肉的习俗。尤其是清中
期以后，禁屠应该实际执行不严，牛肉在市场也可以见到。

　　明代宋诩《宋氏养生部》中记载的牛肉制法多达17种。
比如"生爨牛"做法为：牛肉切成薄片，加酒、酱、花椒腌片
刻，然后放入沸水中余熟；或把牛肉放入器皿中，加酱、椒调
拌后用滚开水浇淋，使肉片变白即食。这道菜相当于今日的涮
牛肉锅子。又如，"牛饼子"的制法为：将较肥的牛肉细细切
碎，再加入胡椒、花椒、酱、白酒腌制，将腌制好的牛肉碎团
成丸子投入沸水中煮，等丸子成熟后捞出，用胡椒、花椒、酱
油、醋、葱等调汁，浇到丸子上即可。这道"牛饼子"实际
上就是牛肉丸子。清袁枚《随园食单》称牛肉"非南人家常时
有之物"，其中《杂牲单》记载了购买牛肉的注意事项及其做
法：买牛肉的方法，是先到肉店铺付定金，然后选取腿筋夹
肉，此处不肥不瘦；拿回家中，剔去皮膜，用三分酒、二分水
清煨到熟烂，再加酱油收汁。牛肉味道独特，只适合单独做
菜，不能与别的食材搭配。又记载牛舌的制法为：将牛舌剥皮
去膜，切成片，放入牛肉锅中一同小火慢炖；也有在冬天腌制
风干来年再吃的，味道就像优质的火腿。

　　这一时期，陕西和四川地区都出现了日后名扬天下的牛肉
馔品。提起"平遥牛肉"，相信大家并不陌生，著名歌唱家郭
兰英的一曲山西民歌《夸土产》里就有"平遥的牛肉，太谷的
饼"之句。山西平遥及附近地方养牛耕地的人很多。在明代就
有人通过腌制、卤煮等方式加工牛肉。清嘉庆年间，有个叫雷

《牛经大全》书影

全宁的师傅将老牛肉盐腌后再煮熟，加工成"五香牛肉"，名扬天下。"五香牛肉"更是与汾酒、太谷饼鼎足而立，成为山西省的著名特产，素来有"平遥牛肉太谷饼，杏花村汾酒顶有名"的美誉。清末，慈禧太后和光绪皇帝因避祸逃往西安，途经平遥品尝兴盛雷的"平遥牛肉"后，大加赞赏，称"观其色而生津，闻其香而提神，食其肉而解困"，遂封其为皇家贡品。除了"平遥牛肉"，还有一款闻名遐迩的牛肉制品，即四川的"灯影牛肉"。"灯影牛肉"出自四川达州地区，因其成品的造型像爆竹（火鞭），故又称"火鞭子牛肉"。相传，清光绪年间，有一位流落到达州的刘师傅，以售卖烧腊为生。但是他卖的五香牛肉片，又厚又硬，吃起来很费劲，以至于生意惨淡。无奈之下，他只得苦练刀法和调味技法，终于制成了质薄酥香、味鲜而辣、入口即化、回味无穷的牛肉脯。由于他将牛肉切得片薄透明，用箸夹起，举在灯前，可以透光，因此，获得了"灯影牛肉"的美名。

"一年春作首，六畜牛为先。"在中华历史的漫漫长河中，一直活跃着牛的身影。牛在中国古代是重要的力畜和祭品，牛肉是最高规格的肉食。古代以农立国，历代王朝都强调牛是稼穑之本。由于牛是重要的生产工具，故在历朝历代均受到律法保护，不可随意宰杀。也正因为牛的珍贵，所以吃牛肉在很长的历史时期内一直都是少数人才享有的特权。隋唐以后，伴随着畜牧业的发展，牛肉在整个肉食资源中所占的比重始终稳定地排在羊肉、猪肉之后，在人们的饮食生活中发挥着重要作用。

平遥牛肉

# 美，大羊哉

在中国汉字中，凡是与美有关的词语大都离不开"羊"字。以"美"字来说，字形从羊、从大，意思是"羊大则美"。不难想象，古时以羊为美食，肥壮硕大的羊吃起来味道尤为鲜美，于是成就了这个"美"字。又如"鲜"字，一半是鱼，一半是羊，两种美味又成就了"鲜"字。甲骨文中的"羞"字，是个会意兼形声字，形如以手持羊表示进献之意。这个字后来加了偏旁，变成了"馐"，就成了一个指称美味馔品的专用字了。古时羹品在膳食中占有很大的比重，"羹"字从羔、从美，也许是古人觉得用羊羔肉煮出的羊羹味道最为鲜美，所以也成就了"羹"字。

羊的驯化要晚于猪和牛。在史前时代遗址中，发现的羊总量不多，出土遗址主要集中在黄河流域，其中以甘肃出土的羊骨最多。距今 8000 年左右的甘肃大地湾遗址中曾出土过 10 多个羊的头骨，但不能确定是否为家养。甘肃玉门火烧沟墓地距今 3700 年左右，是出土羊骨最多的遗址，各种年龄个体的羊骨、羊角随处可见，这些羊无疑是家养的。据学者分析，羊在甘青地区多见的原因是，在食物缺乏的时候，猪与人在觅食上处于竞争的地位，此时养猪并不能增加人类的食物。相反的，羊所吃的都是人不能直接利用的植物。河湟地区的地理环境十

西汉彩绘陶山羊，汉景帝阳陵博物院藏

分适合羊的饲养，因为河谷上方的高地水草丰茂。

商周时期，羊是社会上层人士专享的肉食品。《礼记·月令》云："天子……食麦与羊。"《礼记·王制》规定："大夫无故不杀羊。"在乡饮酒礼中，如果只有乡人参加，就吃狗肉，若是有大夫参加，就要另加羊肉。除宴享场合外，羊也是商周时期祭祀场合的必备之牲。《周礼·考工记》注云："羊，善也。"周代铜器铭文中把"吉祥"写作"吉羊"。可见，在时人眼中，羊是吉祥美善之物，所以在隆重的祭祀场合都会出现羊的身影。甲骨文中用羊作牺牲的记载就很多。在周代，还专设"羊人"一职，掌管羊牲的供给，其主要职能为：凡是祭祀，羊人都要洗净所用的羊只，宰羊，将羊头拿上堂（献入室中）；凡举行衅庙礼，供给所需的羊牲；凡接待宾客，供给按礼法所应供给的羊；凡举行沈埋、积柴燔烟等祭祀，供给所需的羊牲；如果牧人没有（符合要求的）羊牲，便向司马领取货币，使贾人买来供应。羊在与牛、猪一同用于祭祀时，称为"三牲"。在日常生活中，羊也常被用作人们的馈送佳礼。《仪礼·士相见礼》云："下大夫相见以雁……上大夫相见以羔。""羔"即小羊。

春秋战国时期，兽医的技术有了较大发展，出现了大批相畜专家。西北和塞北是当时的牧区，养羊业较前代有了更大的发展。尤其是西北地区的羌人是出色的牧羊者。"羌"字从羊、从人。有学者认为，这反映了羌人主要从事以养羊为主的畜牧业，以羊为图腾，因而得名。由于羊是贵族阶层专享的美食，普通人难以企及，故甚至发生过因为羊肉羹灭国的事情。据《战国策》记载，一次中山国君宴请士大夫们，一个名叫司马子期的人由于在宴席上没有吃到喜爱的羊肉羹而怀恨在心。他一气之下跑到了楚国，请楚王派兵讨伐中山国。兵临城下，中山国国君弃国出逃，中山国灭亡。一碗羊肉羹竟然导致灭国，实在令人唏嘘。

秦汉时期，养羊业十分繁荣。《史记·货殖列传》谈到汉

汉代绿釉陶羊圈，中国国家博物馆藏

代养殖业时，曾说当时很多人家拥有"千足羊"，"富比千户侯"。另外，汉武帝反击匈奴取得胜利后，匈奴的马、牛、羊络绎入塞，也使汉代养羊业发展迅速。居延汉简中有大量关于羊的买卖记录，说明河西屯戍地区有大量羊肉可供吏卒食用。1990 年出土于敦煌悬泉置遗址的《长罗侯过悬泉置费用簿》是汉宣帝元康五年（公元前 61 年）悬泉置接待长罗侯军吏的一份账单。这份账单记载了悬泉置准备了 5 只羊供长罗侯军吏食用的记录，这样大量的肉食消耗在内地是难以想象的。长沙马王堆汉墓遣策上记载了关于"羊膳"的名称：如"羊大羹"（不加调味料的羊羹）、"羊逢羹"（羊肉与蒿类蔬菜熬制的羹品）、"羊腊"（羊肉干）等。在汉代，上自帝王贵胄，下至平民百姓，都很喜爱胡食。胡食中最著名的肉食，首推"羌煮貊炙"，"羌"和"貊"代指我国古代西北的少数民族，"煮"和"炙"指的是具体的烹调技法。"羌煮"是指从西北诸羌传入的涮羊肉，"貊炙"是指从东胡族传入的烤全羊。

羊肉与酒，常被当作奖赏赐给致仕和患病大臣、博士、乡里的道德楷模等。如养老臣及病臣，有"常以岁八月致羊酒""主簿奉书致羊酒之礼""岁以羊酒养病"等；如犒师劳军，有"奉羊酒，劳遗其师"等。在汉墓中，也发现过"羊酒"壁画。河北望都的一座汉墓中，在前室两壁就绘有"羊酒"的图

汉代"羊酒"壁画

形，一只黑漆酒壶，一头肥硕的绵羊，此画表现的应是以"羊酒"祭奠墓主人。汉代以后，羊酒之礼并未废止，苏东坡就有"何时花月夜，羊酒谢不敏"的句子。此外，《水浒传》《红楼梦》等名著中也有"羊酒"的记载。

魏晋南北朝时期，统治北方的多为西北游牧民族，他们本身就有牧羊的传统，所以对养羊业十分重视。《北史》记载，北齐朝廷当时用羊来奖励生育，凡"生两男者，赏羊五口"。这一时期的养羊技术也十分成熟，《齐民要术》中专辟《养羊》篇，其中对羊的放牧时间、环境、方法、草料等方面均有详细的分析和介绍，可谓是养羊经验的集大成之作。统治者的重视和技术的进步，使得养羊业进入快速发展时期，出现了很多养羊大户。如《魏书》记载，北魏尔朱一族在尔朱新兴主事时，家族兴旺富有，甚至达到"牛羊驼马，色别为群，谷量而已"的程度，意思是其家族所养的牛、羊、驼、马数量太多，只能以山谷为单位来计量。

作为中国历史上人口迁徙、民族融合的重要时期，魏晋南北朝时期不同地区人民的频繁接触，极大地促进了民族间饮食文化的交流和融合。《洛阳伽蓝记》记载，南齐王肃投奔北魏政权，"肃初入国，不食羊肉及酪浆等物，常饭鲫鱼羹，渴饮茗汁"，经数年后，"肃与高祖殿会，食羊肉酪粥甚多。高祖怪之"。王肃原本是喜爱吃鱼和饮茶的南方人，然而在北方生活的数年使他彻底习惯了羊肉和乳制品。当时传入中原的胡食极多，有"胡炮肉""胡羹""羌煮""胡饭"等，这些胡食的原料基本都是羊肉。

隋唐时期，人们培育出了很多优良的羊种，如沙苑羊、河西羊、河东羊、濮固羊、康居大尾羊等。当时，黄河中游地区的养羊业很发达，朝廷还在同州沙苑设立专门的养羊机构沙苑监，牧养各地送来的羊，以供宴会和祭祀所用，并选育出著名的优良品种沙苑羊（又名"同州羊"）。唐孟诜《食疗本草》中有"河西羊最佳，河东羊亦好"的记载。羊是隋唐时期最受

魏晋放牧画像砖

魏晋宰羊画像砖

欢迎的肉类，而且因为宫廷、官僚均以羊肉为食，因此羊肉被视为上等肉食。《唐六典》记载，朝廷官员"每日常供具三羊"，《新唐书》记载唐朝时昭义在李抱真统治期间"私厨月费……羊千首"，意即平均每日消费羊达33头。唐代很多文人也爱食羊，如李白的一曲千古绝唱《将进酒》中有"烹羊宰牛且为乐，会须一饮三百杯"的记载。在文人笔下，羊馔与美酒常常并列出现，说明羊肉被普遍视为美味佳肴，也反映出羊肉在肉食中的地位逐渐上升。

这一时期，关于羊的美馔多不胜数。唐冯贽《云仙杂记》记载了一道"过厅羊"，即宴会时在客厅前宰杀羊，由客人自选羊的部位，并系上彩锦作记号，羊蒸熟后，再让客人取食自选的那部分羊肉。这种吃法在当时盛行一时。"红羊枝杖"和"赐绯羊"是唐韦巨源《烧尾宴食单》中的两款奇异肴馔。"红羊枝杖"属于烤全羊。红羊是我国北方的珍稀羊种，肉质肥美。"赐绯羊"的制法为用红曲煮羊肉至熟，取出后放在酒糟中腌透，并用石头压紧，食时切片，因糟又称"酒骨"，故此菜又叫"酒骨糟"。

宋金元时期的人们极嗜食羊肉。为了满足宫廷羊肉的巨大消耗，北宋朝廷在河南中牟和洛阳等水草丰美之地设立养羊基地，所养之羊由设在东京的牛羊司监管。金元时期，羊还被用作军粮。《金史》记载，金章宗时丞相完颜襄遣军追敌，众人皆云粮道不继，不可行军，但完颜安国献上一条妙计："人得一羊可食十余日，不如驱羊以袭之便。"意思是，丞相完颜襄派兵追击北鞑靼部队，大家都说运粮的道路断了，军队不能行进。完颜安国则说："一个人得到一只羊可吃十多天，修路运粮还不如赶着羊群去攻打敌人方便。"于是，丞相完颜襄听从了他的计策，以羊作为军粮，所属部队一万多人急行追击敌人，迫使北鞑靼部族首领投降。

宋代，皇宫内的御膳只用羊肉，猪肉是不能上御宴的。据记载，宋仁宗时期，宫中食羊数量惊人，甚至达到一日宰杀

《烧尾宴食单》中的"红羊枝杖"

羊 300 多只的程度，一年需用羊 10 万余只，而在宋仁宗去世时，朝廷为筹办他的丧事竟将京师所有的羊都用尽了。对于皇帝的嗜好，宰相吕大防曾对宋哲宗赵煦说："大宋一百多年天下承平，因为祖宗家法立得好。"家法中要求"饮食不贵异味，御厨止用羊肉"，言外之意是如果皇帝吃羊，性格就会变得像羊那样仁慈温和，就会施行仁政，有利于国泰民安。不仅皇帝，一些文人名士也爱食羊。苏东坡有一朋友名叫韩宗儒，此人一贫如洗，但又十分贪食，于是便将苏轼给他的书信拿去换羊肉吃，因此黄庭坚便戏称东坡所写书信为"换羊书"。又据《老学庵笔记》记载，南宋人十分崇尚苏氏文章，如果可得苏文要领作得妙文，便有机会拜官，于是当时社会流行一句"苏文熟，吃羊肉。苏文生，吃菜羹"的谚语，而"吃羊肉"也成为那时为官的代名词。由于全民皆嗜食羊肉，导致羊肉的价格一直居高不下，不仅普通百姓，就连一些低级官吏也只能望"羊"兴叹。据记载，一位在吴中为官的高姓县令曾写下《吴中羊肉价高有感》一诗，诗云："平江九百一斤羊，俸薄如何敢买尝？只把鱼虾充两膳，肚皮今作小池塘。"诗的大意是，吴中的羊肉太贵，价格高达 900 钱一斤，由于俸禄微薄，实在负担不起。于是，便只能餐餐吃当地的鱼虾，最后的结果就是肚皮成了小池塘。

宋代的酒肆食店也售卖多种羊膳。据文献记载，南宋临安市肆售卖的肉食馔品多以羊肉为主，很少用猪肉，如"羊头鼋鱼""盏蒸羊""羊炙焦""羊血粉""羊泡饭""美醋羊血""千里羊""羊蹄笋"等。而在传世名画《清明上河图》上可见的羊馔就有"蒸软羊""酒蒸羊""乳炊羊"等 20 多种。元朝的统治者本身就是蒙古族人，羊肉占据了绝对的肉食领先地位。元忽思慧《饮膳正要》记录有几百种宫廷御膳，其中 70% 以上是以羊肉或羊内脏等为主要原料的。如其中记载的一款"马思答吉汤"，制法为用羊肉、草果、官桂、回回豆同熬汤，滤净，再下熟回回豆、香粳米、马思答吉调和均匀，最后下熟羊

宋仁宗像

肉、芫荽叶。

据学者分析，宋元时期的人们嗜食羊肉有着深刻的历史背景和现实原因。其一，从历史传统上看，晋室南迁后，北方多为游牧民族所统治，他们食用羊肉为主的饮食习惯深刻影响到中原的汉族居民。其二，从现实环境上看，北宋与辽和西夏等政权对峙为邻，各民族在饮食上互相交流影响的程度很深。特别是通过榷场贸易，北宋从游牧民族手中换回了大量羊只可供食用，羊数量的增多导致羊肉的食用十分流行。其三，宫廷的肉食消费习惯引发了上行下效的效果。如前所述，北宋宫廷把食用羊肉之风甚至上升到"祖宗家法"的高度。宫廷皇室的肉食消费习惯无疑会影响到普通百姓的饮食生活，就百姓而言，社会上层人士的习惯对其有着巨大的示范性和指导性。其四，来自伊斯兰教饮食习惯的影响。这一时期信奉伊斯兰教的人数量激增，元代民间已有"回回遍天下"的说法。喜食羊肉的习惯，无疑也体现出伊斯兰教饮食习俗对当时饮食文化所产生的广泛影响。此外，对羊肉食补功效的认识也极大地推动了食羊之风的盛行。据宋代唐慎微《证类本草》记载，羊肉具有"补中益气，安心止惊"的功效。金代名医李东垣认为"补可去弱，人参、羊肉之属是也"，将羊肉的功效与人参并列。

明清时期，羊肉在肉食中仍占有重要地位。特别是山西和陕北，地势高寒，接近牧区，养羊业繁盛，羊肉是当地最主要的肉类。史籍记载，清代山西隰州"豕少羊多，宴客每有羊而无豕"，山西临晋县羊肉的地位也在猪肉之上。这一时期，羊肉的烹制技术也更高超，"全羊席"就是这时出现的，可谓集中国古代羊肉馔品之大成。以整羊为食材所制成的"全羊席"，除羊的毛、角、齿、蹄甲等部位不用外，其余部位均可分别取料，加以烹制，组成各种款式的"全羊席"。袁枚《随园食单》记载："全羊法有七十二种，可吃者不过十八九种而已。此屠龙之技，家厨难学。一盘一碗，虽全是羊肉，而味各不同才好。"关于"全羊席"最早的记载应是元代《居家必用

羊的滋补功效

宰羊图

事类全集》中的"筵上烧肉事件"菜单。其多见于中国北方地区，以回族、蒙古族、汉族、满族制作的历史较早，不仅规模宏大，菜品众多，而且风味各殊，具有浓郁的民族特色。

羊肉鲜嫩，味美可口，是古人最向往和喜爱的肉食种类。除了口感上佳，羊肉也具有很高的养生保健价值，尤适于冬季食用，有"冬令补品"之美称。古人烹羊的手法也是多种多样，蒸、煮、烧、炒、烤、涮……均可以烹调出美味的羊肉佳肴。除食用和保健价值外，对古人而言，羊也具有重要的文化意义。羊之外形慈和，性格温顺，对于先民而言是非常重要的动物，无论是祭祀场合还是日常生活，羊都占据着十分重要的位置。一个人、一个部族获得的羊越多，就越富有，而且越吉祥。在古汉语中，"羊"通"祥"，故而"吉祥"多作"吉羊"，羊自然成了"吉祥"的象征；"羊"字状若举首观日，故通"阳"，三只白羊仰望太阳，谓之"三羊开泰"；"羊大则美"则是古人对于"美"的最初理解。羊不仅是我国古代重要的肉食资源之一，也承载着古代先民向往和追求吉庆祥瑞的观念。

# 『猪』事大吉

中国是世界上最为重要的猪类驯化和饲养中心，猪的驯化、饲养与选育技术在中国有着悠久的历史。甘肃大地湾遗址共出土猪的骨骼5000多件，占全部哺乳动物骨骼数量的一半以上。这表明家猪是中国早期饲养的主要家畜之一，且猪肉是当时西北地区餐桌上最常见最普通的肉类食物。浙江河姆渡人把猪、狗作为饲养的主要家畜。在河姆渡遗址中，猪、狗的骨骼和牙齿残片随处可见，还出土有体态肥胖的陶猪和刻有猪纹的方口陶钵。中国国家博物馆馆藏的河姆渡遗址出土的陶猪头部肥大，鬃毛突起，长嘴伸向前方，腹部下垂，四足交替似作奔走状。家猪的体型虽与野猪有些近似，但家猪的猪头已经明显变短，应是人工饲养驯化的结果。该藏品表现了早期家猪的形貌。

新石器时代存在大量使用猪随葬的现象。如距今8000年以上的广西桂林甑皮岩的一个遗址中发现有63具猪的骸骨，年龄都在1岁半左右。如此大量的骸骨，显然表明猪被家养已经是普遍的现象。除甑皮岩遗址外，仰韶文化的半坡遗址也出土了大量幼猪骸骨，大汶口文化中期墓葬到龙山文化时期墓葬都发现了猪骨、猪牙埋藏的遗存，山东泰安宁阳堡头的全部大

新石器时代陶猪，中国国家博物馆藏

汶口文化墓葬无一例外地都用猪头随葬，在河北邯郸涧沟遗址和江苏邳州刘林遗址发现了专葬猪骨的灰沟和灰坑，处于黄河上游的齐家文化墓葬有的墓葬出土了大量猪下颌骨。此外，长江流域、东北地区用猪随葬的现象也很突出。

为什么新石器时代会出现大量使用猪随葬的习俗呢？以往人们普遍认为随葬猪的多寡，显示了死者生前占有财富的不同。但现在有学者认为这一解释是不确切的。他们结合考古学和民族学，认为：葬猪习俗不一定直接反映那个时代的财产观念，可能反映的是一种原始的宗教观念。随着新石器时代农耕文化的兴起，原先的狩猎巫术转化为丰产巫术，其中一个主导观念就是地母观念，即大地母亲生养人与万物的观念。地母观念是上古人类最基本和最重要的宗教理念，地母是土地、生育、繁殖与丰产的象征。猪肚子肥大、繁殖力强、蓄养快、肉多脂多的特点很容易与地母的特质有共通之处，因此，在原始观念中，猪被奉为地母的动物化身。

尽管从考古材料很难推断出中国新石器时代的人们是否举行过类似欧洲史前用猪祭祀地母的仪式，但广西桂林甑皮岩遗址和仰韶文化半坡遗址出土的大量幼猪骸骨无疑属于有目的地宰杀，应与祭祀有关。辽宁牛河梁红山文化遗址中出土的玉猪龙，良渚文化玉琮上与"玉猪龙"相似的大眼獠牙兽，似乎都在暗示肥胖多脂的猪在史前先民的意识中正是地母的动物化身。

猪的神性光环伴随母系氏族公社的崩溃而逐渐褪去。从考古发掘情况来看，用猪随葬的习俗在黄河流域大汶口文化晚期已经有衰减之势，龙山文化中期以后逐渐少见或不见，这一过程恰好和原始社会由母系氏族公社崩溃到父系氏族公社确立这一历史时期相对应。至于猪从神物到俗物的转变，有学者分析原因大概有以下两个方面：一方面，经历长时间驯化后的家猪已经完全褪掉了野猪那种速度快、力量强和凶猛的特性，变得腿短、吻粗、肚大、耳阔、体肥，它的形象实

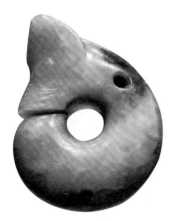

新石器时代玉猪龙，辽宁省博物馆藏

在难以与神灵之物相提并论。另一方面，随着人类圈养家畜品种的增多，猪在与其他家畜的对比中越发处于不利的地位。它既不能像牛一样成为农业生产的好助手，又不能像马一样满足人们军事和运输上的需要。它是饭来张口的动物，给人一种懒惰的感觉。因此，它被彻底剔除出神性的圈子，成了实在的世俗之物，最终只能作为人们的肉食来源和财富象征。

商周时期，猪在人们生活中的地位很重要。所谓"陈豕于室，合家而祀"，正是"家"字的本义。由此看来，殷商时，养猪是很普遍的，除食用以外，猪还用于祭祀。甲骨文的"家"是个会意字，其外部是房子的形状，中间是"豕"（即猪）。从字面意思来看，家的本义是屋里有猪。这就很奇怪了，按照情理分析，屋里有"人"才能为"家"，为什么屋里有猪反而为"家"呢？对于这个问题的解释，学界主要有三种说法：其一，远古时期的人们通过狩猎所得的肉食数量无法保障，如果将猪一类的动物圈养在家里，就可防止肉食短缺问题的出现。其二，猪也是财富的重要象征。有了猪这样的财产，才算真正的家。其三，中国古代有一种两层的民居，上层住人，下层养牲口，人畜杂居；而下层养的牲口主要是猪，所以屋内养猪是家的主要特征。还有学者认为甲骨文的"豕"字，与阉割手术的动作有关。这表明中国至少在3000多年前的商代就已知道阉割的方法，且阉割术主要是施行于猪。阉割是为了增快成肉的速度，缩短饲养的时间，从而降低饲养的成本和增加经济价值。此外，被阉割后的野猪性情会变得温和，虽有利齿已再难伤人。

春秋战国时期，猪和鸡、犬并列为三大家畜，当时的史籍中常见"犬彘""狗彘""鸡豚狗彘""鸡狗猪彘"等组词。由马、牛、羊、鸡、犬、猪组成的"六畜"概念在当时已基本确定。"六畜"与五谷、桑麻已成为农业的三大支柱，各国都非常重视农业的发展。如《孟子·梁惠王上》记载："鸡豚狗彘之畜，

甲骨文的"家"

里耶秦简"秦更名方"

无失其时,七十者可以食肉也。"湖南龙山里耶古城遗址出土的"秦更名方"记录了秦统一后更新制度、更新名物的举措。在这份"秦更名方"中,赫然规定:将家庭圈养的牲畜——"猪"改名为秦人惯用的"彘"。过去我们只知道异形的六国文字是秦始皇统一文字的目标,现在通过这条简方可知:异体字、方言乃至不一致的名号称谓,都是秦始皇统一的目标。然而,这条为猪更定名称的法律似乎只是流于空文。传世文献和出土资料均显示,秦汉时期,人们对"猪"的称呼并未统一,称"猪""彘""豕""豚"都是可以的。在诏令中专门为"猪"更名也表明了"猪"在家畜中的重要地位。

秦汉时期,养猪业较先秦时期又有了很大的发展。当时,养猪主要有两种方式:一为放牧散养,二为建栏圈养。放牧指的是利用沼泽或水边的野生草料养猪,投资少而效益高,牧猪的时间在春夏野草生长旺盛的时候。史籍记载,西汉大儒公孙弘微时就从事牧猪的工作。汉代河西地区水草丰美,猪的饲养更为便利,武威磨嘴子 53 号汉墓木屋后壁之饲猪图木版画上

汉代饲猪图木版画,甘肃省博物馆藏

画的猪肥而硕大，可见汉代河西一带养猪业之兴盛。深秋后，水草停止生长，则采用第二种方式养猪——圈养。圈养多在农业区。一些农户终年采用圈养方式，每日从地里割草，再添加其他饲料喂养数只猪，这样既可以省去放养时需专人照看的麻烦，又有利于催肥。考古中常见与厕所连在一起的猪圈明器。中国国家博物馆馆藏的汉代陶猪圈模型，以圆形围墙为主结构，围墙上有宽檐以保护墙壁，圈内卧猪。猪圈外高台上架筑厕所，下部与猪圈相通。这种与厕所连接的"连茅圈"盛行于华北地区，在中南、华东地区也很普遍。当时，猪圈积肥是农家肥的重要来源。北魏贾思勰在《齐民要术》中详细介绍了"踏粪"法，即把稻草、谷壳之类撒进猪圈，利用猪的践踏，让其与猪粪尿混合积成优质圈肥。此猪圈模型就反映了这种积肥方法。同时，把厕所和猪圈合为一体，两个污秽之地集中一处，不仅有效利用了空间，也减少了污染。

养猪是汉代地方官重点督查的政务。据《汉书·循吏传》记载：颍川太守黄霸"使邮亭乡官皆畜鸡豚，以赡鳏寡贫穷者"；龚遂为渤海太守时，"劝民务农桑，……家二母彘、五鸡"。养猪所得是个体小家庭经济收入的重要来源。《盐铁论·散不足》云："夫一豕之肉，得中年之收。"

汉代陶猪圈，中国国家博物馆藏

同汉代发达的养猪业相比，魏晋南北朝时期由于农业经济遭到了巨大的破坏，养猪业整体上呈萎缩态势。但这一时期，养猪技术在前代的基础上有了长足的进步，《齐民要术》卷六《养猪》具体反映了这些技术成果。如猪崽饲养，应用煮过的谷物，冬季时还要用微火给刚出生的猪仔取暖以防冻死。魏晋以后，猪的饲养方式已逐渐由放牧为主转向以舍养为主，《齐民要术》比较详细地记载了舍养与放牧相结合的养猪方式和注意事项，如"母猪取短喙无柔毛者良""牝者，子母不同圈。子母同圈，喜相聚不食，则死伤""春夏草生，随时放牧""初产者，宜煮谷饲之"。大意是，养猪时，注意选择嘴部短而没有绒毛的为好。小雌猪，不要让它和母猪同一个圈，同一个圈的小猪，喜欢聚在一起但不吃奶，就容易有死伤。春夏时节，到处长着青草，随时放猪出去吃草。刚刚产崽的母猪，适合用煮熟的谷物投喂。

蒸豚（即蒸小猪）是魏晋宫廷的席上珍品。《齐民要术》记载其制法为：将一头肥小猪洗净，煮半熟，放到豆豉汁中浸渍；生秫米粱粟一升不加水，放到浓汁中浸渍至发黄，煮成饭，再把豆豉汁洒在饭上；生姜橘皮各一升、三寸长葱白四升、橘叶一升细切，同小猪、秫米饭一起放到甑中，密封好，蒸两三顿饭时间，再用熟猪油三升加豉汁一升，洒在猪上，蒸豚就做好了。此外，《齐民要术》中还介绍"炙豚法"：将极肥的小猪崽擦洗，剃刮毛，剖开腹腔，掏去内脏，再洗净；将茅草塞进腹腔里，塞得满满的，用柞木棒贯穿猪身，在缓火上放远些烤；烤制过程中需要不停地翻转，且用清酒多次涂抹在炙面，使其呈现红黄色；等到颜色足够浓烈鲜艳了便可停止；接下来用白净的新鲜熟猪油不停地涂抹。如果没有新鲜猪油，用洁净的麻油也可以。此时，烤熟的乳猪"色同琥珀，又类真金。入口则消，状若凌雪，含浆膏润，特异凡常也"。意思是，烤熟的乳猪外皮颜色如同琥珀和真金一样美艳，吃到口里就像冰雪一样消融。可见，今日名肴"烤乳猪"技法就是对魏

烤乳猪

晋时期"炙豚法"的沿承和发展。烤乳猪必须趁热吃，否则放凉口感就大打折扣了。不难想象，一群人一起操刀割食刚刚烤好的乳猪的热闹场面，正是后世合食的先声。

隋唐时期，猪的饲养规模较此前扩大了。当时除一家一户零散饲养外，国家也设置专门机构养猪。《新唐书》记载，卢杞曾为虢州（今河南灵宝）刺史，任职期间曾向德宗上奏说："虢有官豕三千为民患。"即一个州的官办养猪场存栏多达3000头，说明当时养猪规模确实不小。猪肉虽然在当时并非上等肉食，但民间食用之还是比较普遍的。当时猪肉的烹制方法主要还是煮法。据宋王谠《唐语林》记载，唐代名相李德裕曾凭借煮猪肉巧妙地处理了一起因谣言影响百姓生活的事件：唐敬宗年间，江淮一带百姓曾口口相传说亳州地带能产"圣水"，且"圣水"能使患病的人即刻痊愈。此谣言一出，各地百姓纷纷捐钱购买所谓的"圣水"，让造谣者获利甚巨。李德裕当时正镇守浙西，为了让百姓们识破"圣水"的骗局，他想出了一个釜底抽薪的办法。某日，他在市场上召集了众多百姓，现场派人用一口大锅装满了所谓的"圣水"，并放入了五斤猪肉。接着，李德裕对百姓说道："如果这真的是'圣水'，那猪肉放进锅里煮，就不会被煮熟。"可是没多久，锅里就飘出了猪肉被煮熟的香味，这下对"圣水"深信不疑的百姓们傻眼了。李德裕用事实证明了"圣水"的传言是假的，从此，人心逐渐安定，谣言也就不攻自破。

宋元时期，由于开垦山泽的力度进一步加大，农业区羊的饲料来源更加贫乏，大规模饲养更加困难，因此人们更倾向于养猪，猪的数量由此直线上升，民间猪消费也随之攀升。猪肉是下层百姓的主要肉食之一。据孟元老《东京梦华录》记载，北宋东京城内有一条小巷称"杀猪巷"，是杀猪作坊的集中地。东京民间所宰杀的猪，往往由南薰门入城，"每日至晚，每群万数"。又市内"其杀猪羊作坊，每人担猪羊及车子上市，动即百数"。由此可见，猪肉在当时民间的消费量是相当大的。

真正将猪肉烹调发扬光大的是我国历史上赫赫有名的大文豪——苏东坡。苏东坡是我国历史上著名的美食家，他一生都在追寻美食、发掘美食、创制美食。为了纪念这位伟大的美食家，人们将很多经典美食冠以他的名字，如"东坡鱼""东坡羹""东坡豆腐"等，其中以"东坡肉"最为著名。北宋元丰年间，由于得罪了朝廷，苏东坡谪居黄州。到达黄州后，苏东坡在给朋友的信中说，此地虽物产丰富，物价不高，但百姓们生活贫困，不精烹事。于是，苏东坡只得亲自操刀，谋求美食。他有一首《猪肉颂》云："净洗铛，少著水，柴头罨烟焰不起。待他自熟莫催他，火候足时他自美。黄州好猪肉，价钱等粪土。富者不肯吃，贫者不解煮。早起起来打两碗，饱得自家君莫管。"诗记载了苏东坡创制的讲究火候的"炖肉法"，也表明猪肉在当时权贵之家心目中的品级确实不高。传说，后来苏东坡任职杭州时，由于疏浚西湖的功绩，颇受百姓称道，百姓们赠予苏东坡很多猪肉、美酒以示感谢。苏东坡用自创的烧制法烹调好猪肉，嘱咐他的厨师将猪肉和美酒一起拿去慰问疏浚西湖的民工，结果厨师误以为苏东坡的意思是将猪肉和美酒一起烧制，结果添加了酒的红烧肉，更加香郁味美。从此"东坡肉"广为流传，成为杭州的名菜。虽然这些民间传说不可尽信，但可以肯定的是，两宋时期的猪肉烹调水平确实有了很大的提升。

从明代开始，猪肉受到人们的普遍重视，地位上升，被称

苏轼像

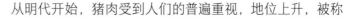

为"大肉"。猪肉地位的上升首先表现在养猪著述的涌现。张履祥的《补农书》、徐光启的《农政全书》、邝璠的《便民图纂》、杨屾的《豳风广义》、张宗法的《三农纪》等农学著作中均有如何养猪的记载。这一时期的养猪技术有了长足的进步。尤其是清乾隆时期，民间出现了雄猪去势、母猪割去卵巢及输卵管的阉割技术，对于生猪饲养、提高产肉率有着十分重要的意义。此外，闻名于世的太湖猪种群在这一时期已基本形成，其中的二花脸猪、枫泾猪等品种，具有早熟多产、体大多肉、皮薄肉嫩等特点，为广大食客们所喜爱。猪产量的大幅提高，使得明代猪肉的食用非常普遍。《明宫史》中记载，明朝皇室的饮食中猪肉已经占据了肉食的主流，主食里面就有"烧猪肉""猪臋肉""猪肉包子"等。明代后期，光禄寺一年消耗1万多只羊、近2万只猪，猪肉消耗量超过了羊肉。

清代，猪肉在人们餐桌上的主导地位已然形成。袁枚在《随园食单》中指出：猪用最多，可称"广大教主"。在整篇《特牲单》中，基本在介绍猪肉的烹制方法。如"烧小猪"的做法为：把乳猪洗净，在猪皮上涂上奶酥油，用铁叉在炭火上慢慢烤，以酥为上。这条记载与今日"烤乳猪"的制法颇为相似。据说，清代在位最久、自诩"十全老人"的乾隆皇帝，一生最爱吃糖醋猪肉。慈禧太后也是猪肉的忠实拥趸，她自称最喜欢吃乳猪上面一层脆脆的乳猪皮。坊间传闻，慈禧之所以喜欢吃猪肉，是因为她认为吃猪肉的统治者会像乾隆帝一样得以善终。清代人喜食猪肉可能有两方面的原因：其一，和传统的民族饮食习惯有关。满族的前身即源于东北地区的女真人，他们素有养猪、牧猪的习惯，因此，猪肉对他们而言是上等美肴。比如，金代统治者对食猪肉的态度与宋元二朝不同，据《宣和乙巳奉使金国行程录》记载，金人待客时，"以极肥猪肉或脂阔切大片……非大宴不设"。其二，当时满族人多居住在白山黑水之间，冬季天气严寒，食用肉食，可使体内积蓄较高能量以抵御严寒。所以"尚油腻""重肉而不重饭"成为

卖猪肉

当时满族人的饮食习惯。在他们食用的众多肉食种类中，以食猪肉最为普遍。据朝鲜人姜浩溥《桑蓬录》记载，他曾在凤凰城满族人家中品尝过猪肉，并评价说："此处猪肉为人间至味，白如雪，入口干软，若融。"

清代以前，人们对猪肉的营养价值评价不高。如元代忽思慧《饮膳正要》认为，"猪肉味苦，无毒，主闭血脉，弱筋骨，虚肥人，不可久食；动风患金疮者尤甚"。明代孙一奎《医旨绪余》称"黄牛肉补气，绵黄芪同功。羊肉补血，与熟地黄同功。猪肉无补，而人习之化也"，意思是猪肉没有什么滋补价值。到了清代，人们对猪肉的营养价值有了不同的看法。清代医学家汪昂在《本草备要》中记载，猪肉"其味隽永，食之润肠胃，生精液，泽皮肤"。意思是猪肉可以益气、养阴，对身体很有益处。名医王孟英曾看到铁匠打铁，燥热异常，但是身体都平安无事。问其缘故，铁匠说他们都喝瘦猪肉熬的汤，于是王孟英有所领悟，总结出猪肉滋阴的特点。他说："猪肉补肾液，充胃汁，滋肝阴，润肌肤，止消渴。"可见，猪肉具有滋阴和润燥的作用。

"百菜还是白菜好，诸肉还是猪肉香。"这一副名联生动地诠释了人们对猪肉的喜爱。如今，不管是平常饮食，还是逢年过节、亲朋相聚、婚丧嫁娶、摆酒设宴等，多数离不开猪肉。那么，猪肉何以打败其他肉类，成为一般人餐桌上的最重要的肉食种类呢？这个原因是多方面的。比如牛有拉犁耕田的大用；马是重要的军事物资；犬则个体不大，适合作为人们看家的宠物良伴等。只有猪的饲养不妨害农业的发展，供肉的经济价值一直较高。于是，猪就成为中国人重要的肉食来源并一直延续至今。

# 无鸡不成席

　　鸡为古代"六畜"之一，是古人重要的肉食来源。在北方新石器时代的很多遗址中，如武安磁山、裴李岗、贾湖、北辛、宝鸡北首岭、西安半坡、泰安大汶口等，均出现过大量鸡骨遗存。而南方的湖北京山屈家岭、天门石家河等遗址中，也出土了一些陶鸡模型。因此以往学者多认为新石器时代的先民们已开始饲养家鸡。然而近年来，动物考古领域的一些专家根据最新发展的雉鸡与家鸡的判别方法，认为国内多处新石器时代遗址发现的所谓家鸡或许还有待进一步探讨和商榷。就目前的证据而言，家鸡出现的时间下限在殷商时期。

　　在商代，鸡被大量用于祭祀。郭沫若先生曾指出：祭祀用鸡的痕迹从"彝"字中可以反映出来，"彝"字在甲骨文和金文中均作两手奉鸡的形状。鸡是祭祀中的重要肉食品，因此具有祭器含义的"彝"字才有双手捧鸡奉献之形。殷墟中就曾发现大批用作牺牲的鸡骨，说明商代的养鸡业是非常兴盛的。周代职官系统中还设有"鸡人"一职，掌管祭祀、报晓、食用所需的鸡。根据《周礼》记载：鸡人主管供应祭祀用的鸡，辨别鸡的毛色；大祭祀的时候，鸡人负责在天快亮时大声喊叫把百官叫醒；凡国家有约定日期要做的事情，鸡人就负责报告时间。

新石器时代陶鸡，中国国家博物馆藏

在中国古代，上至天子，下至百姓，都食用鸡肉，因而鸡肉是古代食用范围最广的肉类。《周礼》记载："凡王之馈，食用六谷，膳用六牲。""六牲"中包括鸡，说明西周时期鸡是周天子饮食中不可缺少的肉食。又据《礼记·内则》记载，周代宴席上有道名菜，名为"濡鸡"，制法为：破开鸡腹，填入蓼实，加入醢，烹熟。此菜类似今日的原汁烧鸡。春秋战国时期，鸡是广大百姓都爱饲养和食用的家禽。《孟子·梁惠王上》记载："鸡豚狗彘之畜，无失其时。"意思是说，对鸡、猪、狗等禽畜，不要错过饲养时机。这里明确将鸡放在各类禽畜之首。当时的鸡肉馔品首推君王嗜食的鸡爪（即今日的凤爪）。《淮南子·说山训》曰："善学者，若齐王之食鸡，必食其跖，数十而后足。"文中的"跖"即为鸡爪。此段记载的意图是以齐王吃鸡爪的事例来说明"学取道众多然后优"的道理。这里的"齐王"指的是谁虽不可考，但这段记载表明早在春秋时期，鸡爪就已经是古代君王所嗜食的珍馐美味了。

秦汉时期，鸡、鸭、鹅已成为当时的三大家禽，鸡、鸭、鹅及其笼舍的明器是汉墓的常见随葬品，其中，鸡是三大家禽中最重要的。湖南长沙汉墓出土的釉陶鸡笼呈长方形，两面坡形顶，覆筒瓦脊，四周设有上下三层通风孔。正面中部设一大门，门下有向外伸出的平台，一只几近与鸡笼等高的鸡立于平台上，头颈及前身露出门外，形象生动。根据传世文献的记

汉代釉陶鸡笼，中国国家博物馆藏

载，汉代民间养鸡业极盛。如《西京杂记》记载，关中人陈广汉家中有"鸡将五万雏"，可谓规模宏大。《列仙传》还记载了一位名叫"祝鸡翁"的洛阳地区的养鸡专家，称其："养鸡百余年，鸡有千余头，皆立名字，暮栖树上，昼放散之，欲引呼名即依呼而至……"甘肃省武威市磨嘴子汉墓出土的彩绘木鸡栖架，底部用两块木板组成十字架，中间以木棍支撑，上搭一片木板，3 只木鸡栖息于上。3 只木鸡身躯纯为一块木板，只削刻出头和尾，并以墨线绘出嘴、眼、羽毛。整个木雕朴拙生动，富有生活气息。

鸡肉在秦汉时期仍然被用于祭祀中，如居延汉简记载："对祠具，鸡一，酒二斗，黍米一斗，稷米一斗，盐少半升。"有时候，鸡还被用作实物税租。广州南越国宫署遗址出土了一枚名为"野雄鸡"的木简，上面写有"野雄鸡七，其六雌一雄，以四月辛丑属中官租纵。""野雄"是地名，在当时应是出产名种鸡的地方。"中官"泛指宦官。简文大意是，四月辛丑日收得野雄鸡 7 只，其中雌的 6 只、雄的 1 只，中官收的租税，纵是经办人。这是一份关于南越国征收鸡作为实物赋税的记录，说明南越国的货币经济并不发达。

鸡肉在秦汉饮食生活中占有重要位置，是用于公务接待的重要肉食。湖南出土的里耶秦简中有"畜彘鸡狗产子课"与"畜彘鸡狗死亡课"，反映秦时鸡的繁殖和死亡已经成为考课官吏的重要尺度。敦煌悬泉置遗址出土的《元康四年鸡出入簿》，记载了悬泉置当年用鸡招待来往官员和使者的情况。账簿明确记载出鸡的收入（入账时间和来源）以及支出（被谁食用了，有几个人吃、吃了几顿）等，其详细程度令人咋舌。根据简文内容可知：其一，悬泉置全年只消耗了 44 只鸡，足见鸡的价值昂贵，消费得不是很多。从出土简牍来看，汉代谷物的价格在每石 100 钱至 120 钱之间。《元康四年鸡出入簿》记录的鸡价格为每只 80 钱左右，约为谷价的 2/3。其二，像鸡这样的公务接待肉食品，是统一由官府分配的，但如果不够食

汉代彩绘木鸡栖架，甘肃省博物馆藏

魏晋烫鸡画像砖

用的话，也可自行购买。简文显示，悬泉置全年所需1/3的鸡要去市场购买。其三，购置开销由悬泉置厨啬夫如实上报县府，由县府负责审核并报销。因此，2000多年前那位负责账簿记录的厨啬夫尽职尽责地将这份记录公务接待用鸡的账簿上交给上级审查，足见当时鸡在公务接待中的重要地位。

秦汉时期，鸡肉的烹饪方法一般有濯（将肉或菜放入汤锅涮一下即食用的方法，与现代火锅食法近同）、羹、熬、炙等。马王堆汉墓遣策中关于鸡的菜品有"鸡大羹""鸡匏菜白羹""鸡熬""鸡炙"等。

除鸡肉以外，鸡蛋也是古人餐桌上的美食。鸡蛋在古文献中又名"鸡卵""鸡子""卵"等。湖南长沙马王堆汉墓食品遣策中有"卵笥"的木牌，并伴有鸡蛋出土。最早用鸡蛋做菜肴的记载见于西汉桓宽的《盐铁论·散不足》，当时市集上的应时菜肴之一叫作"韭卵"，后世推测可能是用韭菜和鸡蛋制成的菜肴。

魏晋南北朝时期，普通农户几乎家家都要养几只鸡，一则用于自家食用，二则可作为重要的收入来源。据《晋书·邰诜传》记载，（诜）母亡家贫，无以下葬，乃"养鸡种蒜"，三年后"得马八匹，舆柩至冢，负土成坟"。这是贫苦百姓依靠养鸡脱贫的例证。又据《南史·谢朏传》记载，南朝士族官僚谢朏用鸡蛋放债，后来收回几千只鸡，获利颇丰。虽然贵族官僚利用权势不当获利，但也从侧面反映出当时养鸡业的繁荣。嘉峪关长城博物馆馆藏群鸡图画像砖上绘满了13只鸡，反映了墓主人的富足生活。

这一时期的养鸡技术也取得了很大的进步。《齐民要术·养鸡》记载了当时鸡种选育和肉鸡、蛋鸡饲养的经验与方法。如鸡种选育方面，选取桑树落叶时生的为好，因为此时生的鸡体型小，毛和脚均细短，其伏巢性强，叫声少，善于孵小鸡。鸡雏饲养方面，20日之内不要让雏鸡出窠，要用干饭喂饲。因为如果出窠早了，难免有老鹰、乌鸦为害，而喂其湿饭

马王堆汉墓出土的鸡蛋

魏晋群鸡图画像砖

则会使其消化不良。肉鸡饲养需要另外筑个小围墙，用蒸熟的小麦喂养它，这样做 20 多天便可将鸡养肥大。将蛋鸡和公鸡分开饲养，要给蛋鸡多喂饲谷类，促使其在整个冬天长得又肥又壮。这样做，一只鸡产 100 多个蛋是不成问题的。晋代，人们发明了栈鸡技术，这一技术与现代的笼养技术相似，都是根据鸡的生长发育规律，利用限制运动的方法，使之减少消耗而加速其肥育。

这一时期涌现了很多鸡蛋所制的菜肴，如《齐民要术》所载的"瀹鸡子法"和"炒鸡子法"等。"瀹鸡子法"即现在的煮荷包蛋法，方法是把鸡蛋打破，下在沸水里，一浮上来，随即捞出，生熟正好，调入盐醋就吃。"炒鸡子法"即炒鸡蛋法，方法是将鸡蛋打破，下在铜锅里，搅打，使黄白和匀，加入切细的葱白和整粒的豆豉等，用麻油炒熟，很香很好吃。这例炒鸡蛋也被很多学者认为是中国最早的一例炒菜。鸡蛋除了以上食法外，也被用于制作精美的造型食品。宗懔《荆楚岁时记》云："寒食……斗鸡、镂鸡子、斗鸡子。""古之豪家，食称画卵，今代犹染蓝茜杂色，仍加雕镂，递相饷遗，或置盘俎。"这里的"画卵""镂鸡子"表明，魏晋时期，鸡蛋已经作为最早的造型食品登上筵席餐桌上了。

隋唐时期，与前代一样，人们饲养的家禽主要为鸡、鸭、鹅三大类，鸡依然是禽肉的主要来源。虽然这一时期仍没有大型的家禽饲养场，但农户们的零散饲养很普遍。另外，由于斗鸡之风盛行，斗鸡的饲养是这一时期家禽饲养的特色。章怀太子李贤墓壁画中的侍女所抱之鸡应为斗鸡。据记载，唐玄宗曾在宫中设有"鸡坊"，专门饲养斗鸡，斗鸡的饲养名手有500多人。上行下效，斗鸡饲养技术的提高也促进了养鸡业的整体发展。这一时期培育出了一批优良鸡种，其中最有名的当数乌骨鸡。乌骨鸡的食疗养生价值为时人所知，《唐本草》记载："乌鸡补中。"唐代大诗人杜甫就曾养过这种鸡，后来此鸡逐渐成为中医名药乌鸡白凤丸的主要原料。

在唐代，鸡肉一直是人们非常喜爱而又常食的肉食。韦巨源《烧尾宴食单》中记载的菜肴有很多都是以鸡肉或鸡蛋为原料。如"仙人脔"系用鸡肉放在牛乳或羊乳中煮成，"汤浴绣丸"的做法是用鸡蛋与肉糜制成肉丸，"御黄王母饭"则是用肉、鸡蛋、油脂调作料的盖浇饭，"葱醋鸡"系用鸡和葱、醋等混合蒸成，"凤凰胎"是把鸡蛋液倒入鱼胰脏后缝好蒸成的鸡蛋羹。

苏州名菜"贵妃鸡"相传与杨贵妃相关。据说，自从唐明皇李隆基娶到杨玉环后，终日沉溺于酒色，不问政事。一日，李隆基与杨贵妃在百花亭饮酒作乐，不知不觉间，两人已喝得烂醉。只见杨贵妃脸颊泛起两朵红云，神情亢奋，大喊道："我要飞上天！我要飞上天！"李隆基听后，误以为杨贵妃要吃"飞上天"，遂命令御厨，赶紧为爱妃献上此菜。御厨听后不知所措，他们在御膳房供职多年，熟悉各种菜品，可从未听闻一道名为"飞上天"的菜肴。皇帝一言九鼎，如果做不出"飞上天"，恐怕大家性命堪忧。正在大家一筹莫展之际，一位苏州厨师急中生智，他说，用鸡翅做一道菜，不就是"飞上天"吗？闻听此言，众人均表示赞同，于是御厨们将几只鲜嫩好看的童子鸡的翅膀斩下，与香菇、冬笋等一起焖烧。结果，做出来的菜味美可口，色、香、味、形俱全。菜品呈上之后，获得杨贵妃的赞赏。由于杨贵妃非常喜欢这道菜，加之这道菜确是

唐墓壁画中的抱鸡侍女

因她而创，所以人们就称之为"贵妃鸡"。如果说社会上层喜爱的鸡肉美馔颇具贵族气息，那民间的村酒和鸡黍饭则洋溢着幸福的田园之乐。孟浩然的"故人具鸡黍，邀我至田家"，生动地描述了农家用鸡黍饭招待贵客的愉悦场景。

养鸡是宋代最为发达、最为普及的一种家禽饲养业，所谓"家家鸡犬更桑麻"。据洪迈《夷坚志》记载："唐州相公河杨氏子，娶于戚里陈氏，得官至宣赞舍人。平生喜食鸡，所杀不胜计。"又记载："（嘉州）杨氏媪嗜食鸡，平生所杀，不知几千百数。"宋代养鸡业的发达可从上述令人咋舌的鸡的消耗数量窥得。宋代，我国已发明了人工孵化的先进技术。北宋著名诗人梅尧臣所作《鸭雏》一诗曰："春鸭日浮波，羽冷难伏卵。尝因鸡抱时，托以鸡窠暖。"此诗是对当时寄孵技术（由母鸡代孵鸭）的赞颂。除寄孵外，宋代也出现了新的人工孵化技术，即用牛粪发酵产生的热量来进行禽蛋的人工孵化。这一技术虽然比较粗糙，但它的出现无疑是我国家禽繁育技术发展史上的一次重大飞跃。

这一时期，人们对鸡的认识进一步深化，陶谷《清异录》记载，陈留人郝轮在别墅养鸡数百只，无论制作什么羹都用鸡肉，并称鸡为"羹本"，可见，当时的人们已经认识到鸡肉可使羹汤更加鲜美的道理。除制羹外，鸡肉的其他烹制手法更加精细。据《东京梦华录》《梦粱录》记载，北宋首都汴梁和南宋首都临安中的鸡肉食品包括"夏月麻腐鸡皮""鸡头穰沙糖""炙鸡""汤鸡""麻饮鸡皮"等。《事林广记》记载了一道名为"夏冻鸡"的菜品，即夏天把鸡加调料煮熟，放入瓷器密封，再沉于井中即成。据《夷坚志》记载，临安"升阳楼"所售卖的"爊鸡"是当时的名菜。所谓"爊"即把食物埋在灰火中煨熟。这似乎就是明清时期著名的菜品——"叫花鸡"的前身。

明清时期，鸡的饲养技术有了长足的进步，表现在：其一，饲养技术上，发明了为补充蛋白质饲料的造虫法，以提高母鸡的产卵率。其二，孵化技术上，采用了火抱法，使人工孵化方法达到成熟阶段。其三，培育出了"九斤黄""狼山鸡""萧山鸡"等优良鸡种。"九斤黄"因其喙、足、毛皆为黄色，又称"三黄鸡"，因其个体硕大又有"九斤王"之誉。明崇祯〔……〕"鸡出嘉定，曰黄脚鸡，味极肥嫩。"清光〔……〕鸡，产浦东者大，有九斤黄、黑十二之〔……〕黄鸡"被引入欧美，曾被誉为"世界肉用〔……〕

〔……〕的鸡肉馔品有"叫花鸡""宫保鸡丁""白片〔……〕末清初之际，有一个叫花子，在常熟虞山脚〔……〕他并无工具烹制。于是，他急中生智，用烂〔……〕放入灰火中煨烤。经过一个多时辰，泥干鸡〔……〕泥外壳，顿时香气扑鼻，鸡毛也一并被剥光，〔……〕朵颐起来。后来，这种做法被饭馆厨师采用并〔……〕花鸡"之名由此名震天下。清代《调鼎集》记〔……〕"荷叶包鸡"的菜品，其制法为将仔鸡整治干〔……〕块，加好作料，配以香菇、鲜笋、火腿等辅料，〔……〕住，外面再包以荷叶，荷叶外裹黄泥，放在灰火〔……〕这道"荷叶包鸡"其实与"叫花鸡"的制法十分〔……〕

〔……〕鸡丁"是一道著名的川菜。传说"宫保鸡丁"这道〔……〕川总督丁宝桢有着密切的关系。丁宝桢为清咸丰年间〔……〕任山东巡抚，因诛杀太监安德海而名噪一时，官至四〔……〕丁在山东任职时，最爱吃用辣子与肉丁、鸡丁相爆之〔……〕，后来到了四川，丁家的家厨在制作酱爆鸡丁时又加〔……〕，形成特色，颇受欢迎。丁后来因屡建功勋而被封为太子少保，人称"丁宫保"，于是丁府的炒鸡丁也被誉称为"宫保鸡丁"，名扬天下。

清代美食家袁枚的《随园食单》也提及很多鸡肉制品，包括"白片鸡""蒸小鸡""栗子炒鸡""卤鸡""鸡松""生炮鸡""酱

卖鸡鸭

鸡""鸡丁"等。"白片鸡"即为今日上海名馔"白斩鸡"的前身，其制法为：肥鸡白片，自是太羹元酒之味，尤宜于下乡村、入旅店，烹饪不及之时，最为省便。煮时水不可多。只寥寥数笔，袁枚便将白片鸡的神韵描写得很清楚。"太羹"是古代祭祀时用的不加调味料的肉汁；"元酒"即"玄酒"，指祭祀中用于替代酒的水。"太羹元酒之味"，其实就是鸡肉本身的味道。

俗话说"无鸡不成席"。自古以来，鸡都是人们饮食生活中离不开的一道菜肴，鸡肉虽然比不上牛、羊等"高品级"肉类，但却因物美价廉而走进千家万户。先民经过长期的生产实践，选育了许多优良的鸡种，这些鸡种在生长速度、繁殖能力、生产周期、适应性等方面都具有明显的优势，源源不断地为古人的餐桌补充优质的鸡肉资源。古人对鸡肉的喜爱，成就了一道道名馔珍馐，标记在历代食客们的美食地图中。除了口感鲜嫩外，鸡肉也具有重要的养生保健价值。鸡肉性温味甘，有补中益气之功效，经常食用鸡肉，可使脾胃健运、肌肤润养。

# 走向没落的「香肉」

　　狗可能自狼驯化而成，应是"六畜"中最早被驯化的物种。有学者认为，狗的驯化可能早至旧石器时代晚期就已完成。在我国绝大多数新石器时代遗址中，都有家犬遗骨。山东胶州三里河遗址出土的狗形鬶，造型逼真，生动地展现了我国新石器时代家犬的形态特征。

　　由于狗有着锋利的牙齿、敏锐的听觉和嗅觉以及远胜于其他动物的记忆能力和接受能力，再加上它擅于奔跑，行动迅速，适于追逐、捕猎，对于早期以渔猎采集为生的人们来说非常有用。但是因为狗独自捕猎的能力有限，难以同大型的野兽竞争，常无所获而挨饿，以至经常徘徊于人类的居处，吃人们丢弃的皮、骨、肉等，于是温驯的狗就被留下，成为家畜，帮助人们捕猎。在狩猎采集时代，驯养的狗不仅是人们狩猎时的得力助手，也是肉食来源之一。因为在磁山等一些新石器时代遗址中所见的狗骨大都比较破碎，而且散乱地分布于废弃物中，显然应是人类吃肉后剩下的废弃物。因此，狗很可能与猪、鸡、牛、羊等其他家畜家禽一样，是当时人们的肉食来源之一。

　　在商周时期的墓葬中，家犬遗骸仍是出土家畜遗骸的大宗。《甲骨文合集》记载："丁巳卜，又燎于父丁百犬、百豕、

新石器时代狗形鬶，中国国家博物馆藏

卯百牛。"这说明商代王室的祭祀仪式中，曾大量贡献犬牲作
为祭品。从考古发现来看，以犬致祭、以犬随葬的习俗一直沿
用到周代。如张家坡西周墓葬、晋侯墓地祭祀坑、曲阜鲁城东
周墓、雍城秦人墓、曾侯乙墓随葬棺等均有殉葬或献祭的犬遗
骸。当时人们畜养犬在内的"六畜"的重要目的之一，就是为
了祭祀。正如《墨子》记载："四海之内，粒食之民，莫不犓
牛羊，豢犬彘，洁为粢盛酒醴，以祭祀于上帝鬼神。"值得注
意的是，先秦时期的祭祀活动中，白犬的出镜率非常高。如包
山楚简记载："举祷行宫一白犬，酉（酒）飤（食），思（使）
攻叙于宫室。五生占之曰：吉。"又如望山楚简记载："（举）
祷宫行一白犬，酉（酒）飤（食）。"为什么在祭祀活动中使
用白犬呢？有学者认为这是由于在先秦时期人们的信仰世界
中，白犬似有特殊的巫术含义。

先秦时期，狗依然是人们狩猎的重要助手。河北平山三汲
乡战国中山王的墓葬以及河北满城中山靖王的墓葬中均发现过
狗的骸骨，从它们的体态以及脖颈上的项圈来看，这些犬应为
猎犬，这与《诗经》中周代贵族田猎时使用猎犬的记载相符。
《晏子春秋》记载，齐景公的猎犬死了，要用棺殓之，还准备
祭祀，后经晏子谏言才作罢。

当农业渐渐发展起来，捕猎不再是人们生活的要事时，狗
敏锐的嗅觉和听觉对农人来说失去了意义，除看家护院的狗以
外，狗的饲养量大幅减少。与狩猎采集时期相比，农业社会阶
段可以养活更多的人口，但也带来肉食资源短缺的窘境。所以
在肉食短缺的先秦时期，狗肉是重要的肉食来源。《礼记·月
令》云："天子……食麻与犬。"这条记载表明周天子对狗肉
的钟爱。《礼记·内则》认为食用狗肉最好搭配高粱为主食。
《孟子·梁惠王上》讲，理想的王政，"鸡豚狗彘之畜，无失
其时，七十者可以食肉矣"。意思是对于鸡、猪、狗的畜养，
应当注意不要耽误它们的繁殖时机，那么七十岁的人就可以吃
肉了。言下之意是，当时七十岁以上的老人可以享用鸡、猪、

狗等肉食品。《国语·越语》记载，越王勾践为鼓励繁殖人口，规定"生丈夫，二壶酒，一犬；生女子，二壶酒，一豚"。生男孩的奖励是一条狗，生女孩的奖励是一头猪。可见，在时人的眼中，狗肉的品级是高于猪肉的。《礼记·王制》规定"士无故不杀犬豕"，里耶秦简记载，当时对县仓官员业务考核的重要指标之一是其畜养的猪、狗、鸡的数量是否达标，如果家畜、家禽死亡，还有可能会追究相关官员的责任。这些记载都从侧面说明了在先秦时期，狗是和鸡、猪一样重要的。尽管有不得擅杀的礼制规定，但战国时，社会上就出现了以屠狗为业者，比如战国时著名的聂政，就因家贫做了"狗屠"。屠狗专业户的出现，一则说明当时养狗的普遍，二则反映出当时狗肉食客较多。

秦汉时期，畜狗之风极盛，规格较高的汉墓中常见犬俑随葬。西汉汉景帝阳陵出土的陶家犬短吻小耳，尾巴上扬，形神兼备，通体彩绘，制作工艺精湛。值得一提的是，阳陵犬俑均塑成立姿，西汉以后墓葬中出土的家犬俑姿势或坐或卧，或呈行走态势，造型更加多样和生动。

西汉彩绘陶家犬，汉景帝阳陵博物院藏

狗肉也用于祭祀，但可能由于体型较小的缘故，它在祭祀上的重要性，被排在牛、羊、猪之后。河南南阳一件画像石描绘了汉代祭祀的场景，画面分五层：第一层为一单檐屋顶；第二层为盘和耳杯；第三层两侧为提梁壶，中间为一樽；第四层为叠案、石盒及碗；第五层为两棵树，树下卧一狗，狗脖上系一绳。很明显，此狗为祭祀所用。

南北朝黄釉坐犬，中国国家博物馆藏

狗容易喂养且容易宰杀，因此在秦汉时期食狗肉之风十分盛行。据说西汉、东汉两朝的开国皇帝均酷爱食狗肉。西汉高祖刘邦还是泗水亭长的时候，酷爱吃狗肉，他常常到后来成为大汉名将的樊哙那里买狗肉，买得多了干脆赊起账来。为了躲避刘邦，樊哙偷偷地搬到其他村子继续做屠狗生意，没想到还是被刘邦找到了，继续赊狗肉吃。关于"沛公爱狗肉"的故事虽然只是个传说，但史籍记载樊哙确实是以"屠狗为业"。东

汉光武帝刘秀称帝前，在一次战役中落败后，单枪匹马辗转来
到今河南鹿邑县的一间破庙内，正当饿得发慌之际，偶然发现
庙门外有一只刚被人打死的狗，便将其偷偷地拖入庙内，找来
一个锅子煮食。待自己吃饱后，刘秀还将剩余的狗肉拿到市集
上出售。由于刘秀烹制的狗肉味道极佳，因此，狗肉很快就卖
完了。刘秀以卖狗肉赚到的钱作为盘缠，很快策马归队。等到
刘秀登基为帝后，他还念念不忘这次烹狗、食狗的经历。从此
以后，河南鹿邑县地区市集出售的狗肉名满天下。

　　狗肉也是汉代权贵阶层餐桌上的常见美食。湖南长沙马王
堆汉墓出土了狗的骸骨，其遣策中记载了许多狗肉羹品，如
"狗巾羹"（狗肉芹菜羹）、"狗苦羹"（狗肉苦菜羹）、"犬肝炙"
（烤狗肝）等。马王堆汉墓遣策所载"犬肝炙"应即为"周八
珍"之一的肝膋。从马王堆汉墓出土的肉食标本分析，时人食
用狗肉十分讲究，选择的原则是选幼不选壮、选壮不选老，也
就是说，以食小狗为上佳。凡此种种，可见时人对狗肉的食法
颇有心得。

　　魏晋南北朝以后，随着大批北方人口涌入长江流域，南方
养狗业获得了较大的发展，北方的食狗之风遂在长江流域兴
起。文献记载表明，今天的江苏、浙江、湖北、江西、福建等
地都是当时南方养狗的主要地区。据《南史·王敬则传》记
载，南朝齐王敬则就是由屠狗卖肉之徒摇身变成掌控皇家卫队
的实权派人物。文献记载，当时最有名的狗肉料理，出自崔浩
的《食经》，名为"犬脿"，"脿"意为薄切肉。其是用狗肉、
鸡蛋和小麦、料酒烹制后冷却而成，类似今日的冷切熟食，因
其汤汁浓厚、肉美酥鲜、爽滑可口而备受时人追捧。

　　隋唐时期，食狗肉之风日渐衰落。这首先表现在以屠狗为
业者已属罕见。所以唐人颜师古在解释《汉书》中"樊哙以屠
狗为事"时，特别指出"时人食狗，亦与羊豕同，故哙专以屠
为业"。从颜师古的注解可知，在唐代，基本不见以屠狗为业
者，所以颜师古才需要特地对此句加以解释。食狗肉之风衰落

祭祀画像砖中的狗

马王堆汉墓出土的狗骨

的另一个表现在于唐代烹饪书籍中没有提及狗肉料理。尽管食狗肉之风不如此前盛行，但在现实生活中，食狗肉之俗仍然存在。如唐孟诜提及了狗肉的补益作用，其著《食疗本草》载：狗肉"主补五劳七伤，益阳事，补血脉，厚肠胃，实下焦，填精髓"。古代医食同源，既然狗肉有如此多的功效，表明现实生活中有以狗肉为保健药膳的例子。

　　这一时期，人们食狗肉的观念发生改变，很多人将其视为残忍的行为。唐薛用弱著传奇小说集《集异集》记载了这样一则故事。广陵人田招于贞元初年到宛陵表弟家做客，表弟热情招待。田招说："我想吃狗肉。"但表弟去街上没买到。田招说："你家不是有一条狗嘛，杀了便是。"表弟说："养了好多年，下不去手。"田招说："我来杀！"说话间那条狗却不见了，四下都没找到。十多天后，田招回家，在路旁遇到了那条狗。他对狗吹了吹口哨，那条狗就摇晃着尾巴跟着他。晚上住宿的时候，那条狗突然把田招咬死了。田招的表弟在街上没买到狗肉，说明当时食狗肉之风较此前明显衰落。《酉阳杂俎》续集记载了这样一个故事：一个名叫李和子的流浪汉性情残忍，经常偷盗别人的狗、猫食用，街市上的人都十分讨厌他。从这个故事可知，吃狗肉在当时已被认定为残忍的行为。这则故事的结局是，李和子因吃狗肉和猫肉，最后被阎罗王招去，丢了一条性命。以上两则故事均有说教成分，它们的共同点还在于将吃狗肉的行为用因果报应的故事来阐述，这其实反映了当时人们对食狗肉之俗在观念上的重大变化，那就是在主流饮食文化中，狗肉已经遭到了排斥。

　　唐宋以后，食用狗肉风气骤减，据学者分析，原因有以下几点：一是一般人在节庆、祭祀时才能吃到肉，狗不是祭祀的大牲，故吃它的机会就较少。二是狗是人们忠实的伙伴，在长期的共同生活中，人们对狗产生了感情，不忍杀害自己豢养的这种忠诚度极高的宠物。三是因为狗生长的速度相对缓慢，成本较可以放养的鸡、鸭要高，其供肉量又远不及猪。

隋代陶狗，中国国家博物馆藏

除上述原因外，还与当时统治者禁止杀狗的诏令有关。《全唐文》引唐元宗《禁屠杀鸡犬诏》谈及禁止杀犬，宋徽宗也曾颁布过杀狗禁令。宋徽宗崇宁初年，有位名叫范致虚的大臣向宋徽宗进言："十二宫神狗居戌位，是陛下的本命。现在京城中很多人却以屠狗为业，这是对您大大的不敬啊！陛下应该在全国范围内禁止杀狗，取缔屠狗这个行业，并鼓励人们进行举报。"于是，刚刚做皇帝不久的宋徽宗立刻发布诏令，全国范围内禁止杀狗，违令者严惩不贷。有了这条禁令，宋以后的饮食典籍就很少提及狗肉了，而"狗肉不上席"也逐渐成为定例。"挂羊头，卖狗肉"也说明狗肉的地位远不及羊肉了。

元明时期，有关狗肉的料理不见于烹饪书籍中，但食用狗肉的记载散见于一些医疗养生书籍中，说明当时的人们已经认识到狗肉的药用价值以及食用时的禁忌。有食疗专家坚决反对食用狗肉。如贾铭在《饮食须知》的《狗肉》一节中长篇叙述了食用狗肉对人的身体如何有害，并指出：狗不但聪明，而且能够看家，但食用它的话对身体毫无好处，那么有什么必要再吃它呢？可见，当时关于狗肉是否健康营养，是存在争议的。

到了清朝，烹饪书籍中不见狗肉料理的这一情况也没有改变。如《养小录》《食宪鸿秘》《随园食单》《醒园录》《随息居饮食谱》等书中均没有记载狗肉做的菜肴。李渔《闲情偶寄》的记录饮食的部分虽然提及了狗肉，但也只是因为当时仍有少部分人食用狗肉，才特意标注一笔。清代是满族执政的朝代，而满族为牧猎民族，其生活生产都与狗有着很密切的关系，还曾有义犬智救努尔哈赤的传说。因此，在清代，官方是严禁食狗肉的。比如清代学者徐鼒在《读书杂释》中有"今国法禁宰牛杀犬，重耕田守夜也"。当然这只是官方的一厢情愿，民间仍有少量杀狗、食狗者。清朝嗜食狗肉者中最著名的人物当数"扬州八怪"之一的郑燮。郑燮，号板桥，有"诗书画三绝"之誉。传说，清高自重的他不愿为劣绅官宦作画，于是便有人利用其极嗜食狗肉的弱点，在他必经之路上烹煮狗肉，以肉香

宋徽宗像

引得郑板桥垂涎欲滴。于是在煮狗人的盛情邀请下，郑板桥大快朵颐一番，酒足饭饱之余又应其所求作画一幅以表酬谢。事后，郑板桥得知是劣绅官宦为获其画作而设计为之，后悔不已。

狗作为"六畜"中最早被驯化的物种，在狩猎采集时期就是人们最得力的狩猎助手，进入农业社会以后，狗又承担了看家护院的职责。先秦时期，在各种祭祀活动中，狗（尤其是白犬）的出镜率非常高。隋唐以前，由于肉食资源的短缺，狗肉在民间受到广泛欢迎。在肉食资源丰富、人们对狗产生特殊感情、统治者反对以及社会观念的转变等因素影响下，隋唐以后，食狗肉之俗逐渐被主流饮食文化抛弃。

郑燮像

# 分一杯羹

羹是我国最古老的食品之一，是古代菜肴的前身。著名人类学家张光直先生曾指出，由于羹的出现，"便有了狭义之食（即谷类食物）与菜肴之对立"。古代的羹有"纯荤羹"（纯肉汁）、"纯素羹"（纯蔬菜汁），也有用小块原料（蔬菜和肉食）混合糁（米屑）加水烧煮成的浓汤。先民发明陶器鬲、甑后，吃上了蒸饭，但由于当时常食的粟饭干涩难咽，遂又发明羹作润滑剂。有学者认为羹的功用在于用"味"刺激唾液分泌。后来羹进化为"菜"。羹不仅是最佳的下饭食品，也是古代社会最没有"等级性"的食品，无论贵族和贫民都可食用，因为《礼记·内则》中规定"羹食，自诸侯以下至于庶人，无等"。鉴于以上原因，羹备受古人青睐就不足为奇了。

最早的羹，是"太羹"。《仪礼·士昏礼》记载，太羹要放在食器中温食，又说太羹温而不调和五味，即太羹是一种没有任何调味料的温肉汁。太羹被视为"饮食之本"，后世的祭祀活动也一直坚持使用太羹作为祭品，大概是为了让人们回忆起饮食的本始，同时也是为了以朴素之物奉献于神明，以期得到神明的欢心。招待宾客使用太羹，则是将太羹视为规格极高的馔品，亦有"怀古"之意。

有了盐以后，人们开始在羹中加上盐、梅，羹才有了些许味道。以五味调羹，据说是中国历史上最长寿的人——彭祖

彭祖像

的创造。传说中，彭祖有两个身份：一是"养生达人"，二是尧帝的厨师。尧帝在位时期，中原地区洪水泛滥成灾，作为治水首领，尧帝由于长期操劳治水事宜，最终积劳成疾，卧病在床，生命垂危。就在这危急关头，彭祖根据自己的养生之道，以五味烹调出了雉（野鸡）羹，献给尧帝。此后尧帝每日必食此羹，身体愈发健壮，百病不生。彭祖用五味调羹以后，羹的含义就成了"五味之和"。

商周时期，羹一般是以各种肉或鱼为主料，再加入一点谷物或蔬菜。《仪礼·公食大夫礼》中记录了肉羹与蔬菜的搭配方法：牛、羊、猪三种肉，牛羹宜配藿叶（豆叶），羊羹宜配苦菜，猪肉羹宜配薇菜。《礼记·内则》中还记有各种羹与各种饭食的搭配方法。如雉羹宜配麦饭，脯羹宜配细米饭，犬羹、兔羹宜配糁。羹品主料、配料的搭配原则，是以凉性的菜调和温热的肉。羹与粮食的搭配，也是以调和为原则。当时的人们吃羹有各种讲究，如吃羹时边上要摆上盐、梅。虽然此时的羹已是调好味的，但为了照顾客人的口味，必须将调味品摆放在羹汤之旁，以备客人拿取。调味品的摆取也有规矩，必须"执之以右，居之于左"，即一定要摆在羹的左边，要用右手拿。此外，喝羹也有规矩和禁忌。《礼记·曲礼》中有"羹之有菜者用梜，其无菜者不用梜"的记载，意思是吃有菜的羹才许用筷子，没有菜的羹则不用筷子。无菜之羹主要是用匙舀取，因此后世有"羹匙"之称。《礼记·曲礼》还规定："毋嚃羹。""嚃"是不慢慢咀嚼羹中的菜品而狼吞虎咽的意思。

先秦时期，羹的烹制带有浓郁的中国哲学的调和色彩。这种讲究调和的烹羹思想早在《诗经》中就已表现出来。所谓"亦有和羹，既戒既平"，意思是把肉羹调制好，五味平和最适中。春秋时期晏子曾以《诗经》中的这段话作为立论的根据，对"和而不同"作了形象的阐释。据《左传·昭公二十年》记载，齐景公对晏子说："只有梁丘据跟我和谐啊！"晏子则说："梁丘据与您只不过是相同而已，并非和谐。"齐景公问

晏子像

道："和谐与相同不一样吗?"晏子答："当然不一样,和谐好像做羹汤,用水、火、醋、酱、盐、梅来烹调鱼和肉,用薪柴烹煮,厨师加以调和,从而使味道适中。味道太淡就增加调料,味道太浓就加水冲淡。君子食用羹汤,感到内心平和宁静。君臣之间也是如此,国君认为可行的事情而其中有不可行的部分,臣下就指出其中不可行的部分以使事情可行。国君认为不可行的事情而其中有可行之处,臣下就指出其中可行之处并去除其不可行的地方。如此君王调匀五味,谐和五声,就能顺利完成政事。而今,梁丘据并不是这样,君王认为可行的事情,梁丘据也说可行,君王认为不可行的事情,梁丘据也说不可行。如同用清水去调和清水,试问这种羹汤有何滋味和意义呢?"晏子的这番论述以调羹的方法来喻说君臣关系,用日常的饮食生活解释了深奥的哲学道理,充分显示了晏子作为政治家的睿智之处。

春秋战国诸多羹品中,最负盛名者的当数"羊肉羹"。"羹"上面是"羔",表示小羊肉;下面是"美",表示味道鲜美。整个字本义就是用羊肉做成的五味调和的美味肉食。羊羹在古代可是上等绝美的佳肴。据刘向《说苑》记载,宋郑两国大战前,宋国将领华元杀羊做羊羹犒劳将士,结果给华元驾车的羊斟因为没有吃到羊羹,就怀恨在心,开始作战时,这位羊斟就放言道:"昔之羊羹子为政,今日之事我为政。"他把华元的战车驰入郑营,致使华元被俘,宋军大败。羊羹致使输阵甚至亡国的记载说明羊羹在春秋战国诸多羹品中的重要地位。

在油炒方法没有推行的秦汉时期,人们享用的美味多半是由羹法得到的。楚汉战争时,楚军曾攻取汉高祖刘邦的家乡沛县,刘太公(刘邦之父)在逃跑途中被楚军所俘,项羽威胁刘邦说:"现在你不赶快投降,我就烹了你的父亲。"刘邦却说:"我与你项羽曾经在楚怀王(此指楚怀王的孙子心,仍称怀王)面前约为兄弟。我的父亲便如同你的父亲一样,如果你一定要烹煮你我共同的父亲,那么到时候请分给我一杯羹。""分

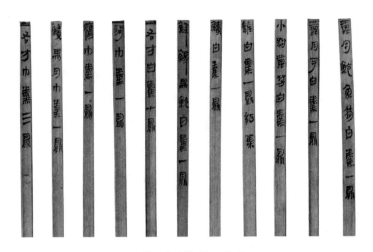

马王堆汉墓遣策中记录的羹品

一杯羹"的故事由此而来，其中的"羹"显然指的是流质的纯肉汤。秦汉时期人们经常食用"羹"，只不过贵族的"羹"多为肉羹，又称"臛"，贫民的"羹"多为谷物、蔬菜羹。马王堆汉墓遣策记载的羹品多达24种；东汉灵帝时太尉刘宽的夫人在丈夫朝会前，"使侍婢奉肉羹"。秦汉时期，各种羹品从食材原料来看，主要可以分为三大类：一是不添加任何蔬菜的纯肉羹。传世和出土文献记载的纯肉羹种类十分丰富，如《盐铁论·散不足》载有"雁羹"，傅毅《七激》载有"凫鸿之羹"，王粲《七释》载有"鼋羹"，"鼋"是鳖类中最大的一种，其外形可参考中国国家博物馆馆藏的青铜器精品"作册般鼋"。马王堆汉墓遣策记载有"纯牛肉羹""纯羊肉羹""纯犬肉羹""纯猪肉羹""纯野鸭肉羹""纯鸭肉羹""纯鸡肉羹""纯鹿肉羹"等。湖南沅陵虎溪山汉简《美食方》中则有"马肉羹"和"鹄羹"的记载。二是肉与粮食混合熬制的羹。马王堆汉墓遣策记载有"牛白羹"（用牛肉与稻米熬制的羹品）、"鹿肉芋白羹"（用鹿肉与芋、稻米熬制的羹品）、"小叔（菽）鹿荔（胁）白羹"（用鹿肋骨与小豆、稻米熬制的羹品）、"鲫白羹"（用鲫鱼与稻米熬制的羹品）；《齐民要术》所记的羹臛法，基本也都要加谷米。三是肉与蔬菜混合熬制的羹。马王堆汉墓

商代作册般鼋，中国国家博物馆藏

遗策载有"狗巾羹""雁巾羹"等,"巾"读为"芹",这两种羹品即为狗肉与芹菜、雁肉与芹菜混合熬成的羹;另有"鲫禺(藕)肉巾羹",即鲫鱼与藕片、芹菜混合熬制的羹;还有"牛封羹""豕逢羹""狗苦羹"等,"封"即为芜菁,"逢"大约是蒿类蔬菜,"苦"即苦菜,这三类羹品即是牛肉与芜菁、猪肉与蒿类蔬菜、狗肉与苦菜混合熬制的羹。

《汉书》中记载了这样一则故事:刘邦的大哥刘伯早死,只留下妻子与儿子刘信相依为命。刘邦经常到大嫂家蹭饭,有时还带着狐朋狗友一块去。时间一长,大嫂不高兴了。一日,刘邦和他的朋友刚进门,大嫂就故意用勺子把锅底刮得嘭嘭响,意思是没饭了。可刘邦上前一看,锅里明明还有很多粥。大嫂此举,可谓让刘邦颜面尽失。刘邦登基称帝后,几乎将自己的亲眷封了个遍,唯独不愿封大嫂的儿子刘信任何爵位,后来经过刘太公的一再劝说,才不情不愿地给侄儿一个侯爵,并赐名"羹颉侯"以示羞辱,算是报了当年嫂子不给饭吃之仇。从这则故事可见,当时平民百姓日常所食的粥食也被称为"羹",应是谷物和蔬菜所制的素羹。

北魏贾思勰《齐民要术》有专门的一章《羹臛法》,其中记载的羹品共有20余种。与秦汉时期相比,魏晋南北朝时期羹的制法更为复杂。如《齐民要术》中记载的"鸡羹"制法为:将鸡洗净后,骨肉分开,肉切块,骨肉剔尽,入锅煮熟,然后滤去骨,加葱头、枣子及其他调料煮成。"胡羹"的制作方法是,用六斤羊排骨肉,又四斤肉,加四升水煮熟后,剔去排骨,切好,下一斤葱头,一两胡荽子,几合安石榴汁,尝过,调到合口味。除肉羹外,《齐民要术》还记载了一些素羹,如"葱韭羹"的制法是将葱、韭切五分长,然后放入有油的水中煮沸,再加胡芹、盐、豉、米糁煮成。在羹中加入了米糁等,显然是为了使汤汁更加黏稠。从《齐民要术》记载的羹品可见,南北朝时期制羹的食材品类非常丰富,制作流程更加复杂,当时的羹品多为黏稠的肉粥类,这与我们今天所喝的较为

《齐民要术》中"胡羹"的记载

稀释的羹汤（尤其是纯菜汤）有本质不同。

隋唐时期开始，羹的浓度发生了变化。唐代诗人王建《新嫁娘》云："三日入厨下，洗手作羹汤。未谙姑食性，先遣小姑尝。"大意是，新媳妇三朝下厨房，洗手亲自做菜汤。因为摸不清婆婆的口味，所以做得了羹汤，先给小姑子尝尝。羹、汤连用，说明唐朝的羹已经跟今日的汤羹在浓度上差不多了。唐代韦巨源《烧尾宴食单》中有一道"汤浴绣丸"，邱庞同先生认为这种肉丸烹制成熟后（于沸水中氽熟或煮炖而熟），可能仍然"浴"在"汤"中上席，故极有可能是一种肉丸汤。唐代人已充分认识到羹品的养生价值。《食医心鉴》记载了一款"黄雌鸡汤"，制法是将洗净的黄母鸡炖煮至极烂的程度，这样可以得到浓稠的母鸡汤。

宋元时期，"羹"与"汤"已基本合流。《梦粱录》记载"更有专卖诸色羹汤"，《武林旧事》记载"凡下酒羹汤，任意索唤"。上述记载说明当时羹、汤是连用的，羹中有汤菜，或羹与汤菜并列。由于烹饪方法的大量涌现，羹品在菜肴中的地位已大不及从前。尽管地位有所下降，但羹品的种类还是较此前更加丰富。如北宋汴京、南宋临安饮食市场上羹汤的品种有数十种，如《东京梦华录》中记有"瓠羹""百味羹""血羹""新法鹌子羹""粉羹""头羹""三脆羹""群仙羹""金丝肚羹""决明汤齑""汤骨头"等等。《梦粱录》提及的羹品有"撺鲈鱼清羹"等各种鱼羹，以及"大小鸡羹""撺肉粉羹""双脆石肚羹""笋辣羹""骨头羹""蹄子清羹""杂合羹""南北羹""盐豉汤""羊血汤"等等。

宋代御宴上有一道别具风味的"螃蟹清羹"，不同于一般的汤羹，它以"清"为特点。以往汤羹一般都放一些笋丝、笋丁、菜齑之类的绿叶菜并加入很多香料，调制成复合味的羹品。但这道螃蟹清羹更突出的是螃蟹的原味，没有过多的辅料和调料。

羹也是宋代文人雅士们发挥雅兴的对象。"东坡羹"为苏

汤浴绣丸

东坡在黄州时发明的多种菜羹的总称，《东坡诗集》中记载了
"东坡羹"的制法为：将白菜、蔓菁、萝卜、荠菜等蔬菜清洗
干净后，先用一点生油擦拭锅边和瓷碗，然后在锅中放进菜、
米、水及少许生姜，用油碗盖上。锅上边放蒸屉，但又不能很
快把羹盖上，必须等生菜的气味散尽后才能上盖。羹沸腾时常
常要上溢，但碰到油就不会溢了，又由于有碗压着，所以更溢
不出来。米饭蒸熟了，羹也就煮烂能吃了。菜羹里不沾油，完
全保留菜蔬自然之味，食之可清心明目。宋代林洪《山家清
供》中也汇集了文人雅士创作的 10 多种雅羹。如"雪霞羹"
是由芙蓉花、豆腐制成的；"金玉羹"是把山药、栗切成片，
加羊肉汤及调料烧煮而成的。

　　元代著名的羹品有"杂羹""假鳖羹""鲫鱼肚儿羹""海
蜇羹"等。《饮膳正要》记载的"杂羹"是以羊头、羊肺、羊
肠等为主，辅以粉（豆粉）皮、蘑菇和青菜制成的什锦羹。调
料中用到了草果、杏泥、胡椒、芫荽、葱，以及盐、醋，并加
入羊肉和回回豆制的汤，这款羹充分体现了元代宫廷饮食特
色，即原料、调料数量极多，味道浓郁，据说此羹有补中益气
的功效。《居家必用事类全集》记载的"假鳖羹"是一道象形
菜，是用鸡肉、羊头肉、鸭蛋黄、豆粉丸等充当鳖肉、鳖裙、
鳖蛋，此羹无论造型和口味都可以达到以假乱真的效果，颇具
特色。《云林堂饮食制度集》记载"鲫鱼肚儿羹"的制法为：
取鲫鱼腹部肥肉，放入鱼汤里焯熟，去刺，再放入加有调料的
鱼汤中熬制。还有"海蜇羹"，是用对虾头熬汁，加入海蜇、
对虾、鸡脆、决明等制成，用料考究，味道清美。

　　明清时期，羹依然是配饭的佳品。清代文人李渔曾言："有
饭即应有羹，无羹则饭不能下。饭犹舟也，羹犹水也。"此时，
羹的制作原料进一步丰富。《易牙遗意》记载的"爊鸭羹"制
法为鸭肉煮熟后切成块，再放入提清的鸭汤中加爊料煮。《宋
氏养生部》所记载的"虾肉豆腐羹"制法为：取虾脑、虾籽、
虾肉同豆腐加调料烧煮成浓汤；《食宪鸿秘》记载"肺羹"制

螃蟹清羹

金玉羹

法为：取猪肺治净，煮熟后切成块，加松仁、鲜笋、香蕈、姜汁煮。《素食说略》记载的"果羹"制法为：将莲子、白扁豆、薏仁米、水、桂花糖或蜜渍玫瑰花等材料放在蒸笼里蒸，待到所有材料蒸得烂熟后取出，反扣在盘中，浇上糖荠汁。

羹本来只是饭的搭配品，但明清时期出现了很多无法搭配的"奇羹"，如明末清初文人冒襄曾设羊羹宴，中席用羊300只，上席用羊500只，奢华程度令人咋舌。清代，两淮盐商用各种各样的鱼的鳔、翅、脑、舌、肝、血等熬制的"百鱼羹"，更是价值不菲的奇珍异馔。

羹在中国古代饮食生活中曾占有极为重要的地位，作为古代菜肴的前身，羹的出现，标志着主食和菜肴两大品类的正式分野。由于羹既是绝佳的下饭之食，又是没有"等级性"的食品，因此备受古人的青睐。最初的羹，被称为"太羹"（即太古的羹），是一种没有任何味道的肉汁。五味入羹后，制羹技术才逐渐复杂起来。而古代"五味调和"的制羹原则甚至被古人上升到治国理政的高度。先秦时期，羹的含义较为广泛，既指烧肉、带汁肉、纯肉汁，也指用荤、素原料单独或混合烧成的浓汤。汉代以后，羹多指用切成小块的荤、素原料烧成的浓汤。隋唐以后，随着烹饪技术的进步，菜肴品类的翻新，羹的地位逐渐下降，并与"汤"逐步合流。如今，古代的羹并没有完全消失在我们的餐桌上。我们今日所谓的"几菜几汤"，其中的"汤"，即类似于古代的羹。而现代汉语中用"调羹"一词指代小勺（功用是调舀羹汤），可以视作现代人对古代羹品的美好追忆。

# 古人的『黑暗』肉食

"黑暗料理"是这些年的热门词，最早出自日本动漫，本指黑暗料理界所做的料理（并不是难吃的料理），后来经过广大网民的引申之后，"黑暗料理"代指某些用让人难以接受的食材或用特殊烹饪方法制成的菜肴。本文拟盘点古人的那些"黑暗"肉食，需要指出的是，这里所说的"黑暗"，只是指对我们现代大多数人而言无法接受，但对古人而言却是地地道道的珍馐美馔。

现代人已经较少食用动物内脏，但在肉食匮乏的古代社会，动物的心、肝、胃、肾、肠等都是人们餐桌上常见的美食。人类食用动物内脏的习惯可以上溯到先秦时期。《礼记·内则》所记，周代"八珍"中，有一款名作"肝膋"的美馔，它的具体做法为：用一大片肠间脂肪（即网油）包好新鲜的狗肝，然后放在火上炙烤，烤到外面的脂肪干焦。值得一提的是，后世常用"龙肝凤髓"来形容上层统治者专享的美食。所谓的"龙肝"即是指这种烧烤的狗肝，因其是专供天子之食，故名"龙肝"。秦汉人嗜食动物内脏较之先秦时期有过之而无不及。《方言》在讲述燕地习俗时，说："披牛羊之五脏，谓之膊。"秦汉简牍中频频出现食用动物内脏的简文。各种动

居延汉简中动物内脏的记载

物内脏中，动物的胃备受青睐。汉代人通常将胃做成胃脯食用，称作"脘"。《说文解字》曰："脘，胃脯也。"《史记索隐》记载了胃脯的制作方法："胃脯：太官常以十月作沸汤煮羊胃，以末椒姜粉之讫。"由于价格便宜，便于携带，不宜腐坏，当时的人认为"胃脯谓和五味而脯美，故易售"。新朝王莽政权灭亡后，更始帝刘玄为了犒赏功臣而滥封将领爵位，完全违背刘邦"异姓不得封王"的誓言。刘玄等人在长安的所作所为引起百姓怨声载道并编制歌谣，如："灶下养，中郎将。烂羊胃，骑都尉。烂羊头，关内侯。"这讽刺了贩卖羊胃的食贩亦可封官晋爵，也表明羊胃是当时常见的肉食品。居延汉简中有戍卒取食动物髋部（组成盆骨的大骨，左右各一，是由髂骨、坐骨、耻骨合成的，通称"胯骨"）、头部的记载；居延汉简记录了某个官吏或基层机构出钱"买肾二具给御史"的事情；马王堆汉墓遣策中载"濯牛胃"，又记载"犬肝炙一器"，"犬肝炙"为烤狗肝；肩水金关汉简则有"卖肚、肠、肾，直钱百卅六"的记载。

百姓、戍卒等喜食内脏的原因，应是看中了内脏相比于肉类较为低廉的价格优势。长沙五一广场出土的东汉简牍记载"胃三斤直卅"，即胃的价格为1斤10钱，同出简牍记载的牛肉价格则为1斤17钱，二者价格差距近一倍。值得注意的是，肩水金关汉简记载"一束脯"的价格也为10钱，说明胃脯价格较低且相对稳定，深受人们喜爱。

达官贵人食用内脏则更多的是为了猎奇。为了寻求味觉的刺激，权贵们甚至还食用动物的"阳物"。《盐铁论·散不足》中被列为食物的"马朘"即马鞭。不仅如此，汉人甚至食用动物的膀胱。《释名·释饮食》曰："脬，赴也，夏月赴疾作之，久则臭也。"《说文解字》曰："脬，膀光也。"《淮南子·说林训》曰："旁光不升俎。"意思是说人们不再食用动物的膀胱。说明以前膀胱是作为食物为人们所食用的。

隋唐以前，人们对动物内脏的烹饪技术还不甚纯熟，动物内脏中的异味还没有办法完全去除。隋唐五代时期，传统的煮、烤、蒸等烹饪技术已炉火纯青，新兴的炒菜技术也日渐成熟。烹饪技术的完善，使越来越多的动物内脏被制成色、香、味、形俱佳的美馔，深受人们的喜爱。《太平广记》引《卢氏杂说》记载："玄宗命射生官射鲜鹿，取血煎鹿肠，食之，谓之'热洛河'，赐安禄山及哥舒翰。"可见，动物的肠胃也是帝王喜爱的肴馔。唐代韦巨源《烧尾宴食单》中有关动物内脏的馔品也有很多，如"羊皮花丝"（拌羊肚丝）、"格食"（羊肉、羊肠拌豆粉煎烤而成）、"蕃体间缕宝相肝"（摆成宝相花造型的冷肝拼盘）等。这一时期，各种动物内脏也开始成为食疗馔品。昝殷《食医心鉴》中列有"炮猪肝""猪肝羹""猪肾羹""酿猪肚""羊肺羹"等馔品，认为它们具有治疗疾病、强身健体的功效。

宋元时期，利用动物内脏制作的肴馔也不可胜数。丁传靖《宋人轶事汇编》记载，宋真宗时，宰相吕蒙正喜食鸡舌汤，每朝必用，以至家中鸡毛堆积成山。据《东京梦华录》记载，东京市集上售卖的动物内脏制品有"灌肺""炒肺""旋炙猪皮肉""猪脏""鸡皮""腰肾""鸡碎""羊肚脏""煎肝脏""头肚""头羹""角炙腰子""石肚羹""血羹""腰子""白肠"等。元时，许多动物内脏制成的菜肴也被列为食疗佳品。如《饮膳正要》记载的"河西肺"的制法为，将韭菜汁、面粉糊、酥油、胡椒、生姜汁等加盐调匀，灌入洗净的羊肺中，把羊肺煮熟，再切割开，浇卤汁食用。又记载"带花羊头"的制法为：熟羊头肉切片，熟羊腰切片，熟羊肚肺切片，生姜、糟姜切片，堆盘，再放上刻有花样的熟鸡蛋及萝卜，浇上调好味的肉汤。

除动物内脏外，飞禽亦是古代人餐桌上的珍馐美味。里耶秦简记载"畜雁鷇出券卅"。湖南沅陵虎溪山汉简《美食方》中载有"鹄鸎"的制作方法。《盐铁论·散不足》描写西汉中期的饮食情形时，说："今富者逐驱歼罔置，掩捕麑鷇……鲜羔羜，几胎肩，皮黄口。"这里所说的"罔置"，泛指捕鸟兽的

《饮膳正要》插图

网；"麆"是指小鹿；鷇和"黄口"是指幼鸟和刚出生的雏鸟；羔挑是指不足一岁的小羊；"几胎肩"则是指剸取动物之胎。东汉张衡《南都赋》记载："若其厨膳……归雁鸣鵽……"这里的"归雁鸣鵽"指的就是肥美的大雁和肉嫩的鵽鸟。《齐民要术》记载的用于食用的飞禽种类也很多，如鹅、雁、鸡、鸭、鸧、鸹、凫、雉、兔、鹌鹑等。"鸧"，又名"鸧鸹""鸧鸡"，似雁而黑。"鸹"，似雁而大，善奔驰。

古代贵族和官僚们用飞禽制作成的羹极为奢侈昂贵。据宋代陈岩肖《庚溪诗话》记载，宰相蔡京喜欢吃鹌鹑肉做的羹，每食一羹即杀数百只鹌鹑。由于对鹌鹑宰杀过量，以至于某天夜里蔡京竟梦见数千只鹌鹑飞来控诉他："一羹数百命，下箸犹未足！"

先民还有过"食猫"的经历。东北、陕北等地的新石器时代聚落遗址都发现了烧烤过的野猫骨骸，表明野猫曾是先民们的捕食对象。《礼记·内则》云"狸去正脊"，显然也是为了食用。中国古代有个著名的"狸猫换太子"的故事，说明古代"狸""猫"是指同一物。狸，俗称狸猫、野猫。《楚辞·九歌》记载："乘赤豹兮从文狸。"王逸注称："狸一作貍。"明张自烈《正字通》："有数种，大小似狐，毛杂黄黑，有斑如猫，员头大尾者为猫狸，善窃鸡鸭，斑如貙虎；方口锐头者为虎狸，食虫鼠果实。似虎狸尾黑白钱文相间者为九节狸。"西汉刘向《说苑·杂言》所述价值百钱的"狸"，应是专门培养的善于捕鼠之猫。山东、湖南和广州等地出土的汉代画像资料中绘有猫蹲在粮仓和厨房的图像，其捕鼠功能不言而喻；汉长安城城墙西南角守卫角楼遗址出土的猫遗骸属于家猫，其用途显然不是用于食用的。然而，汉代确实存在"食猫"的现象。北京丰台大葆台1号汉墓中曾经有猫的骨骸出土，而且其出土位置比较特殊：一处是在北回廊随葬陶鼎内，有猫的股骨、胫骨和腰椎；另一处在北回廊随葬大缸内，有猫的腰椎、颈椎、股骨、盆骨、尺骨等。这两处盛装猫骨的器皿均是食具，说明墓中的猫是作为食物随葬的。唐代宰相韦巨源《烧尾宴食单》中有一款名为"清凉臛碎"的肴馔，系用狸肉做成羹，冷却凝固后切碎凉食，类似肉冻。由此可见，猫在古代是社会上层人士的"猎奇"肉食。

食蛇习俗存在于长江下游和珠江流域地区。古人以期通过生吞蛇胆和吮吸蛇血，或把蛇胆、蛇血和酒饮服，实现养生目的。《淮南子·精神训》说越人捕得大蛇，把它作为上等的美餐，中原地区的人抓到它却抛弃掉。《异物志》记载："蚺惟大蛇，既洪且长，采色驳荦，其文锦章。食豕吞鹿，腴成养创。宾享嘉燕，是豆是觞。""蚺"即蟒蛇，"荦"，意为明显。越人善于烹制蛇肉，这种风尚一直影响至今，著名的"太史蛇羹"，仍在广州广泛流传。

岭南人喜食的蛇羹，据说曾要了宋代大文豪苏东坡侍妾朝云的命。宋人朱彧《萍洲可谈》记载："广南食蛇，市中鬻蛇羹，东坡妾朝云随谪惠州，尝遣老兵买食之，意谓海鲜，问其名，乃蛇也，哇之，病数月，竟死。"意思是苏东坡谪居惠州时，他的侍妾朝云常让仆人去买当地流行的美食——蛇羹。由于蛇羹味道非常鲜美，朝云误以为是海鲜，后来得知是蛇

《淮南子》中"越人食蛇"的记载

肉，竟呕吐不止，病了数月而香消玉殒。当然，关于朝云之死，还有身染瘟疫之说，但因食用蛇羹受到惊吓也可作为一个原因。

关于食蛇，元刘基《郁离子·玄豹》记载了这样一则故事：古时候，有个来自南海岛的人到北方旅行，他带上了家乡的特产——晒干的蛇肉作为干粮和礼品。到了齐国，有个人很热情地招待他。他想对主人有所回报，于是就拿出蛇肉干来酬谢主人。主人吓得吐出舌头，转身就跑。他不明就里，以为是主人嫌弃礼物过于轻薄了，于是便吩咐他的仆人又找了一条更大的蛇给主人送去。主人吓得连门也不敢开了。这个南海岛人没有事先了解所去之地的风俗，盲目从事，结果闹出了大笑话。这个故事也说明，古时候食蛇习俗在北方接受程度不高。

明清时期，稀有的蛇羹成为官宦之家宴席上的至尊上品。著名大戏剧家汤显祖在其所著《邯郸记》中有唱段云："出身原在国儿监，趁食求官口带馋。蛇羹蚌酱饱腌膰，海外的官箴过得咸。"清代著名文学家沈德符在《尔律先生之官粤西奉送三律》中也有"蛇羹鹬酱饷官厨"之语。

人类食用昆虫的历史可以追溯到史前，我们的远古祖先在长期的野外生存实践中通过观察野生动物进食，学会了如何分辨可食用的昆虫。在中国古代，人们捕食的昆虫主要有蜩（蝉）和范（蜂的幼虫和蛹），《庄子》记载："仲尼适楚，出于林中，见疴偻者承蜩，犹掇之也。"意思是孔子到楚国去，走出树林，看见一个驼背老人正用竿子粘蝉，就好像在地上拾取一样（熟练）。汉代人最喜食的昆虫大概是蝉。《礼记·内则》和《盐铁论·散不足》均以蜩为美食。汉连枝灯上扑蝉人物图像和陶烤炉上所放置的蝉，反映了汉代人取蝉为食的景象。《齐民要术》中的蝉脯菹法介绍了三种烹蝉法：一说"捶之，火炙令熟，细擘，下酢"，一说"蒸之，细切香菜，置上"，一说"下沸汤中，即出，擘如上。香菜蓼法"。大意为：方法一，将蝉脯捶打过后，放在火上烤熟，把肉掰细，加醋调

东汉陶烤蝉炉，陕西历史博物馆藏

味；方法二，将蝉脯蒸熟，将香菜切细，码放在上面；方法
三，将蝉脯放进滚汤里焯水，随即取出把肉掰细，像上"香菜
蓼"（一种菜肴，制法不详）那样供上席。其中，方法一"火
炙令熟"颇有汉人遗风。

《礼记·内则》有"蜗醢"的记载。大多数学者认为"蜗
醢"就是蜗牛酱。考古学家在陕西靖边张家圪西汉墓随葬的一
件囷（古代的一种圆形谷仓）内发现了大量小蜗牛遗存。这些
小蜗牛被盛放于谷仓之中，自然是作为食物用途的。此外，据
马王堆汉墓帛书《五十二病方》记载，蜗牛可以入药治疗疾
病。鉴于古代有药食同源的传统，所以汉代人食用蜗牛和蜗牛
酱并非不可能之事。《周礼·天官》《礼记·内则》等均有"蚳
醢"的记载。有学者认为"蚳醢"即蚁酱。但彭卫先生则认
为"蚳"指蚁卵，"蚳醢"应指"蚁子酱"。《大戴礼记·夏小
正》云："蚳，蚁卵也，为祭醢也。"《国语·鲁语上》曰："虫
舍蚳蝝。"从这两条记载可见，似乎是所有类型的蚁卵都可入
酱。唐时，交广一带（今广东、广西及越南北部地区）还酿制
蚁卵酱，刘恂《岭表录异》记载："交广溪洞间，酋长多收蚁
卵，淘泽令净、卤以为酱。或云，其味酷似肉酱，非官客亲友
不可得也。"不仅在中原地区，西南地区的居民也有食虫的习
俗。如我国云南各族人民向来有吃虫的习俗，以虫为主料烹出
的美味佳肴，成为滇菜中的名菜，有"云南十八怪，竹虫蜂儿
炸盘菜"之说。

先民食鼠的习俗可以上溯到先秦时期，如郑州商城及安阳
殷墟中有大量中华酚鼠、家鼠、竹鼠、田鼠和黑鼠遗骸。战
国时期，鼠肉制品作为食物在市场上流通。尹文《尹文子》
记载了这样一则故事。郑人称呼包在石中而尚未雕琢之玉为
"璞"，周人称呼尚未制成肉干的鼠为"璞"（也作"朴"）。
周人持璞问郑国商人："你想买璞吗？"郑国商人回答："想买。"
于是，周人从怀中掏出"璞"，郑国商人一看，原来是鼠肉，
连忙谢绝。从这则故事可见，战国时期的中原地区有食用野鼠

竹鼠

或鼠腊之风习。1968 年，考古学家在河北满城中山靖王刘胜墓中发现了鼠骨，经检测，多为岩松鼠之骨，而刘胜夫人窦绾墓中所出土的鼠骨多为社鼠之骨，这反映当时岩松鼠的品级是高于社鼠的。河南三门峡刘家渠汉墓出土陶灶的模印图纹上，鼠与其他肉类食品并列。汉长安城城墙西南角守卫部队居住遗址中出土过黄鼠遗骸，同出者还有其他一些动物，或是这些黄鼠应为守城官兵的食物。广州南越国宫署遗址曾出土了大量动物残骸，经检测，有鱼、鸟、鼠、梅花鹿等 20 多个品种，或是宫廷之人食用后弃置的。

与现代人相比，古人的肉食选择范围似乎更为广泛，动物内脏、雏鸟幼兽、蛇虫鼠蚁等都曾是古人餐桌上的美食。某些在现代基本已经被淘汰的"黑暗"肉食在古代的流行与当时肉食资源的匮乏有着很大的关系。普通百姓们选择动物内脏的原因，应是看中了内脏相较于肉类的价格优势。达官贵人喜食"野味"或许更多的是为了猎奇。

# 素食为主

著名食学家让·安泰尔姆·布里亚-萨瓦兰（Jean Anthelme Brillat-Savarin）曾说过一句广为人知的名言："告诉我你吃什么，我就能知道你是什么样的人。"中国素以农立国，农业是整个民族生存的经济基础。作为世界农业文明的主要发祥地之一，上万年的农业文明，从未间断的农耕历史，"温和"的农业生产方式使中国人的膳食结构以素食（植物性食物）为主。

# 豆腐之谜

作为人类最早提取植物蛋白的代表，豆腐是中国人对人类
文明的重要贡献之一，它的出现在中国乃至世界饮食史上都具
有重大意义。一方面，它大大丰富了人类饮食的内容，为植物
蛋白的利用开辟了广阔的前景；另一方面，它不仅营养丰富、
滋味鲜美，而且价格低廉，因此颇受大众喜爱。豆腐的营养价
值很高，根据现代医学分析，豆腐的主要成分是蛋白质、氨基
酸、植物性脂肪、胆脂素及多种维生素。它也是植物性食物中
蛋白质含量最高的，甚至比等量肉类的蛋白质含量还高，因此
有"植物肉"之称。

除食用价值外，据研究，豆腐还有清热、润燥、生津、降
浊等功用。据记载，用热豆腐切片贴在醉酒之人身上，待其冷
却后又换上热的，如此往复，即可以解酒。此外，古代还有用
醋煎白豆腐食用以治病的药方。

那么，豆腐的发明人究竟是谁呢？很多人都将这个功劳
归于西汉淮南王刘安。如南宋理学大家朱熹《素食诗》自注
"世传豆腐本为淮南王术"，后来李时珍著《本草纲目》也沿
袭了这个说法。刘安是汉高祖刘邦之孙，袭父爵被封为"淮南
王"。与很多汉代诸侯王纵情声色不同的是，刘安其人酷爱读
书，精于乐理，一生好招揽宾客方术之士，曾聚集数千才子共
同编写宣扬自然天道观的名著《淮南子》。关于豆腐的发明过

豆腐的解毒功能记载

河南省密县打虎亭汉墓壁画线图

程，流传最为广泛的版本是，刘安精研炼丹之术，他在安徽淮南八公山炼丹之闲无意中创制了豆腐。但这个传说缺乏证据支持，更像是道家的附会。

1961 年，考古工作者在河南省密县打虎亭发掘了两座东汉时期的墓葬，两墓东西并列，相距 30 米。根据墓葬规格判断，墓主的身份应都是当时的高级官吏。这两座墓葬中尤为值得关注的是一号墓葬（有学者根据《水经注》记载，认为一号墓墓主为弘农太守张伯雅），因为在这座墓葬中发现了一块后来引起极大争论的特殊"画像石"。这块画像石位于一号墓东耳室南壁，学者们对此石争论的焦点在于其所表现的内容究竟是什么。1979 年，贾峨先生率先发文称此石刻图像表现的是一个豆腐作坊内豆腐加工的场面，它证明了我国豆腐的制作不会晚于东汉末期。12 年之后，陈文华先生又发文支持了贾峨的观点，并对此图进行了更深入的解读，他认为画面中最下方的 7 个人正在进行的是磨浆、滤渣、点卤、挤压去除水分等一系列豆腐制作工序。1996 年，著名文物专家孙机先生连续发文称此幅图像并非"豆腐制作场面"，而是"酿酒场面"，表现的是酘米、下曲、搅拌和榨压的酿酒流程。那么，"制豆腐说"和"酿酒说"的依据分别是什么呢？

仔细观察一下这块画像石，其构图分为上、中、下3栏。"制豆腐"说和"酿酒"说争论的焦点在于下栏从左向右第3人面前的圆台上究竟是石磨还是盆。陈文华先生认为此物为石磨，他指出：酿酒无需用磨，也不必滤渣和镇压，所以它与酿酒无关，同样也和制醋、制酱无关，而只能是和制豆腐有关。陈先生提出此论的依据是《密县打虎亭汉墓》报告出版前他绘制的编号2线图，从此线图来看，此物确实是石磨。报告出版后，孙机先生对原拓片进行了加工，把斑驳不清的地方涂匀，将能看清楚的线条连接起来，结果还原出编号1线图，此图清楚显示这个所谓的"石磨"其实就是一个盆。而仔细审视这幅图像，就会发现更多对于"制豆腐说"不利的证据。图像上栏显示在一个长几案上整齐地摆放着6个大酒瓮，这与成都曾家包画像石一排5个大酒瓮以及中国国家博物馆馆藏酿酒画像砖所示的一排3个大酒瓮几乎如出一辙。酒瓮是贮酒之器，用以存放已酿好的酒。一幅制豆腐的图像出现6个大酒瓮明显说不过去。也许有人会说，这可能不是盛酒的酒瓮，只是普通储物的陶瓮呢？但当我们将目光转向第2栏，一切豁然开朗：第2栏几乎把汉代典型的酒器酒具全都刻画出来了，如圆壶、钟、温（酝）酒樽、椑（椭圆形盛酒器）等，此外，还有"疑似"的饮酒器——耳杯。而且，图像中的酒器酒具并非仅有一两件而已，仅圆壶（汉代最常见的贮酒器）就有10余个。众所周知，一整块汉画像石中的各个栏界画面表现的都是同一类的生活场景，出现这么多的酒器酒具，只能表示这块画像石表现的是与酒有关的画面。从这3栏画面的逻辑关系看，孙机先生所持"此画像石表现了酿酒和为饮宴备酒场面"的观点是可信的。

至此，"石磨"的证据不攻自破，"制豆腐说"也无从谈起了。那么，即便是石刻图像所示的确为"石磨"，就能证明是

两种不同的器物线图

它用于制豆腐的吗？这个说法恐怕也是站不住脚的。

在居延汉简中有一则简文说："杨子任取豆脯，直二十斛……杨子仲取胃，直四斛……"从内容来看，这是一份边地戍卒领取食品的登记册，值得注意的是里面关于"豆脯"的记载，有学者根据这条简文判断，"豆脯"是汉代豆腐的称谓。如果是这样的话，岂不是又"实锤"了汉代就有豆腐说？其实，在此简问世前，就有以唐训方为代表的清代学者持此观点。

"豆脯"指的是豆制品，这是毋庸置疑的，关键是"脯"为何物呢？《说文解字》记载："脯，干肉也。"《释名·释饮食》记载："脯，搏也，干燥相搏著也。又曰脩。脩，缩也，干燥而缩也。"脯的制作方法是先把肉切成块，在水中煮熟，然后加上姜、椒、盐、豉等调味料煨，最后晒干。

汉代文献中，脯一开始指的是肉类加工制品。汉昭帝始元六年（公元前81年），史上著名的"盐铁会议"在京城长安（今属陕西西安）隆重举行。会议的主题是检讨汉武帝一朝政治之得失。本次会议由丞相田千秋主持，御史大夫桑弘羊等官员与会。此外，参会的还有来自民间的"贤良文学"代表60余名。这些代表在一次发言中，盛赞古人生活之俭朴，痛斥时人衣食住行之奢侈。桓宽将他们的发言记录在《盐铁论·散不足》一篇中。以饮食为例，"贤良文学"代表说，古人吃的是黍稷野菜，除非来了贵客，否则基本不得食肉。及至汉代，已是"殽旅重叠，燔炙满案"。他们随口罗列的奢侈佳肴中，就包括"蹇捕胃脯"一类。所谓"蹇捕"，指的是兔脯；所谓"胃脯"，是用动物的胃制作的脯，也叫"脘"。胃脯是汉代人常食用的食品，《史记·货殖列传》记载浊氏因贩卖胃脯而成为富人，马王堆汉墓遣策也有"濯牛胃"的记载。

此外，汉代文献表明脯不仅可以用肉类制作，水果蔬菜等植物类食材也可用于制脯。据《释名·释饮食》记载，将奈切成片晒干称作"奈脯"；《四民月令》说四月"可作枣糒，

桑弘羊像

以御宾客"，这里的"枣糒"指的就是枣脯；《齐民要术》中
记载了"枣脯"的详细制法；《晋书》还记载有"瓠脯"。从
这些记载可见，秦汉时期的水果除了可以鲜吃，还可以制成
果脯食用。果脯保存时间长，是当时人际交往中的馈赠佳品。
如《史记》记载，第一代淮南王刘长生病时，作为兄长的汉
文帝曾遣使者赠送枣脯等物品以示慰问。又如，《东观汉记》
记载宦官孙程称"天子与我枣脯"。此外，史籍中还有枣脯
等植物脯品用于国家祭祀的记载。从上述材料来看，植物性
"脯"的规格还是不低的。鉴于肉脯是将肉析分干制，植物
脯品的做法大概也相仿。据彭卫先生推测，"豆脯"大概是将
大豆烘干后磨粉制成的饼饵类食物，它与豆腐虽发音相近，
但绝非一物。因此，"豆脯"并非汉代豆腐的称谓。那么汉简
中出现领取"豆脯"的记载是否与祭祀活动有关呢？秦汉时
期举行有各种各样的祭祀。不仅有国家祭祀，还有县廷祭祀、
乡里祭祀，就连边远之地的普通戍卒也会遵照礼制，行祭祀
之事。河西汉简中多见"腊肉""腊钱"的记载，可见，边地
戍所也是过腊日的。鉴于秦汉时期的祭祀活动如此频繁，所
以领取"豆脯"用于祭祀应该不足为奇。

那么，从技术条件来看，汉代是否具备了生产豆腐的条
件呢？汉代人饮用的饮料中，除酒之外，还有各种各样的浆，
如蜜浆、果浆、米浆等。米浆是用粟米或稻米汁制成的，有
时也会掺入醋，应该是汉人喜爱的一种酸甜饮料。既然粟米
或稻米均可磨浆，磨制豆浆自然也不成问题了。但是，有了
水磨，制得出豆浆，不代表能制成豆腐。豆腐制作除磨豆制
浆外，还有技术要求较高的点浆以及使用石膏和盐卤等凝固
剂的程序，从目前的资料来看，汉代尚无这方面技术的记载。
因此，汉代人想吃上豆腐尚不具备条件。

"汉代即有豆腐说"的最大疑点还在于文献记载的缺失。
关于豆腐的起源，洪光住先生查了一大批自汉至唐的典籍，均
未找到与之相关的记载。就目前所知，"豆腐"的最早文献记

载出自五代末年陶谷的《清异录》。《清异录》是有关隋唐五代时期历史和社会生活的一部笔记。全书37门中，与饮食有关的共8门，即果、蔬、禽、兽、鱼、酒、茗、馔等，计230余事，涉及饮食行业、饮食原料、烹饪技法等多方面，弥足珍贵。据该书记载，青阳丞戢"洁己勤民，肉味不给，日市豆腐数个，邑人呼豆腐为'小宰羊'"。如果汉代真的发明了豆腐，在肉食资源相对匮乏的秦汉时期，照理说这种造价便宜、营养丰富的食品应该很快进入人们的日常饮食生活中，不可能唐代以前的文献只字未提，反而千年后的文献才提起此事。再退一步说，即使是传世文献记载有缺失，为何出土简牍和画像砖石、壁画等图像资料上也没有记载和表现呢？即便真如传说所言，作为炼丹家的刘安，在炼制长生不死药和进行动植物药理研究的过程中发现了豆乳可凝的特性，但刘安的发现没有转化为豆乳凝固技术并应用到豆腐的制作上，也是毫无意义的。换言之，如果这种发现没有与人们的饮食生活关联起来，发现只是"发现"，不可称之为"发明"。

那么，豆腐究竟发明于何时呢？有学者把豆腐的发明时间定为唐代，这种观点应该是可信的，原因在于：五代时已经有了人们食用豆腐的记载，说明当时豆腐的制作技术已经趋向成熟，而将这种技术的初级阶段定在五代不久前的唐代，是完全合理的。

要言之，经过上述对文献及图像资料的考证，2000多年前的汉代人尽管可能已经喝上豆浆，但尚未掌握豆腐的制作技术，即他们仍没有口福吃到美味的豆腐。

随着豆腐的发明，它很快荣升"国菜"的地位。在古代中国，豆腐上可以入宫廷，下可以进瓦肆，不傲不显，不卑不亢，历来备受人们的喜爱。古人对豆腐有很多赞颂。宋人苏轼赞豆腐是"煮豆作乳脂为酥"，陆游《山庖》中有"旋压犁祁软胜酥"之言。元郑允端有很著名的《豆腐》诗云："种豆南山下，霜风老荚鲜。磨砻流玉乳，蒸煮结清泉。色比土酥净，

《清异录》中豆腐的记载

豆腐制作流程图

香逾石髓坚。味之有余美，玉食勿与传。"

　　据说，康熙帝南巡驾临苏州时，临时驻跸于织造府衙。由于旅途奔波劳累，康熙帝心火上升，不思茶饭。负责接待工作的江宁织造曹寅心急如焚，重金聘请得月楼名厨张东官亲自为康熙帝治膳。张东官使出浑身解数，采用各类时新果蔬做出色、香、味俱佳的珍馐美馔，其中一道佳肴名为"八宝豆腐羹"，做法为：将虾仁、鸡肉等配料细切成丁，连同特制的嫩豆腐片，用浓鸡汤烹制。康熙品尝此菜后，顿觉胃口大开，对此菜赞不绝口，久吃不厌。回京后，康熙仍对此菜十分偏爱，经常以此菜作为赏赐臣僚的宫廷珍品。除这道"八宝豆腐羹"外，古往今来，用豆腐制作的其他名肴多不胜数。如宋代的"东坡豆腐""雪霞羹"，明代的"五香豆腐"，清代的"文思豆腐""冻豆腐""程立万豆腐""鲢鱼豆腐""杏仁豆腐"，等等。现代烹饪中豆腐制的菜肴品种更加丰富，技术高超的厨师甚至可以做出数百道关于豆腐的菜肴。

　　作为一种营养价值丰富且四时皆宜的食品，豆腐不仅经常出现在高级宴席上，也是普通家庭餐桌上常见的美食。豆腐的营养价值不仅举世闻名，它还作为中华饮食文化的优秀代表，饮誉全世界。

杏仁豆腐

菜王争霸

据统计，今天我们日常吃的蔬菜约有 160 种，每种又分若干小的品类。古人日常食用的蔬菜种类，虽然不能与今日相提并论，但也是丰富多样的。除大部分本土种植的蔬菜外，还包含了很多外来蔬菜。正是由于先民们在蔬菜种植领域的不懈努力和对引进物种的兼收并蓄，才留给我们如此丰厚的蔬菜遗产。古代常食的蔬菜品种有葵（又称冬葵、冬寒菜）、韭、菘、藿（大豆的嫩叶）、芥、芹、蔓菁、莲藕、茄子、竹笋、瓠瓜、薤（又名藠头）、茭白、莼菜、葱、姜等。在这些常见菜品种中，韭、葵、菘三种蔬菜的地位是最高的。在历史长河中，这三种蔬菜均占据过菜中霸主的地位。

韭是原产于中国的蔬菜。先秦时期，韭是最常见的人工栽培蔬菜。《大戴礼记·夏小正》中有"正月囿有韭"的记载，"囿"字表明在夏代已有专门种植蔬菜的菜园了，且韭为人们在菜园所种之菜。《诗经·国风·七月》中的"四之日其蚤，献羔祭韭"是人们所熟知的诗句，"羔"即饲养的羊羔，"韭"是种植的韭菜，均可作祭品。《谷梁传》记载："古者公田为居、井灶葱韭尽取焉。"此句表明普通农家种植的蔬菜为葱和韭，这也是他们常食的蔬菜。

秦汉时期，韭在蔬菜中的地位仅次于葵。汉代人认为韭是对人体极有好处的食物，马王堆汉墓帛书《十问》将韭评价为

韭

"百草之王"，认为韭受到天地阴阳之气的熏染，胆怯者食之便勇气大增，视力模糊者食之视力会变得清晰，听力有问题者食之则听觉灵敏。韭菜对温度和土壤的适应性以及耐肥力都较强，种植容易，尤其是"韭割可复生"的特点暗合了长生，这也是秦汉时期的人们对韭如此钟爱的原因。因此，同葵一样，韭的种植范围十分广泛。

秦汉时期的人们所食之韭多是人工种植的，里耶秦简食物簿所记蔬菜有韭。居延汉简记录一处菜畦套种韭、葱和葵菜，包括3畦韭菜、2畦葱和7畦葵，又记载"省卒廿二人，其二人养，四人择韭"，这里的"择"意思为"取"，表明种植和收获韭是边塞戍卒的工作之一。此外，还有一则"卒宗取韭十六束"的简文。这应是一份领取物品的登记，戍卒宗从相关部门取走了分配给若干人等的韭，自然是这些人佐食之物。这则简文反映了戍卒平日所食韭的分配状况。从这些简牍资料可见，韭在长江和黄河流域的种植都非常普遍。在《四民月令》规划的农事安排中，韭的位置引人注目，如正月上辛日"扫除韭畦中枯叶"，七月"藏韭菁"，八月"收韭菁"。韭可反复割取，既可熟食也能生食；韭菜花称为"菁"，也可作为食材。鉴于种植韭菜可以带来以上所述的可观经济收益，所以可以想见《史记·货殖列传》所记载种植"千畦韭"者的销售收入"与千户侯等"，应并非虚言。反季节的韭菜也是汉代权贵阶层食用的珍贵菜肴，《盐铁论·散不足》贤良之士批评世风奢靡，所举的事例即有"温韭"。我国是世界上最早利用温泉、温室栽培蔬果的国家。相传秦时已在骊山坑儒谷旁的温泉旁种瓜，秦始皇就是以"冬天结瓜"为托词诓骗众儒前来观赏进而将他们在此处活埋的。

汉代创造了温室种菜的技术。《汉书·循吏传》记载："太官园种冬生葱韭菜茹，覆以屋庑，昼夜燃蕴火，待温气乃生。信臣以为此皆不时之物，有伤于人，不宜以奉供养，及它非法食物，悉奏罢，省费岁数千万。"《后汉书·和熹邓皇后》记邓

居延汉简中"韭十六束"的记载

皇后诏曰："凡供荐新味，多非其节，或郁养强孰，或穿掘萌芽，味无所至而夭折生长，岂所以顺时育物乎！"上述这种蕴火增温以使冬季蔬菜"郁养强孰"的屋庑，指的就是温室。由于温室栽培非季节性蔬菜成本很高，所以像召信臣一样的贤良之士才会奏请废止此种"奢靡"之行。

魏晋南北朝时期，贾思勰撰《齐民要术》从整地、播种、治畦、收剪等多个方面阐释了韭菜栽培技术。比如在谈及韭菜如何收割管理时，应"初种，岁止一剪"，这样做是为了更好地储存根茎营养，为来年丰产打下坚实的基础。又如，"日中不剪韭"，这样就可以做到避免日光暴晒，剪下来的韭菜更加鲜嫩可口。《齐民要术》所载的韭菜栽培技术被后世继承。清丁宜曾所撰《农圃便览》重申了《齐民要术》中提及的剪韭原则，即"割韭忌日中，夏日尤甚"。

隋唐时期，韭菜种植范围非常广泛。唐代诗文里经常提及韭菜，杜甫有诗云"夜雨剪春韭，新炊间黄粱"，白居易诗云"漠漠谁家园，秋韭花初白"。韭菜的栽培技术在这一时期有了明显的发展。这一时期，一方面温室技术仍在发展，另一方面还利用地热资源——温泉进行蔬菜生产。据传，陕西临潼利用骊山温泉栽培韭黄就是从唐代开始的。《四时纂要》中，出现了能够节省土地种子并提高生产效率的移栽技术，这一技术一直延续至明清时期，在全国范围均获得广泛的应用。

宋元时期，人们已经掌握了韭菜的软化栽培技术，培育出味道更为鲜美的韭黄和韭芽。《王祯农书》首次记载了马粪覆畦和风障栽培技术。"覆以马粪"生产新韭以及"培以马粪"生产韭黄的技术，利用的都是马粪在堆积过程中生热的原理。马粪作为热性肥料，可以提高土壤和地表温度，为植物的生长创建温暖的环境。"挡以篱障"也可改善韭畦的环境，促使韭芽尽早发出。上述栽培技术的创新不仅增加了市场的蔬菜供给量，也极大地提高了农人的收入。

明清时期，韭菜的分栽技术已经非常成熟。丁宜曾《农

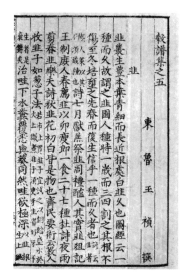

《王祯农书》中的韭菜种植方法

圃便览》记载：八月"栽韭。月初掘韭，去老根分植；当年勿剪"。张宗法《三农纪》记载："韭至五年根满，蟠蚪不茂；至三年则根交加，叶细茎紫，宜择高腴土，分栽之。忌湿洳。掘起韭根，去老留嫩，剪去须梢，每直行相离五六寸排栽，一节约五六茎许。"《农圃便览》记载的是山东地区韭菜栽培技术，而《三农纪》反映的是四川地区的韭菜栽培情况。可见，分根移栽技术在实际农业生产中获得广泛应用。

韭除生食、蒸食外，还有一种常见的做法是菹。《周礼·天官·醢人》中有"韭菹""菁菹"的记载。据《晋书·石崇传》记载，石崇和王恺斗富，石崇在严寒的冬季，用一种名叫"韭萍齑"的菜肴款待王恺，王恺吃遍了山珍海味，但不识"韭萍齑"为何物，后来王恺买通了石崇的仆人，才知道"韭萍齑"其实就是韭菜根配上麦苗制成的食物。可见当时反季节的"韭菜"是何等的贵重，都被拿来作为"炫富"的资本了。一直到明清时期，普通百姓要想吃到冬韭，依然不是一件容易的事，光价格就让普通百姓望而却步了。清柴桑《燕京杂记》中就曾谈及冬季韭菜的价格之高："冬月时有韭黄，地窖火炕所成也。其色黄，故名。其价亦不贱。"

《南齐书·庾杲之传》记载："（庾杲之）清贫自业，食唯有韭菹、瀹韭、生韭杂菜。或戏之曰：'谁谓庾郎贫，食鲑常有二十七种。'"南朝萧齐庾杲之虽位高权重，生活上却十分俭朴，不尚奢费。平时饮食，仅吃些韭菹、煮韭菜、生韭拌杂菜之类。他的朋友调侃他说："谁说庾郎清贫？你看他日常吃的光是鱼类菜肴就有27种。"韭菹、瀹韭、生韭都是食鱼所佐的韭菜烹制方法。"韭"与"九"音同，三九相乘为二十七，故有此说。

在古代，韭菜的吃法还有很多种。晋周处《风土记》载有"五辛盘"，《本草纲目》解释说："五辛菜，乃元旦、立春，以葱、蒜、韭、蓼蒿、芥辛嫩之菜，杂和食之，取迎新之义，谓之五辛盘。""五辛盘"流行于清代。据记载，乾隆十八年（1753年）十二月二十日，乾隆皇帝就曾经让御茶坊"伺候五辛盘"，他下令将葱、姜、蒜、韭和辣芥切成细丝，配以黄酒和酱食用，确实是别具一格的食法。

宋代林洪《山家清供》上有一道"柳叶韭"，是用嫩柳叶和韭菜一同炸熟而吃。元忽思慧《饮膳正要》中有一道"河西肺"的菜品，其主料为羊肺一个和韭六斤，此菜是河西地区少数民族食用的菜肴，可见韭菜也是少数民族菜肴中常见的菜品。清童岳荐《调鼎集》载有九款韭菜肴，其中有两款韭菜炒蛋，一直流行至今。清袁枚《随园食单》记录过一道名为"韭合"的名品，制法为：韭菜切末拌肉，加佐料，面皮包之，入油灼之。面内加酥更妙。"韭合"即今日的韭菜盒子，是一种内馅主料为韭菜的面饼，比韭菜春卷更为厚实，吃起来更加鲜爽。

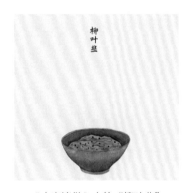

《山家清供》中的"柳叶韭"

汉乐府《长歌行》记载："青青园中葵，朝露待日晞。"这里说的"葵"又名"冬寒菜"，由于其口感柔滑，故又名"滑菜"。葵具有特殊的品性：在各种蔬菜中，它有较强的抗病虫害能力，能够有效地抵御曲条甲虫和菜蚜的危害；它的生长时间较长，一年中大部分时间都可以有收获；葵菜既可以作为人食蔬菜，又可以作为家畜的饲料；它的叶、茎还可以入药。鉴于葵具有广阔的经济价值，因此葵成为最早的人工栽培蔬菜种类之一。《诗经·豳风·七月》有"七月烹葵及菽"，"葵"与"菽"并称，可见其在食物序列中位置不凡。由于野生采集难以供应较大的需求，故葵的人工培育可能不晚于西周时期。战国以降，食用葵则全由人工栽培了。睡虎地秦简云："稷龙寅，秫丑，稻亥，麦子，菽、荅卯，麻辰，葵癸亥。各常口忌，不可种之及初获、出入之。"可见，葵的种植时节是有讲究的。

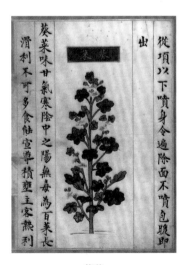

葵菜

目前考古发现的秦汉时期葵的遗存集中在河南、安徽和湖南等地，说明黄河、淮河、长江流域是葵的主要种植地。里耶秦简记载"葵□数十六牒"。长沙马王堆汉墓遣策记有"葵种五斗，布囊一"，考古整理小组发现随葬麻袋中盛放有葵子。湖北江陵凤凰山 8 号汉墓遣策有"葵荅一"的记载。"荅"即竹笼，此笤中所盛应是供食用的葵菜。这说明葵菜在长江流域居民的饮食生活中占有极为重要的地位。

葵是戍边官兵食用的主要蔬菜品种。居延汉简记载了一处由 12 个菜畦组成的菜地，其中葵占了 7 畦，葱和韭菜一共才占 5 畦，葵的种植面积超过了葱和韭的总和。由于葵可观的经济价值，从春秋战国至西晋，葵是菜农经营的重要蔬种，有专门的葵园，前面所述"青青园中葵"的诗句就是当时广泛种植葵菜的真实写照。贩售葵菜应该也有着不小的利润空间。《晋书》记载了太子司马遹令西园卖葵菜而受其利的事情。

葵菜可以制成葵菹和干葵，这两种葵制品均可长期保存，在缺少新鲜蔬菜的冬季，这应是北方地区普通人家的"看家菜"。而根据马王堆汉墓随葬的数量众多的葵子推想，长江流域的居民在冬季大概也以储存的葵菜佐食。

葵菜的地位在南北朝时期仍然很高。贾思勰《齐民要术》将葵列为《蔬菜篇》的第一篇，栽培方法也谈得非常详细，反映出葵在当时的重要性。值得注意的是，葵在元明以后逐渐走向没落。元代《王祯农书》还说葵是"百菜之主"，但明代的《本草纲目》却把它列入草类，蔬菜栽培学书中也没有葵的章节。现在在江西、湖南、四川等地仍有葵的栽培，不过它的地位已远远不如古代重要了。

白菜是一个统称，包括大白菜、小白菜和菜薹等，大白菜

马王堆汉墓出土的葵菜种子

又分为散叶、半结球和结球三类。据学者研究，早期的白菜只指小白菜，大白菜可能由小白菜直接选育而来，也可能由小白菜和芜菁、芥菜等同属植物杂交而成。白菜古称"菘"，最早见于东汉张仲景《伤寒论》，它的人工栽培是中国植物史上一个具有重要意义的事件。据郭璞注《方言》，汉代的菘尚是较为原始的白菜，品质较现代的白菜还差得远。经过劳动人民辛勤培育，"菘"在魏晋南北朝时由野生转为家种菜蔬，并大放异彩。南北朝时期，有关菘的记载明显增多，《南齐书》记载，武陵昭王萧晔招待尚书令王俭的饭食是"菘菜鲍鱼"。"菘菜"和名贵的"鲍鱼"同列，可见菘菜的地位非同一般。梁陶弘景《名医别录》中谓"（菘）味甘，温，无毒。主通利肠胃，除胸中烦，解酒渴"，并将其视为蔬菜中的上品。又据《南齐书·周颙传》记载，文惠太子向周颙询问："哪一种蔬菜味道最佳呢？"周颙回答说："春初早韭，秋末晚菘。"可见，在时人的眼中，秋末的菘菜和初春的韭菜并列为菜中美品。

隋唐时期，菘主要有三个品种：其一，牛肚菘，叶最大厚，味甘，可能为一种散叶大白菜；其二，紫菘，叶薄细，味小苦；其三，白菘，似蔓青也。当时菘的栽培仍以江南为主，但在努力向北方和岭南推广，只是推广的效果并不理想。如唐《新修本草》记载："菜中有菘，最为恒食，性和利人，无余逆忤，令人多食……"又记载："菘菜不生北土，有人将子北种，初一年半为芜菁，二年菘种都绝。"

到了宋代，菘的优良品种已经培育成功，成了当时的主流蔬菜，并改称"白菜"。当时白菜的品种有苔心矮菜、矮黄、大白头、小白头以及夏菘、黄芽等。此外，白菜的种植范围进一步扩大。南北方都已种植白菜，但以长江下游的太湖地区为主，又以扬州所产者最著名。北宋苏颂《本草图经》记载扬州的一种菘"叶圆而大，或若蓮，啖之无渣，绝胜他土者，疑即牛肚菘也"。"蓮"为古代的一种草，叶大可做扇。据这段记载可知，当时扬州所产的白菜体型巨大，口感品质俱佳，鲜

菘

食、腌制均宜。新品种的白菜结实、肥大、高产、耐寒，并且滋味鲜美。宋代大文豪苏东坡曾用"白菘类羔豚，冒土出熊蹯"之句来赞美它，"熊蹯"意为熊掌，这里把"白菘"比作和熊掌一般的美味了。

　　明清时期，是中国白菜品种培育及栽培的重要时期，也是白菜上升为"百菜之王"的关键时期。现存的明清地方志中，大多记录了白菜的栽培情况，其地域由北及南，遍布黄河和长江流域。此时，北方的大白菜在种植数量和品质上都已超过南方。在散叶、半结球和结球三种白菜类型中，散叶白菜大约从明代中期开始在北方各地得到迅速的发展，但到了清中期的时候，结球白菜逐步取代了半结球白菜而成为长江以北各省的家常菜。《群芳谱·蔬谱》《本草纲目》《本草纲目拾遗》等文献均记载了名为"黄芽菜"的白菜良种，该菜叶茎俱扁，叶绿茎白，唯心带微黄，以初吐有黄色，故名"黄芽"。"黄芽菜"首见于宋元时期，明清时仍有生产。《本草纲目》记载："燕京圃人又以马粪入窖壅培，不见风日，长出苗叶皆嫩黄色。脆美无滓，谓之黄芽菜，豪贵以为嘉品，盖亦仿韭黄之法也。""黄芽菜"即为结球大白菜的一个品种。明末清初美食家李渔对白菜尤其是"黄芽菜"赞不绝口，谓："菜类甚多，其杰出者则数黄芽。此菜萃于京师，而产于安肃，谓之'安肃菜'，此第一品也。每株大者可数斤，食之可忘肉味。"尽管明清时期有很多异域作物引入中国，但新进的蔬菜品种并没有解决北方冬季蔬菜的短缺问题。南方地区气候温热，物产丰富，可以常年提供新鲜蔬菜，但北方地区到了冬季，蔬菜种类就比较单一。于是，产量大、口感好、贮藏时间长的大白菜就成为北方最重要的冬储蔬菜，供应的时间长达五六个月之久。于是，明清时期，白菜就打败了在蔬菜界称霸千年之久的葵菜而成为"百菜之王"。

　　如今，白菜作为"国民蔬菜"，依然是我们餐桌上最常见的菜品。现代著名的白菜品种有天津绿白菜、胶州大白菜、绿秀白菜、泰安白菜、上海青等。天津绿白菜在天津已有 400 年左右的种植历史。《津门竹枝词》中有"芽韭交春色半黄，锦衣桥畔价偏昂，三冬利赖资何物，白菜甘菘是窖藏"的句子。天津绿白菜叶子很绿，叶面的皱褶与核桃皮的纹路十分相似，外形周正直挺，而且包心紧实，白菜帮子薄，白菜梗子少，叶肉柔嫩，下锅后水一沸就"烂"，故俗称"开锅烂"。另一白菜名品当数"胶州大白菜"。胶州大白菜远在唐代即享有盛誉，传入日本、朝鲜后，被称为"唐菜"。清朝道光二十五年（1845 年），《胶县县志》记载："其蔬菘谓之白菜，隆冬不凋，四时常见，有松之操……其品为蔬菜第一，叶卷如纯束，故谓之卷心白。"这里提到的"菘"即为胶州大白菜。胶州大白菜具有帮嫩薄、汤乳白、味甜鲜、纤维少、营养价值高等优点，这些优点使得胶州大白菜蜚声海内外。陈毅元帅有"伟哉胶菜青，千里美良田"之语，是对胶州大白菜的极大赞美。胶州大白菜还曾被毛泽东主席当作国礼送给外国友人。

白菜脆嫩爽口，味道甘美，食法多样，有拌、烫、炝、烹、熘、烩、扒、炖、熬、蒸等多种烹调方法。既可以素炒或荤做，也可以做饺子、包子的馅，还可制成酸菜、腌菜、酱菜、泡菜、糟菜等。鲁菜中有一道"扒栗子白菜"，制作方法为：先把胶州大白菜心顺刀切长条，用开水焯软后，理顺码放盘中；将生栗子切口，煮熟，去皮，再切两半；锅放油烧温热，放葱姜末爆香，烹料酒，加酱油、盐、高汤、白糖、味精，放栗子、白菜，转小火稍煮，勾水淀粉，翻勺，淋香油即成。

还有一道名为"乾隆白菜"的京城名菜。相传，有一次乾隆皇帝下江南游玩，回到京郊时已是大年三十，饥饿难耐之时，发现街面仅有一家小酒铺开门。但是酒馆里的厨师都回家过年了，只能有什么吃什么，店家遂为乾隆皇帝上了一道麻酱拌大白菜。麻酱拌大白菜原本是一道非常家常的菜，但乾隆皇帝在品尝了之后对其赞不绝口，甚是喜欢。从此，这道深得乾隆皇帝欢心的麻

乾隆白菜

酱拌大白菜声名远扬,人们遂为其取名为"乾隆白菜"。

白菜不仅是人们餐桌上的常见菜品,还具有重要的文化意义。人们将白菜作为原型,进行绘画、雕刻等艺术创作,并赋予其美好的寓意。白菜的第一个寓意,取自白菜的谐音,意为"百财",有聚财、招财、发财、百财来聚的含意;白菜的第二个寓意,取自白菜的颜色和外形,寓意清白,表示洁身自立,纯洁无瑕。台北故宫博物院所藏的清代翡翠白菜,是古代玉雕的精品之作,菜头呈圆形,叶柄白嫩,叶脉分明,菜叶青翠欲滴,菜叶之上还雕有一只栩栩如生的蝈蝈儿。创作者巧妙地利用玉料的夹色,以白色作叶柄,以翠色作叶片,绿叶之上再雕以同色的蝈蝈儿,使原本静态的植物变得生机勃勃。

古人云:"三日可无肉,日菜不可无。"可见,蔬菜在古人的饮食生活中是不可或缺的重要食物。中国蔬菜种植历史悠久,早在新石器时代,野菜就是人类采集的对象之一。考古发现表明,先民在七八千年前已开始栽培蔬菜。从春秋时期开始,到清朝结束,在2000多年的历史岁月中,蔬菜品种由少到多,发展至100多种,成为国民日常饮食中必不可少的食物之一。在中国古代蔬菜家族中,韭、葵、菘三类蔬菜占据极为重要的地位。韭是古人最早栽培的叶菜之一。由于韭菜具有适应性强、种植难度低等优势,加之"韭割可复生"的特点,使韭拥有"百草之王"的美誉,备受古人的钟爱。但伴随着蔬菜品种的日益增多,韭逐渐沦为蔬菜家族的配角。同韭一样,葵也是最早的人工栽培蔬菜种类之一。葵在汉晋时期地位最高,成为百姓日常的"看家菜"。但随着菘的崛起,葵菜的地位逐渐下滑,只成为出现在各类史籍记载中名义上的"百菜之王",其种植范围逐渐被压缩。如今,葵早已不复往日的风光,很少出现在现代人的餐桌上了。从汉魏至明清时期,菘的种植技术不断发展,种植范围也不断扩大。凭借口感上佳、耐贮藏、产量大等诸多优势,菘从众多蔬菜品类中脱颖而出,成为当之无愧的"菜王"。

清代翡翠白菜,台北故宫博物院藏

# 吉祥蔬果

　　蔬果是中国人饮食生活中最重要的食物来源之一，同时也是人们丰富多彩的饮食习俗中不可或缺的重要元素。在中国古代，蔬果被人们赋予各种吉祥文化内涵的同时，也成为各个时代器物装饰的重要题材。故宫博物院所藏的粉彩像生瓷果品盘就是一件供陈设观赏的清代仿制盘装蔬果瓷器。此盘内盛有螃蟹、红枣、荔枝、菱角、莲子、石榴等，这些蔬果形态惟妙惟肖。而且此盘中不同的蔬果有着不同的吉祥寓意，如核桃寓意"满福满寿"，荔枝象征"大吉大利"，石榴表示"榴开百子"，枣、花生、瓜子意谓"早生贵子"等。饮食对于中国人而言，从来都不是单纯地为了满足口腹之欲，而是寄寓了人们的美好情感，因而，很多蔬果都曾被赋予吉祥寓意和美好祝愿。

　　葫芦。葫芦又名"壶卢""瓠瓜""匏瓜""苦瓠"等，为一年生攀缘草本植物。瓠也称壶，老硬时称匏，其被利用的历史可以上溯到原始社会，人工种植也很早。《诗经·豳风·七月》云："七月食瓜，八月断壶。"瓠变老变硬之后，就不能吃而只能做生活器具了。如《诗经·大雅·公刘》云："执豕于牢，酌之用匏。"这是用匏做酒器。秦汉时期，岭南地区的百越人有一种盛酒水的器具，名为"匏壶"，其得名的原因在于器型像一个截去顶端的葫芦。在远古传说中，葫芦与中国人有

清代粉彩像生瓷果品盘，故宫博物院藏

西汉陶匏壶，中国国家博物馆藏

着很深的渊源。有学者认为，"盘古开天辟地"中的"盘古"，意即人类是从葫芦中开始繁衍的。还有学者认为人类的始祖伏羲、女娲就是葫芦。除了孕育人类的传说，很多民族还将葫芦视为婚姻和谐美满的吉祥物。如古代婚礼仪式中有喝"合卺酒"的风俗。所谓"卺"，就是一种将一只葫芦一分为二而成的瓢形酒具。新郎和新娘要各持一只瓢饮酒，完成"合卺"仪式，象征夫妻合二为一，永结同心。

芹。芹在秦汉时期的蔬菜谱上也占有重要地位。芹有水、旱之别，先秦和秦汉时期人们所食之芹多为水芹。《诗经·鲁颂·泮水》有"思乐泮水，薄采其芹"，《诗经·小雅·采菽》有"觱沸槛泉，言采其芹"，《吕氏春秋·本味》说"云梦之芹"为"菜之美者"，以上出现的"芹"，其生长地均与水有关。《齐民要术》说："芹……并收根，畦种之。"这是南北朝时期种芹的记录。汉代人工种芹情形如何不得而知。《四民月令》没有提到种芹，可能反映了水资源相对稀少的华北地区芹菜种植并不普遍。考古发现证实，长江流域是芹的主要产区——里耶秦简食物簿将芹放于蔬菜之首，江苏徐州地区出土的汉代蔬菜中也包括芹。马王堆汉墓遣策记载了多种用芹制作的菜肴，如"狗巾羹""雁巾羹""鲭禺肉巾羹"等。"巾"指的就是芹菜。此外，汉代似有芹的外来物种，名曰"胡芹"。《齐民要术》中有"胡法"，胡芹是其中的作料。古人将芹菜视为吉祥的蔬菜。考中秀才被称为"采芹"。所谓"采芹"，指的是古代贵族子弟在入学（类似今日开学典礼）时进

水芹

行的一种仪式，即学子们需要带一些蔬菜祭祀先师先圣，他们奉献的蔬菜，多半是在学宫前的水池里采摘的一些以水芹为代表的水生植物。于是，后世就以"采芹"作为对学子进学的祝福之词。

莲藕。藕是睡莲科莲属水生植物的地下茎部。《汉乐府》云"江南可采莲，莲叶何田田"，侧面体现了江南地区广泛食用藕的现象。四川出土的汉代画像砖上的采莲图，形象地展现了汉代人取藕的场面。马王堆汉墓出土有藕的实物。前面所述的"鲭禺肉巾羹"中的"禺"指的就是藕，这道菜肴就是鲫鱼、藕和芹菜一起煮的羹。藕在北方和南方地区均有分布。司马相如《子虚赋》中"咀嚼菱藕"描绘的是关中地区种藕的情形。莲藕之所以成为古代的吉祥蔬菜，有以下多种原因：其一，"莲"又名"荷"（和），如夫妻之间互送莲藕则寓意夫妻和睦。其二，"藕"与"偶"同音，取佳偶天成之意。此外，莲藕多洞眼，其果实莲蓬又多子，寓意新婚夫妇多子多福，也可代表财源广进。

萝卜。萝卜是中国最古老的栽培作物之一。《诗经·小雅·信南山》中就有"中田有庐，疆埸有瓜"的诗句，其中的"庐"就是萝卜。萝卜在古代最初是作为药用植物，后来才发展为食材。萝卜作为蔬菜，人们一般只吃它的根茎部分，其既可以生吃，也可以加工腌制后吃。萝卜有吉祥寓意。如天津地区有一种全身呈深紫色的紫水萝卜，由于"紫水"二字的声母与"子孙"二字的声母一样，因此人们赋予这种萝卜"宜子孙"的吉祥寓意；而在闽南和台湾地区萝卜又被称为"菜头"，谐音"彩头"，所以，萝卜成为当地人除夕大宴上必备的菜肴，为了来年讨个好"彩头"。

佛手瓜。佛手瓜又名"安南瓜""寿瓜"等，属葫芦科多年生蔓性植物。佛手瓜清脆多汁，味美可口，营养价值颇高。再加上瓜形如两掌合十，有佛教的祝福之意，深受人们喜爱。此外，佛手谐音"福寿"，因此它常被用作祝寿礼品。

杨晋绘《蔬果图》中的莲藕

甜瓜。甜瓜是古代最重要的水果之一，也是我国最古老的瓜种之一，浙江吴兴钱山漾等新石器时代文化遗址中就出土过甜瓜籽。甜瓜在商周时期已广为种植。《大戴礼记·夏小正》中有"五月乃瓜"的记载，这里的"瓜"指的应是甜瓜。甜瓜主要为生吃，《礼记·曲礼》中甚至还有不同社会阶层生食甜瓜的礼仪区分，大概是为天子削瓜，要去皮，切成四瓣，再横切一刀，用细葛巾盖上；为国君削瓜，去皮，切成两瓣，再横切一刀，用粗葛巾盖上；为大夫削瓜，只去皮，不盖葛巾；士只去掉瓜蒂；庶民直接咬着吃。食瓜还有如此严格的礼仪规定，令人咋舌。秦汉时期，甜瓜依然是贵族们最喜欢的水果。科学家们曾在马王堆汉墓墓主轪侯夫人辛追体内发现多达138粒甜瓜籽。数量惊人的甜瓜籽足以表明这位夫人对甜瓜的热爱。从发现的未消化的甜瓜籽来看，轪侯夫人应该是在食用甜瓜后不久死去的。这不由得使人联想：这不好消化的甜瓜籽是否就是轪侯夫人死亡的诱因呢？无独有偶，江西南昌海昏侯墓的墓主刘贺是汉武帝刘彻之孙、昌邑哀王刘髆之子、西汉第九位皇帝，也是西汉历史上在位时间最短的皇帝（仅在位27

马王堆汉墓出土的果品

天）。从帝到王再到侯，刘贺过山车般的政治生涯让人唏嘘不已。与轪侯夫人经历相似的是，在刘贺腐朽的尸体处，考古学家也发现不少被胃液侵蚀的甜瓜籽。由此推测，刘贺在去世之前，也曾大量吃过甜瓜，并在不久后彻底咽气。佛手瓜、甜瓜等瓜类蔬果是古代饮食生活中的重要食材。由于瓜类蔬果多是蔓生植物所结的果实，具有藤蔓绵长、果实累累、籽实多多的特点，因此，在中国古人的心目中，瓜是人丁兴旺、子孙昌盛的象征物。《诗经》中有"绵绵瓜瓞"之语，意即子孙后世要像瓜瓞（小瓜）一样绵远长久，代代相继。

石榴。石榴又名"安石榴""丹若"，原产波斯及印度西北部，由于其果皮里包裹着众多的籽实，与中国人多子多福的愿望相契合，所以当石榴种子被张骞从西域带回后，颇受人们的喜爱。《北史·魏收传》记载了这样一则故事，北齐的安德王高延宗娶李祖收的女儿为妃。隔了不多日子，已经做了皇帝的高延宗去李家赴宴。临别时，李妃的母亲特意送给他两个大石榴。这位皇帝感到莫名其妙，于是，他就将这两个石榴随手扔掉了。事情被大臣魏收知道了，连忙赶去对皇帝说："石榴房中多子，陛下新婚，李妃之母赠以石榴，即是希望陛下子孙众多之意。"高延宗听后恍然大悟，连忙命人去把石榴找回来收好。中国国家博物馆馆藏釉里红三果碗内里光素无纹，外壁釉里红绘的三果，为石榴、桃、瑞果，寓意"榴开百子"，是雍正官窑的精品。

桃。桃是水果中品质极高的一种，适于生食或加工，从古至今备受人们的喜爱。桃原产于我国雨量较少而阳光充足的山地地区。在陕西、甘肃、西藏等省区的高原地带曾发现过野生桃树。在河北藁城台西商代遗址中出土过桃核，《诗经》《尔雅》等古籍中均不乏对桃的记载。在中国文化中，桃被视作福寿吉祥的象征。寿桃是典型的生日吉祥物。传说，西王母做寿时，在瑶池设了蟠桃宴用来招待前来祝寿的各路神仙。而孙悟空正是由于偷吃了西王母的蟠桃而惹下大祸。还有一则关

清代釉里红三果碗，中国国家博物馆藏

于"东方朔偷桃"的传说。相传，汉武帝寿辰之日，宫殿前一只黑鸟从天而降，武帝不知其名。东方朔回答说："此为西王母的坐骑'青鸾'，西王母即将前来为陛下祝寿。"果不其然，顷刻间，西王母携仙桃飘然而至。西王母将5个仙桃献与武帝。武帝食后欲留核种植。西王母却说："此桃三千年一生实，中原地薄，种之不生。"又指着东方朔说："此人曾三次偷食我的仙桃。"据此，始有"东方朔偷桃"之说。由于传说中东方朔有一万多岁的寿命，是"超级寿星"，因此后世帝王寿辰，常用"东方朔偷桃图"来祝寿。中国国家博物馆馆藏的粉彩过枝桃纹盘内外壁绘桃蝠纹，一株雄健的桃树枝繁叶茂，盘根错节，由盘外壁弯曲盘内，粉花绿叶，八枚嫣红熟透的硕桃悬挂枝头，五只红蝠展翅飞舞。桃子象征长寿，蝙蝠的"蝠"字谐音"福"，桃子和蝙蝠组合，寓意"福寿双全"。除认为桃子是仙家的果实，吃了可以长寿外，人们对桃的喜爱还源于桃花。由于桃花与女性温婉娴静的气质相类，因此古人常把男性受到女性青睐的好运称为"桃花运"。此外，古人还用桃木做成桃符、桃人、桃木剑以达到避邪驱怪的目的。

枣、李、栗、杏、桃在古代被称为"五果"。五果味道各有不同："枣甘，李酸，栗咸，杏苦，桃辛。"秦汉时期，已出现种植规模巨大的专业果品种植户，主要分布在城郭周围，以便于水果售卖。《史记·货殖列传》记载："安邑千树枣，燕秦千树栗……此其人皆与千户侯等。"这五果也包含着吉祥的寓意。如"栗子""李子"与"立子"谐音，所以栗子和李子常被用作祝吉求子的吉祥物。枣与李、栗的结合，可以象征"祝愿早生贵子"。在我国的一些地方，有将栗、枣、花生、石榴等撒在新婚夫妇床头的习俗，祈愿新婚夫妇早日生子、儿孙满堂。

荔枝。荔枝为岭南四大佳果之一，素来以味道鲜美而深受人们的喜爱。宋朝大文学家苏轼《食荔枝》诗云"日啖荔枝三百颗，不辞长作岭南人"，足以说明荔枝在人们心目中的地

清代粉彩过枝桃纹盘，中国国家博物馆藏

位。作为吉祥瑞物，荔枝的吉祥寓意主要是由于"荔枝"谐音"利子""立子"，因此常用于新婚祝吉，预祝新婚夫妇早日生子。岭南地区还有将干龙眼（桂圆）和鲜荔枝置放于新婚夫妇床头的习俗，这一点和北方地区将栗子和枣子放在新婚夫妇床头的习俗有着异曲同工之妙。荔枝的"荔"又谐音"利"，象征大吉大利。此外，还有人将荔枝、葱、藕、菱组合在一起——荔谐音"俐"，葱谐音"聪"，藕色晶莹透明取其"明"，菱谐音"伶"，四字组合谓之"聪明伶俐"。

枇杷。2004 年，湖北荆州纪南镇松柏一号墓出土了一枚重要的木牍，整理者将其定名为《孝文十年献枇杷令》，它的主要内容是地方向中央贡献枇杷的相关规定。这是首次发现关于汉时地方水果向中央运送的记录。牍中记录的时代是"孝文皇帝十年"，即汉文帝前元十年（公元前 170 年）。地方向汉文帝进献的水果是枇杷。目前所知关于枇杷的最早文献记载为司马相如《上林赋》中的"枇杷橪柿"。枇杷的原产地为长江流域，最早种植的应是长江流域西南地区。晋郭义恭《广志》记载："枇杷，冬花，实黄，大如鸡子，小者如杏，味甜酢。四月熟，出南安、犍为、宜都。"枇杷是常绿乔木，其叶四时不凋，这是它与众不同的地方，所以古来文人多赞叹其质同松竹。而医学上也说它有宣肺止咳的功效。人们视枇杷为吉祥的水果，因其满树金黄，故枇杷的寓意为"金玉满堂"。

柿子。柿子也是古代常见的水果，其果肉较脆硬，老熟时果肉柔软多汁，呈橙红色或大红色等。《尔雅翼》记载："柿有七绝，一寿，二多阴，三无鸟巢，四无虫蠹，五霜叶可玩，六佳实可啖，七落叶肥大，可以临书。"古代器物中常见的柿蒂纹是模仿柿蒂的形状创作的，分为多瓣，每瓣的主体呈椭圆形，较宽，前部尖凸，像蒂一样却又略有变化。柿蒂纹起源较早，我国古代的陶器、青铜器上均可见到。唐代段成式《酉阳杂俎》记载："木中根固，柿为最，俗谓之柿盘。"建筑图案也多用柿蒂纹，寓意建筑物坚固、结实。"柿"与"事"同音，

《孝文十年献枇杷令》牍

加上如意纹，寓意"事事如意"或"万事如意"。柿子和荔枝
合在一起表示"利市"，人们常将两者作为礼物赠送给经商的
亲友。

　　古人云："吉者，福善之事；祥者，嘉庆之征。"中国古代
饮食中的吉祥文化是生活在中华大地上的先民们于生产劳动与
日常生活过程中孕育出来的，集中围绕着"福、禄、寿、喜、
财"五大主题，生动展现了古人的创造力和想象力，承载着老
百姓纳福祯祥、避害趋吉的愿景。

# 食材中的舶来品

在人类发展史中，国家、民族、地区之间的物产交流，是非常重要的现象。尽管我国素以物产富饶著称于世界，但如今常见的食材中确有相当一部分属于舶来品。据学者统计，在我国现有农作物中，至少有 50 种来自国外。这些外来的作物不仅丰富了我们中华民族的食物种类，而且扩大了人类文化交流的领域。

中国历史上的外来作物大多通过丝绸之路传入，隋唐以前陆上丝绸之路是主要传播途径，宋元以后海上丝绸之路日渐繁华。因此，在中西交流发展的视野下，外来食材的引入主要集中在以下四个历史时期：汉晋时期、隋唐时期、宋元时期、明清时期。为了与本土作物相区别，人们在外来作物前面加上"胡""番""洋"的前缀，而根据不同的前缀，大致可以判断出此作物引入的大概时间。一般而言，"胡"字辈仍大多为汉晋时期由西北陆路引入，如胡荽（香菜）、胡椒、胡瓜（黄瓜）、胡蒜（大蒜）、胡桃（核桃）、胡麻（芝麻）等；"番"字辈的大多为宋至元明时期由"番舶"（外国船只）带入，如番薯（白薯）、番茄（西红柿）、番麦（玉米）、番豆（花

生）、番椒（辣椒）等；"洋"字辈的则大多由清代乃至近代
引入，如洋葱、洋姜、洋山芋、洋白菜等。当然，未必所有外
来作物都照此规律命名，如两汉时传入的葡萄、石榴、苜蓿，
魏晋南北朝时期传入的茄子、扁豆，隋唐五代时传入的菠菜、
莴苣、西瓜，宋元时期传入的占城稻、佛豆、甘蓝，明代传入
的菠萝、苦瓜，清代传入的草莓、苹果等，并未遵循这种命名
规律。

**部分外来作物传入中国时间示意表**

| 作物 | 原产地 | 传入时间 |
| --- | --- | --- |
| 黄瓜（胡瓜） | 印度 | 西汉（前 202 年—8 年） |
| 大蒜（胡蒜） | 中亚、地中海沿岸 | 东汉（25—220 年） |
| 石榴 | 波斯、印度 | 东汉（25—220 年） |
| 核桃 | 波斯 | 东汉（25—220 年） |
| 大宛葡萄 | 今乌兹别克斯坦费尔干纳盆地 | 汉（前 202 年—220 年） |
| 茄子 | 印度、泰国 | 晋（265—420 年） |
| 莴苣 | 地中海沿岸 | 唐（618—907 年） |
| 西瓜 | 非洲 | 五代（907—960 年） |
| 胡萝卜 | 北欧 | 元（1271—1368 年） |
| 玉米（番麦） | 美洲 | 明（1368—1644 年）约 1500 年 |
| 马铃薯（洋芋） | 南美洲 | 明（1368—1644 年）万历年间（1573—1620 年） |
| 白薯（番薯） | 美洲 | 明（1368—1644 年）万历年间（1573—1620 年） |
| 花生（番豆） | 巴西 | 明（1368—1644 年） |
| 菠萝 | 巴西 | 明（1368—1644 年） |
| 辣椒（番椒） | 美洲 | 明（1368—1644 年） |
| 西红柿（番茄） | 美洲 | 明（1368—1644 年） |
| 欧洲苹果 | 欧洲 | 清（1644—1911 年）约 1871 年 |
| 洋梨 | 英国 | 清（1644—1911 年）约 1871 年 |

本表据孙机先生《中国古代物质文化》等论著编绘

### 一、汉晋时期

无可争辩的是，中国饮食第一次大规模引进异质饮食文化始自汉代张骞出使西域后。张骞是丰富中国人餐桌的第一功臣。张骞（？—前114年），今陕西城固人，公元前140年，汉武帝欲联合大月氏共同抗击匈奴，张骞应募任使者，从长安出发，出陇西，经匈奴，被俘。后逃脱，西行至大宛，经康居，抵达大月氏，再至大夏，停留了一年多才返回。在归途中，张骞改从南道回到长安，向汉武帝详细报告了西域情况，武帝授以其太中大夫。这次出使虽然没有达到联手大月氏对抗匈奴的政治目的，但使得汉朝人对西域地区的地理、物产、风俗习惯有了比较详细的了解，为汉朝开辟通往中亚的交通要道提供了宝贵的资料。公元前119年，张骞第二次奉命出使西域，分别派遣副使持节到了大宛、康居、大月氏、大夏等国。因张骞在西域地区颇有威信，后来汉所派遣的使者多称"博望侯"以取信于诸国。张骞两次出使西域，历时30年，开拓了举世闻名的丝绸之路，被誉为"中国走向世界第一人"。

张骞出西域壁画

中国国家博物馆馆藏有一件出土于今陕西省城固县博望镇饶家营村的"博望□造"封泥。封泥是中国古代封缄简牍、文书时加盖印章的泥块。该封泥近方形，正面有阳文"博望□造"四字，字体在篆隶之间，背面有一不规则圆形的小坑，原应有鼻钮类的附着物。经专家确认，此枚封泥属于上述这位丰富我们餐桌内容的大功臣，世界历史上鼎鼎大名的外交家、冒险家——张骞。

由于张骞的"凿空"，汉王朝与西域的文化交流正式开始了，很多异域蔬果通过丝绸之路涌入中原腹地。这些蔬果大大丰富了我国的食物种类。据史料记载，张骞通西域之后传入我国的蔬果品类有苜蓿、胡蒜、胡葱、胡荽、胡瓜、胡麻、胡桃、葡萄、无花果、安石榴等。其中大部分瓜果蔬菜至今仍然是我们餐桌上的常见食品，下面简要介绍一下博望侯带回来的域外蔬果品种。

西汉"博望□造"封泥，中国国家博物馆藏

苜蓿。相传为张骞从西域带回。崔寔《四民月令》有正月和七月种植苜蓿的记录。两汉时期，苜蓿兼具作为人食用的蔬菜和牲畜饲料的双重功能。《史记·大宛列传》云，大宛"马嗜苜蓿。汉使取其实来，于是天子始种苜蓿、蒲陶肥饶地。及天马多，外国使来众，则离宫别观旁尽种蒲萄、苜蓿极望"。史籍记载，长乐殿有苜蓿苑，其中有官田，有专职人员负责管理。可见，苜蓿被引入的最初动机是为了饲养大宛良马，而非供人取食。后来，人们才开始食用苜蓿。《齐民要术》记载："（苜蓿）春初既中生啖，为羹甚香。长宜饲马，马尤嗜。此物长生，种者一劳永逸。都邑负郭，所宜种之。"意思是说，苜蓿这种植物，初春嫩苗即可以生吃，就是烧羹吃也很香。特别宜于饲马，马非常喜欢吃。这种植物寿命长，种一次，以后年年萌发新苗，可谓一劳永逸。城市近郊地方，应该多种些。南朝梁陶弘景云："长安中有苜蓿园，北人甚重此。江南人不堪食之，以无味故也。"可知，苜蓿在南北朝时期也可作为蔬菜食用，这一食俗显然是沿袭于汉的。明清时期，也有食用

苜蓿

苜蓿的记载。据李时珍《本草纲目·菜部》记载，苜蓿"可为饭，亦可酿酒"。苜蓿出现在医药学著作中，表明时人依然认可苜蓿的医药价值。

大蒜。蒜因味辛辣而被汉代人归入"荤菜"之列，如《说文解字》里记载："蒜，荤菜。"汉代的蒜有大小蒜之分。小蒜是中国本土所产之蒜，而大蒜则来自西域，又名"胡蒜"。关于大蒜传入中国的时间，以往多认为是东汉中期。如果大蒜是经丝绸之路由中亚输入中国的，那么河西汉简应该有关于大蒜的记录，但奇怪的是，河西汉简里却不见大蒜的影子。或许除了陇西一带，大蒜还有其他输入途径也未可知。不论如何，根据传世文献记载，大蒜在东汉后期已经占据蔬菜圈的重要位置。据《太平御览》记载，东汉时期的兖州刺史李恂和扬州刺史费遂都曾督办过大蒜的种植，这可能说明大蒜的大规模种植可能在东汉时期。此后，大蒜的种植很快遍及黄河和长江流域。这表明汉代人不分南北，均喜爱气味较浓的大蒜。南北朝以后，大蒜一直是重要的蔬菜，并产生出良种。从大蒜传入汉代开始，中国人对大蒜的栽培逐步积累了经验，大蒜的药用功效也渐为人所知。

胡瓜。胡瓜即今日的黄瓜。汉代时乌孙、大月氏、匈奴等均有种植。东汉张仲景《金匮要略》记载道："黄瓜食之，发热病。"由于黄瓜动寒热，故虚热、天行热病后，皆不可食。江苏扬州姜莫书汉墓和广西贵港罗泊湾汉墓都曾出土过黄瓜籽，但奇怪的是，汉代文献资料却没有提到过它。可能黄瓜的种植在当时尚不普及。汉代以后，黄瓜的种植普及开来，《齐民要术》中记载了详细的"种胡瓜法"。

胡荽。胡荽即芫荽，今日的香菜，原产于中亚地区。东汉张仲景在《金匮要略》中曾多次提及胡荽的食用禁忌，如"猪肉以生胡荽同食，烂人脐""四月、八月勿食胡荽，伤人神""胡荽久食之令人多忘"等等。这些记载说明，早在张仲景之前，胡荽的食用就很普遍，人们对其食用禁忌已有了很深的了解。

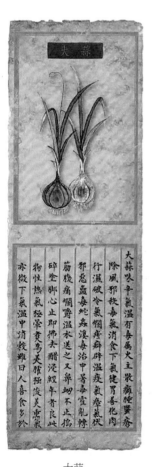

大蒜

据史籍记载，石勒讳"胡"，因此，胡荽又得名"香荽"，这一得名应与胡荽的独特气味相关。北魏贾思勰《齐民要术》详细介绍了胡荽种植的时令和方法：胡荽宜于种在黑色壤土或者灰色砂质壤土的好地，地要仔细地耕三遍；种胡荽，大都不能在地湿的时候踩进地里去；（夏天）种胡荽时，用手搓开胡荽子，使之分成两片，盛在笼子里，一天淋两次水，等它发了芽，然后种下去；在早晨或晚上地里潮润的时候，用耧犁构出播种沟，将种子撒在沟里，随即耢平。胡荽的食法有"作胡荽菹法"：在沸水里焯一下胡荽，捞出来，放入大瓮中，灌进暖盐水浸着，过夜；第二天，汲清水荡洗干净，拿出来，装入另外的容器中，用盐和醋浸泡，也可以在洗干净之后，加入稀粥浆等。"胡荽菹"清爽美味，没有苦味。胡荽是调味蔬菜之一，《齐民要术》中记载一款"胡羹"的制法中即用胡荽调味。此外，由于胡荽气味辛温，因此也可入药。

葡萄。葡萄在汉代文献中被写作"蒲陶""蒲萄""蒲桃"。据《史记》记载，大宛（在今乌兹别克斯坦的费尔干纳盆地）以葡萄为酒，"汉使取其实来"。司马相如《上林赋》写道，汉上林苑移植有"樱桃、蒲陶"。据《汉书·匈奴传》记载，汉朝上林苑中有"蒲陶宫"，因栽种葡萄而得名。据《三辅黄图》记载，蒲陶宫，在上林苑西。汉哀帝元寿二年（公元前1年），匈奴单于来朝住在此宫。东汉时首都洛阳北宫正殿德阳殿北有濯龙苑，苑中种植有葡萄。葡萄美观好看，在没有引进内地之前，已经被用作一种新颖的装饰题材，作为器物上的纹饰图案。据考古发现，秦代咸阳宫殿遗址上有关于葡萄的壁画。《西京杂记》记载：汉高祖刘邦送给南越赵佗的回礼为蒲桃锦4匹；汉武帝时，霍光妻赠送给淳于衍蒲桃锦24匹。其实，在汉代引入大宛葡萄之前，我国已有一些本地的野生葡萄品种，如《诗经·豳风·七月》记载"六月食郁及薁"，这里的"薁"指的就是野葡萄。据植物学家的研究，中国野生葡萄有20多种，统称"山葡萄""刺葡萄""野葡萄"，分布很广。

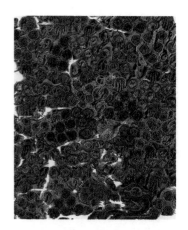

东晋瑞兽葡萄纹刺绣，新疆维吾尔自治区博物馆藏

野生葡萄耐寒、耐旱、耐湿、耐低气压，生命力十分顽强，是古代重要的果品资源。葡萄的外来品种与本地品种杂交培育出适合我国水土条件的优良品种，如龙眼、马乳、鸡心等，从而形成了我国葡萄的独特品种。东汉末年，曹丕就认为葡萄是"中国珍果"，到了南北朝时期，据《酉阳杂俎》记载，长安一带的葡萄已是"园种户植，接荫连架"了。

胡桃。胡桃，即核桃，原产于波斯和阿富汗地区。汉通西域后传入中国。《西京杂记》记载："初修上林苑，群臣远方，各献名果异树。"其中就有出自西域的"胡桃"。东汉杨孚《异物志》也提及胡桃。据《东观汉记》记载，"后汉有南宫、北宫、胡桃宫"。又《后汉书·南匈奴列传》记载，顺帝汉安二年（143 年），汉朝送单于归，"诏太常、大鸿胪与诸国侍子于广阳城门外祖会，飨赐作乐，角抵百戏。顺帝幸胡桃宫临观之"。取名"胡桃宫"，可以推测宫中栽种有胡桃树。东汉末年，胡桃已然成为亲友间相互馈赠的佳品。如孔融《与诸卿书》云："先日多惠胡桃，深知笃意。"汉代的人已经知道多食胡桃，对身体亦有害，如东汉张仲景《金匮要略》记载："胡桃不可多食，令人动痰饮。"

石榴。石榴原产波斯及印度西北部，汉晋人称之为"丹若"或"安石榴"。关于它的记载最早见于东汉中叶李尤的《德阳殿赋》，赋中说德阳殿的庭院中"蒲桃安若，曼延蒙笼"。曹植的《弃妇篇》诗说："石榴植前庭，绿叶摇缥青。"可见，东汉末年，石榴已进入寻常百姓家。至晋代，潘岳的《安石榴赋》中甚至称之为"天下之奇树，九州之名果"。北魏时更培育出了优质石榴。《洛阳伽蓝记》说当时洛阳白马寺所产"白马甜榴，一实直牛"，可见其名贵程度。除直接食用外，石榴还可用于烹饪。北魏贾思勰所著《齐民要术》详细记载了魏晋南北朝时期的食物原料以及各种主副食品的加工、烹饪方法，特别是一些少数民族的肉食制作方法，体现出魏晋南北朝时期饮食文化胡汉融合的特征。如"胡羹"的制作以羊肉

唐墓中出土的核桃

为主料，以葱头、胡荽、安石榴为调料，这些调料都是西域出产的，是地道的西域风味。

### 二、隋唐时期

隋唐时期的中国是当时世界上最强大的国家之一，经济繁荣，国力强盛，中外交往频繁，饮食文化交流达到了前所未有的高度。

西瓜。西瓜，葫芦科植物，又名"夏瓜""寒瓜"，原产自非洲，是这一时期引入的最重要的水果品类。关于西瓜传入中国的时间，此前有学者认为是在汉代。"汉代说"的论据主要是江苏邗江胡场 5 号西汉墓和广西贵港罗泊湾西汉墓出土的所谓"西瓜籽"。但经过鉴定，此两处瓜子可能为甜瓜或冬瓜籽，所以汉代已有西瓜之说难以成立。在古文献中，西瓜最早见于五代胡峤的《陷虏记》中"契丹破回纥得此种"的记载。而在内蒙古赤峰市敖汉旗 1 号辽墓的壁画中，主人面前桌上的果盘里就摆着西瓜。这说明，西瓜在五代时传入中国的说法是可信的。除西瓜外，当时外来的水果品种还有康国的金桃、伊吾的香枣、高昌的刺蜜、龟兹的巴旦杏等。《册府元龟》记载，贞观二十一年（647 年），康国将金桃作为珍果进贡，"康国献黄桃，大如鹅卵。其色如金，亦呼为金桃"。

辽墓壁画中的西瓜

菠菜。据《新唐书·西域列传》记载，贞观二十一年（647 年），（泥婆罗国）遣使入献波棱、酢菜、浑提葱。这些都是泥婆罗国王献给友好邻邦唐朝的珍奇植物，但据学者考证，以上三种蔬菜没有一种真正属于该国的出产，意即该国国王不过是将舶来的稀罕之物献给大唐天子。泥婆罗国进献的蔬菜中，最重要的当数波棱（菠菜）。《太平御览》引《唐书》中关于菠菜外貌的记载为："叶类红蓝，实如蒺藜大，熟之能益食味。"意思是（菠菜）叶子红蓝花，可实际上与蒺藜相似，用火煮熟之后再食用，是一种非常好的食物。由于菠菜的原产地是波斯，唐代道教方士把它叫作波斯草，说它可以解除服食

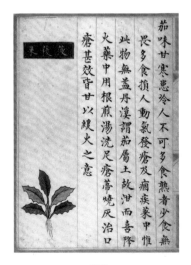

菠菜

丹石后带来的不适感，因而在唐代，菠菜还被蒙上一层神秘的面纱。菠菜被人们从伊朗移植至尼泊尔然后再移植到中国，反映出世界历史上农作物移植过程中渐进的特征。

莴苣。我国隋唐以前不见有莴苣的记载。孟诜所著《食疗本草》始称"莴苣"。据宋陶谷《清异录》记载："莴国使者来汉，隋人求得菜种，酬之甚厚，故因名千金菜，今莴苣也。""莴国"现在何处尚不清楚，大约是在西亚。除菠菜、莴苣外，这一时期引入的蔬菜类作物还有浑提葱、苦菜、酢菜、甘蓝等。据学者考证：浑提葱是一种"其状如葱"的白色植物，有可能是一种青蒜或者冬葱；"苦菜"外形类似莴苣；"酢菜"为一种阔叶菜；甘蓝是一种球茎阔叶形蔬菜。

胡椒。胡椒是这一时期传入的最重要的调味料。胡椒原产自印度、东南亚，其传入中国的确切时间已不可考。晋代《博物志》中载有胡椒酒的制作方法，可见其传入中国的时间不会晚于晋代。胡椒传入时，被视为良药，葛洪在《肘后备急方》中记载："孙真人治霍乱，以胡椒三四十粒，以饮吞之。"在唐代，胡椒依然是奢侈品，有"黑色黄金"之称。《新唐书·元载传》记载，唐代宰相元载骄横恣肆，贪得无厌，被唐代宗诏赐自尽后，"籍其家，钟乳五百两，诏分赐中书、门下台省官，胡椒至八百石"。在唐代，胡椒除药用外，也用于日常饮食的调味。如唐代著名诗僧寒山《诗三百三首二百六》中有"蒸豚揾蒜酱，炙鸭点椒盐"之语，又韩愈《初南食贻元十八协律》云："调以咸与酸，芼以椒与橙。"除胡椒外，调味料中还有肉桂。肉桂原产自印度，中国本土也有桂皮，但品种与印度不同，一般在中药中使用的桂皮是指中国桂皮，而在调味料中使用的肉桂则是印度肉桂。

三、宋元时期

宋元时期，随着造船技术的发展、指南针的使用和航海技术的进步，一改汉唐以来以陆路为主的对外交流方式，变为海陆并进。尤其是海上丝绸之路的进一步开辟和延伸，商船往来不断，贸易活跃繁荣。中国与东南亚和南亚广大地区的官方交往和民间交流都较以前有所发展。在这种历史大背景下，各种外来食材接踵而至。这一时期引进的外来食材主要有占城稻、绿豆、蚕豆、胡萝卜等。

占城稻。占城稻，又名"占稻""占禾""早占"等，是一种早稻，因原产于占城（今越南中部）而名。宋周去非《岭外代答》记载："其境土多占禾。"先民虽然很早就驯化了水稻，但本土的水稻品种对于种植环境有着较高的要求。比如北方的水稻品种多是粳稻，淀粉含量高，对土壤肥力的要求较高，因此在南方土地较贫瘠的山区很难栽种推广。而传统的籼稻则喜温耐瘠，不耐低温。占城稻是越南人民培植起来的一种优质稻种，具有耐水耐旱、适应力强、生长周期短的优势，因此在宋代其通过海上丝绸之路传入中国后，南方土地较贫瘠的山区也能够大规模种植占城稻，这大大提高了稻米的产量。

绿豆。《齐民要术》中已载有"绿豆"之名，但有学者认为这种绿豆可能只是小豆中皮色稍绿的那一种，并不是我们现在所说的绿豆。文献记载表明，北宋时期中国从印度引进了一种产量较高、籽粒较大的绿豆品种。据北宋僧人文莹《湘山野录》记载："真宗深念稼穑，闻占城稻耐旱，西天绿豆子多而粒大，各遣使以珍货求其种。占城得种二十石，至今在处播之。西天中印土得绿豆种二石。"这条记载表明当时政府积极引进优良农作物品种。绿豆传入中国后，很快成为南北方的寻常作物，种植范围不断扩大。《王祯农书》记载："北方唯用绿豆最多，农家种之亦广。人俱作豆粥豆饭，或作饵为炙，或磨而为粉，或作面材。其味甘而不热，颇解药毒，乃济世之良谷也。南方亦间种之。"市面上也出现了不少绿豆食品，如绿豆水、绿豆粉和绿豆芽等。

蚕豆。蚕豆，又名"胡豆""佛豆"。有学者认为浙江吴兴钱山漾新石器时代的考古遗址发现过疑似"蚕豆"的籽粒，

绿豆

认为蚕豆原产于中国，并非外来作物。但这种说法缺乏有力的证据支持，大多数学者认为蚕豆是外来作物，原产地为中东和欧洲。还有一些学者认为蚕豆是张骞通西域时引进的胡豆，但其实张骞引进的是另一种胡豆——豌豆。游修龄先生认为称蚕豆为胡豆是两者在同一地区种植后发生的误称。豌豆较蚕豆更为耐寒，所以宜于北方种植，但南方可种蚕豆的地区也可以种豌豆，而北方可种豌豆的地方不一定适合种蚕豆。这种生长规律也说明两者并不相同。关于蚕豆的得名，一说它的豆荚很像即将吐丝的蚕，所以被叫作蚕豆。如李时珍《本草纲目》云："蚕豆南土种之，蜀中尤多……结角连缀如大豆，颇似蚕形。"另一说法是蚕豆在寒露时节下种，翌年春蚕吐丝时成熟，所以叫蚕豆。如元代《王祯农书》曰："蚕时始熟，故名。"关于蚕豆在中国本土的种植记录最早见于宋代文献中。北宋宋祁《益部方物略记》记载"佛豆丰粒茂苗，豆别一类。秋种夏敛，农不常莳"，并自注曰"豆粒甚大而坚，农夫不甚种，唯圃中莳以为利，以盐渍食之，小儿所嗜"。此条记载说明当时四川益州一带的蚕豆还未进入大田，只种于菜圃。蚕豆在四川之所以被称为"佛豆"，可能同最初自云南传入有关。清吴其濬《植物名实图考》云："明时以种自云南来者绝大而佳，滇为佛国，名曰佛豆。"这种解释是比较合理的。

胡萝卜。胡萝卜原产自欧洲，《本草纲目》记载："元时始自胡地来，气味微似萝卜，故名。"也有学者认为胡萝卜传入中国的过程堪称"二进宫"。张骞出使西域带回了诸多异域物产，其中也包括胡萝卜，只是那时的胡萝卜品种较为原始，根茎又细又不好吃，所以并没有被发扬光大。宋元时期，胡萝卜再次登场，尤其是元代蒙古人的饮食习惯给了胡萝卜足够的表现机会。在元代最重要的农书《农桑辑要》中，胡萝卜正式作为蔬菜"出镜"，从此胡萝卜便一路高歌猛进，成为中国人餐桌上常见的蔬菜之一。

四、明清时期

在中国历史上引进作物品种数量最多、影响最为深远的当数明清时期引种的原产自美洲的作物，如玉米、番薯、马铃薯、花生、向日葵、辣椒、南瓜、番茄、西葫芦、佛手瓜、番石榴、番荔枝、番木瓜等近 30 种作物。

玉米。玉米又称"苞谷""玉蜀黍""包粟""番菽""玉麦""观音粟"等，其适应性强、耐旱、管理简单，产量比一般旱作粮食要高。作为粮食，玉米要比米和面粉耐饥，这对广大百姓而言尤为重要，而且玉米的籽粒、秆、叶亦可用作饲料。所以，玉米的引种对于中国农业的发展有着重要的意义。

番薯。番薯又名"白薯""红薯""红芋""番薯""饭薯""苕""地瓜"等，其特点是产量高、适应性强、病虫害少，适宜在山地、坡地栽种。除供日常食用之外，还可制糖、酿酒、制粉丝等。明代大科学家、宰相徐光启曾作《甘薯疏》，倡导各地推广番薯种植。随着番薯易种和高产的特性逐步为世人所知，再加上清乾隆时期人口的激增，促使番薯的种植面积越来越大。因此，清代很多地方志中均有关于番薯的种植以及以番薯作为备荒之用的记载。

清代玛瑙花生饰件，安徽省博物馆藏

番茄。番茄又名"番柿""番李""西红柿"等，"番""西"都是外国的意思。因其形似茄或者李子，故名"番茄""番李"，又因其形似木生红柿，而品种来自西方，故得名"西红柿"。据文献记载，番茄在明代后期已被引种至中国。万历四十一年（1613 年）的《猗氏县志》中记有"西番柿"，该志中只存一名，并无性状描述。《泽州府志》对"西番柿"描述道："西番柿似柿而小、草本、蔓生、味涩。"清吴其濬在《植物名实图考》中将其称为"小金瓜"，并描述道"秋结实，如金瓜，累累成簇，如鸡心柿而更小，亦不正圆"，其果实"红润，然不过三五日即腐"，"其青脆时，以盐醋炒之可食"。值得注意的是，番茄最初是作为观赏性园艺植物出现的，并没有被划入食用蔬菜范畴。

番薯

番茄

辣椒。我国最早的辣椒记载，见于明人高濂的《遵生八笺》（1591年），称之为"番椒"。有趣的是，辣椒和番茄一样，在传入中国的初期，也是被当作观赏植物用的。汤显祖在《牡丹亭》里提到了一户富贵人家后花园里的40种花卉，其中一种就是辣椒花。后来，人们逐渐发现这款神奇的外来辛菜竟有很多益处：其一，由于其含有辣椒素，能刺激唾液分泌，可使人增进食欲。其二，辣椒可以促进人体血液循环，使人精力旺盛。平民百姓因饭食粗粝，多食辣椒，可以"借其刺激以健胃力"。其三，辣椒还具有温中下气、散寒除湿的作用，因此对低温潮湿地区人们的健康是大有裨益的。由于辣椒的好处多多，又是适应性极强、便于种植和存放的蔬菜，所以辣椒很快得到人们的青睐。更为重要的是，辣椒的刺激性辛香可以给饮食增添美妙的风味，对中国烹饪文化的发展也产生了无法估量的影响。在没有辣椒的漫长岁月中，古人餐桌上的辣味主要依靠川椒（花椒）、胡椒、黄姜、茱萸和芥末等食材提供的辛味替代。辣椒传入后，中国传统五味体系中"甘酸苦辛咸"变成了"酸甜苦辣咸"。辣椒与其他调料配合，又产生出许多新的复合味，大大丰富了中国烹饪文化的味型。辣椒的引进和传播尤其对长江中下游地区的饮食文化产生了深刻的影响，它极大地增强了湘菜、鄂菜、赣菜、川菜等的表现力，引发了一场深刻的饮食革命。如今的中国就是一个不折不扣的辣椒大国，产量和消费量都居世界第一。

中华文化素来具有兼容并蓄、海纳百川的恢宏气度，在"和而不同"思想的指导下，广泛地、有选择地借鉴和吸收其他饮食文化的优质养分，不断地更新和壮大自己，从而使中华文化历久而常新。中国饮食第一次大规模引进异质饮食文化始自张骞出使西域，从这一角度讲，张骞在中国饮食文化史上的地位是极为重要的。隋唐宋元时期，海陆交通发达，品种繁多的外来食材不仅从陆路输入，也从海上传入，这些外来食材的引入进一步丰富了中国人的餐桌。明清时期，原产于美洲的大

辣椒

批作物引种后对中国的经济、社会和人民生活产生了深刻而持
久的影响。一方面是玉米、番薯、马铃薯等美洲粮食作物的引
进与推广，大大缓解了人口持续增长给粮食供产带来的压力；
另一方面，南瓜、辣椒、番茄、蚕豆、洋葱、荷兰豆等一些美
洲原产蔬菜种类的引种，使我国原有的适宜夏季栽培供应的蔬
菜不足状况得到根本性改观。

食
疗
养
生

　　"医食同源"是中华饮食文化的一大特色。"医"的繁体字就与人们的饮食活动密切相关。"医"的繁体字写作"醫"其上半部分是"殹"，下半部分是"酉"，"酉"即酒，而酒被古人视为"百药之长"，具有活血、养气、暖胃和辟寒等功效。中国传统医学是从史前人类的饮食生活中产生的，所谓"神农尝百草，始有医药"，便说明了这一点。从史前时代开始，古代先民不仅将一些动植物作为食品，而且也将其作为治病防疾的药品。如谯周《古史考》曰："古之初，人吮露精，食草木实，穴居野处。山居则食鸟兽，衣其羽皮，饮血茹毛；近水则食鱼鳖螺蛤，未有火化，腥臊多害肠胃。于是有圣人以火德王，造作钻燧出火，教人熟食，铸金作刃，民人大悦，号曰燧人。"

　　西周时期，在"重食"的氛围影响下，周人积极探索科学饮食之路。西周朝廷为了确保君主的膳食科学合理，专门设立了"食医"一职。所谓食医，类似现代的营养师。《周礼》记载："食医，掌和王之六食、六饮、六膳、百羞、百酱、八珍之齐。""凡食齐视春时，羹齐视夏时，酱齐视秋时，饮齐视冬时。凡和，春多酸，夏多苦，秋多辛，冬多咸，调以滑甘。凡会膳食之宜，牛宜徐，羊宜黍，豕宜稷，犬宜粱，雁宜麦，鱼宜菰。凡君子之食恒放焉。"从这些记载可知，食医负责掌管

神农像

明代供食具，中国国家博物馆藏

君主及王室成员食用的谷物、肉类、酱菜、饮料等各类食物的搭配。这种搭配不是简单的配比，而是根据食物性质以及季节时令等因素调配出来的合理膳食。

　　成书于战国时期的《黄帝内经·素问》，系统地阐述了一套食补食疗理论，奠定了中医营养学的基础。该书将食物分为谷、果、畜、菜四大类，即所谓的"五谷、五果、五畜、五菜"。值得注意的是，这里所说的"五"只是为了附会阴阳五行说，并非指代具体的某五种，而是泛指。《黄帝》所云"五谷为养，五果为助，五畜为益，五菜为充"，意即以五谷为主食，以果、畜、菜作为补充。它首次提出了人们在日常膳食中应注意的"营养"原则，那就是要求人们的膳食多样化，要从多方面吸取不同的营养成分，同时，各类膳食的主次也要分清楚。中国国家博物馆馆藏的由山西晋城出土的11件供食具分别装有鸡、鱼、蔬菜、水果以及糕点等食品，形象地反映出古代中国人的饮食结构。

　　《黄帝内经》中提出的膳食搭配原则，对中国人饮食结构的影响一直持续至今。众所周知，蛋白质是人体最需要的营养物质之一，从古至今，中国人的营养摄取主要来源于植物蛋白。植物蛋白具有动物蛋白所没有的优越性，既可防病治病，又可延年益寿。由于"五谷"的养生功效记载频见于古代医书中，如稻米可益气生津、补中养气，小麦可养心益肾、和血健脾，大豆也有健脾宽中、清热解毒的功效，因而，《黄帝内经》才有"五谷为养"的说法。因为各种肉食富含氨基酸，可以弥补植物蛋白质的不足，是人体生长发育中不可或缺的重要营养素，所以《黄帝内经》提出"五畜为益"的观点。

《金匮要略》为东汉人张仲景所著，是我国现存最早的一部诊治杂病的专著。在这本著作中，有2卷与食疗养生相关的内容，即《禽兽鱼虫禁忌并治》和《果实菜谷禁忌并治》。其中记载："凡饮食滋味，以养于生。食之有妨，反能为害……所食之味，有与病相宜，有与身为害。若得宜，则益体，害则成疾，以此致危，例皆难疗。"大意是凡饮食五味，都是人们赖以生存的重要物质。如果饮食不合理，不适合自身体质，反而会伤害身体。所吃的食物，有的是与治病相适宜的，有的是对身体有危害的。倘若食之得宜，则有益于身体；食之有害，则会引起疾病，并且由此加重病情，难以治疗。该书对各种食物的属性有着精要的分析，显然是时人对日常生活经验的积累，有一定程度的科学价值。

自20世纪初以来，我国多地先后出土了大量以竹简、木牍和帛书等为载体的古代文献资料。其中涉及医药内容的简帛文献数量十分可观。以已经公开发表的资料为例，相对完整的医学文献有周家台秦简《病方及其他》，马王堆汉墓帛书《五十二病方》《养生方》，张家山汉简《脉书》及《引书》，武威汉代医简，阜阳汉简《万物》等。此外，在里耶秦简、敦煌汉简、居延汉简、居延新简等秦汉简牍中也散见一些医方。这些出土的医学简帛文献对研究秦汉时期的饮食养生和饮食禁忌提供了重要资料。如周家台秦简云："温病不汗者，以淳酒渍布，欲（饮）之。"意思是患温病而不出汗，用高浓度的酒浸泡布条，并饮服酒。里耶秦简有"蘁（薤），日壹更，尉（熨）热"的记载，意思是说将薤加热后熨敷在患处可以治病。

马王堆汉墓《养生方》

武威汉代医简中说："饮水,常作赤豆麻洙服之,卅日止,禁猪肉鱼荤采。"马王堆汉墓帛书称,食毒韭(滋味浓厚的韭菜)可以养生,"秦椒"可以入药,还介绍了适合孕妇体质的膳食。

孙思邈是唐代著名的医药学家、养生学家,在民间被称为"药王",所著《千金要方》和《千金翼方》对后世医家影响极大。《千金要方》又名《备急千金要方》《千金方》,全书30卷,第26卷为食治专论,后人称之为《千金食治》。孙思邈提出的很多食疗养生观念十分科学,比如他认为:饮食能排除身体内的邪气,能安顺脏腑,悦人神志;如果能用食物治疗疾病,那就算得上是良医。人的饮食要取法自然,顺天应时;人的生理状况随四季而异,故季节不同,在饮食上应有所变化;应该根据四季的变化,与五味、五脏的对应饮食进行调理,达到养生的目的。

孙思邈像

《千金翼方》是为补《千金要方》的不足而写的,两书内容相近。《千金翼方》提及了与饮食相关的养老之术,颇有可取之处,比如其中记载的"食后将息法":早晨吃罢点心,即刻自己用热手摩腹,出门外散步一会儿,以此消食;午餐后,也以热手摩腹,并慢慢散一会儿步,不要走得太急,然后回屋仰卧床上,四肢伸展开来,但不入睡;待气定之后,就起身端坐;吃饱后不得快速运动,觉得饥饿时不可大声叫唤人;腹空即找吃的充饥,不能忍着饥饿不吃东西。

著名的医药学家孟诜师从孙思邈,写出了中国第一部食疗学专著《补养方》。后来,由其弟子张鼎做了一些增补,改名为《食疗本草》,共载食疗方200多条,可惜原书早已散佚。1907年,英国人斯坦因在敦煌发现《食疗本草》残卷,记载食物药品26条(一说24条)。这是非常重要的发现。此书的许多内容散见于其他一些唐宋医籍中,近代许多学者对其内容进行了辑佚,出版了比较完备的辑本。值得一提的是,孟氏虽为孙思邈弟子,但并不拾孙氏著作之牙慧,而是提出了独出心裁的见解。比如此书提出:蜀椒能坚齿明目,止呕生发,去

《千金翼方》书影

老益血，但不可久食，令人性灵迟钝；梨可除热止心烦，酥蜜煎食可止咳；绿豆做豆饼最美，有和五脏安神行脉之功；冬瓜治腹水鼓胀，利小便、止消渴等。总之，《食疗本草》对食物的鉴定、药性的辨识，多与事实相符，其饮食疗法对后世影响深远，具有很高的科学价值。唐代人讲究食疗食治，并不只限于医药学家们，很多注重饮食养生的权贵人士也深谙此道。据《明皇杂录》记载，有"口蜜腹剑"之称的奸相李林甫某次见到他的女婿郑平头上有白发，便提出食疗建议：若是吃了甘露羹，即使满头白发也能变得乌黑。没想到，郑平吃了甘露羹，白发还真的变黑了。

　　唐宋时期，具有现代意义的药膳出现了。开拓这个新领域的代表性著作是昝殷的《食医心鉴》。该书具体介绍了每种病症相应的食疗方剂，选用的食物以稻米、薏苡仁、山药、大豆、鸡肉、羊肉、鲤鱼、猪肝、牛乳为常见，辅以相关药物。至宋代，药膳又有发展，应用也更加广泛，如《太平圣惠方》和《圣济总录》都分别有几卷专论食治。两书所列食疗方大多属药食共煮的药膳形式。药膳的出现是医疗食养结合的典型，它将中药和膳食有机地结合起来，具有食物和药物的双重作用，食借药力，药助食效，两者相辅相成，从而达到防病治病、强身健体的目的。《太平圣惠方》是宋代医官王怀隐奉命组织编辑的，该书所载之食疗用方和食膳类型对后代食疗影响很大。另外，宋代官修的大型医书《圣济总录》中包含有食治方近 300 个，食膳类型更加丰富，如增加了散、饮、汁、煎、饼、面等类型，应用范围更为广泛。此书记载猪肝可治虚劳气痢，又载"葛根饭方"可治中风狂邪惊走、心神恍惚、言语失志。此外，民间的食疗药膳保健书尚有陈达叟的《本心斋疏食谱》、林洪的《山家清供》以及陈直的《养老奉亲书》等。其中，陈达叟的《本心斋疏食谱》记载的食物"皆粗粝草具"，故曰疏食（粗劣食物）。林洪的《山家清供》是以笔记形式写成的药膳专书，所述药膳大多取材容易，价格低廉，操作简

敦煌《食疗本草》残卷

便，对后世食疗学的发展有一定的影响。陈直的《养老奉亲书》是我国第一部老年医学专著，对老年人的食疗养生有很大的指导意义。

元代的忽思慧是饮膳太医，其著作《饮膳正要》是我国最早的一部营养学专著。此书不仅详细介绍了食物的性味、效用，而且详尽记述了各种保健食物的制作方法，由于该书记述的绝大部分内容是人们常见的食物，故而其药膳食疗保健的实用价值很高，对后世影响很大。《饮膳正要》记载的保健饮食类型非常丰富，有肉食、汤粥、面点、酒品等，如"炙羊心"可治心气惊悸、郁结不乐；"茯苓酥"主除万病；"杏仁酥"可除诸风虚劳冷；"马思答吉汤"可补气温中顺气；"大麦汤"温中下气，壮脾胃，止烦渴，破冷气，去腹胀；"河西米汤粥"可补中益气等。此外，"春盘面""皂羹面""山药面""鸡头粉馄饨""天花包子""鹿奶肪馒头"等，都是食疗食品。

明清时期，食疗著作大量涌现，既有从营养学角度出发谈食物的营养价值的，也有以治疗学观点论述各种食物的治疗性质的。贾铭生于南宋末年，经元代至明朝初年，活了106岁。明太祖朱元璋曾特地召他进宫，问他养生之道。他回答说，他只是注意了饮食而已，并将其所著《饮食须知》一书献上。朱元璋非常高兴，遂令御膳太医对这本书详加研究，御膳照此制作。《饮食须知》共分水、谷、菜、果、味、鱼、禽、兽8卷，对400多种食物的性味、反忌、毒性、收藏等作了详细介绍，并提出了"养生者亦未尝不害生"的观点，告诫人们在日常饮食中要合理膳食，注意饮食卫生，要做到饮食有节，避免因饮食不当而损害健康。明代著名医药学家李时珍经过近30年的努力完成了190万字的药学巨著《本草纲目》。该书收录药物近2000种，列入了大量食物（谷物70余类，蔬果各100余种），不仅大大丰富了药膳食疗保健的内容，也为现代营养学的研究提供了丰富资料。《饮馔服食笺》是明代高濂撰写的《遵生八笺》中的一笺，该部分介绍了茶、汤、粥、粉面、蔬

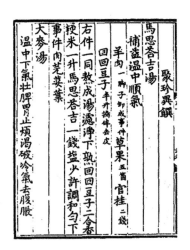

《饮膳正要》记载的"马思答吉汤"

菜、甜食等 400 余种饮膳的制作方法，如开胃的法制半夏、止咳的法制橘皮等，均有益于养生保健。

清代药膳食疗保健受到普遍重视，如沈李龙的《食物本草会纂》、朱彝尊的《食宪鸿秘》、沈懋发的《服食须知》、袁枚的《随园食单》、王士雄的《随息居饮食谱》、费伯雄的《费氏食养三种》等均从不同角度对食疗药膳保健进行了论述或总结，这些论著对于当今的食疗药膳保健均有重要的参考价值。《食物本草会纂》除辑录清代的食疗书外，还收载了历代食疗古籍，内容十分丰富，书中除了记载食物、服药、妊娠的禁忌，还有一些救荒常用食物的记载。朱彝尊《食宪鸿秘》收录了很多保健食品，如可宽中、降气、止咳的"橙饼"，补脾肾的"枸杞饼"等，其饮食养生的主要观点是，注意饮食有节，切忌暴饮暴食；注意清淡，切忌厚味；注意饮食调和，切忌五味偏嗜。沈懋发在《服食须知》中不主张素食过度，强调老年人应当适当进肉。袁枚《随园食单》虽然是一部烹调食谱，但其强调烹调时要"浓淡相宜，荤素有别"，对老年人的饮食保健尤有参考价值。王士雄《随息居饮食谱》在食疗保健方面主张多进谷畜果菜，以食代药，反对偏食，提倡"食忌"。费伯雄《费氏食养三种》主要是介绍用谷、菜、瓜果等食物治疗老年人常见病的经验。

中国古代最早的药物多是食物，所以中国医学与饮食一开始就有着密切联系。食疗养生，是中国古代饮食文化的重要特色之一，它既强调合理饮食和节制饮食，又重视防病治病。古人在长期的饮食生活中，一方面，总结出一系列科学的饮食养生原则，如合理的膳食搭配、和谐的饮食调配、饮食有节、反对追求厚味和美味、主张薄滋味等；另一方面，为我们留下了大量食疗药膳。这些食疗药膳的种类较多，有些药膳今天仍在沿用，这些食疗方剂对继承和发扬中国的传统医学，充实和丰富现代营养学均具有十分重要的意义。

李时珍像

# 醇酿佳饮

在品类繁多的古代饮品中，茶和酒的地位可谓独树一帜。我国饮茶和饮酒的历史悠久，茶和酒作为中华饮食文化中的两朵璀璨奇葩，在漫长的历史长河中熠熠生辉，让古人的饮食生活更具艺术化色彩。茶使人清醒，而酒使人沉醉，所谓"茶如隐逸，酒如豪士"，新茶陈酒可以给饮者带来不同的美的享受，也满足了人们不同的精神需求。

# 古人饮料知多少

饮料在古人的饮食生活中占有相当重要的地位。除了酒和茶外，古人的饮料统称为"饮"，按原料种类不同大致可分为四类：果蔬类、药材类、乳制品类、香料类；若按功效分类，则可分为单纯饮品与食疗饮品；按照温度划分，则有汤、浆等类别。《说文解字》："汤，热水也。"《孟子·告子上》："冬日则饮汤，夏日则饮水。"《说文解字》："浆，酢浆也。"《诗经·小雅·大东》："维北有斗，不可以挹酒浆。"可见，古代饮料和现代饮料一样，都分为热饮和冷饮两大类。热饮以"汤"为代表，指的是开水、热水（后世才引申为菜汤的意思）。冷饮则以"浆"为代表，指的是一种带酸味的饮料，可以代酒饮用。

今天，人们在炎炎夏日中，喝上一杯透心凉的美味冷饮是再平常不过的事情了。可是在古代，无论是藏冰还是制冰，都极其困难。那么，古人是如何度过漫长燥热的炎夏时光呢？其实，这个问题根本难不倒聪明的古人。在没有电冰箱的岁月中，古人不仅很早就制出了冷饮，而且随着制作工艺的提高，还将冷饮做得花样繁多、品类丰富，更有人靠着经营冷饮而发家致富。

浆

战国青铜冰鉴，中国国家博物馆藏

据文献记载，中国人喝冷饮，至少有 3000 年的历史。《诗经·豳风·七月》中有这样的诗句："二之日凿冰冲冲，三之日纳于凌阴。""二之日""三之日"指的是农历十二月和正月，"凌阴"指的是藏冰室。诗句大意是，十二月把冰凿得咚咚地响，正月里把冰藏进冰窖。大约在殷商时期，富贵人家将冬天的冰块贮藏于地窖，以备来年盛夏消暑之用。西周王室更是设有管理采冰事宜的"凌人"。《周礼》中记载了西周时期周天子的 6 种冷饮——六清。何谓六清？就是水、浆、醴、凉、医、酏等 6 种饮品。

到了春秋战国时期，冰的用途更广泛，诸侯王们喜欢在宴席上饮用冰镇美酒。中国国家博物馆馆藏的战国青铜冰鉴就是制作冰镇美酒的"神器"。此冰鉴是由一个方鉴和一件方尊缶组成的青铜套器，方尊缶置于方鉴内，底部的 3 个榫眼与方鉴内底的 3 个弯钩扣合，可把方壶固定在方鉴里而不晃动。与青铜冰鉴配套的还有一把长柄青铜勺，勺的长度足以探到尊缶内底。冰鉴结构精巧、工艺精美，是青铜时代的精品之作。《周礼·凌人》记载："春始治鉴，凡外内饔之膳羞鉴焉，凡酒浆

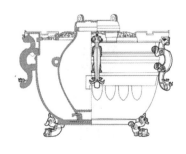

青铜冰鉴结构示意图

之酒醴亦如之，祭祀共冰鉴。"可见，这种器物是古人用来冰酒的，尊缶内装酒，鉴、缶壁之间的空间放置冰块，如此一来，就可以在春夏之季喝到冰爽的酒。现代最早的电冰箱诞生于1918年，而这件青铜冰鉴却早于其2000多年，堪称世界上"最早的冰箱"。

《楚辞·招魂》中有"挫糟冻饮，酎清凉些"之语。"挫"，捉也；"冻"，冰也；"酎"即醇酒也。其意思是冰镇过的清酒，既醇香又清凉。《楚辞·大招》载"清馨冻饮"，意即在盛夏时节，过滤掉酒糟，取出明澈的酒液，放在冰上冷冻之后再饮用，酒液清爽，可口宜人，是绝对的夏日佳饮。除了冰镇美酒外，《楚辞·招魂》中还提及了两种著名的冷饮——柘浆和瑶浆。柘浆是甘蔗榨成的液汁，瑶浆则泛指用各种鲜果榨汁加工后的糊状冷食。

秦汉时期，人们的饮料主要是浆和酒，市肆之中常常出售各种各样的浆，有的店铺库存多达"浆千甔（坛子一类的器皿）"，盈利堪比"千乘之家"，可见当时浆的销量很可观。由于文献中浆、酒总是同时出现，故有学者认为浆可能是由米汁所制成的一种酸甜饮料。除了粮食制成的浆类饮料外，还有蜜浆和各种果浆。蜜浆即蜂蜜水。大约汉魏时，古人已开始人工养蜂采蜜。西晋《博物志》记载了当时的养蜂技术。陈寿所著的《三国志》亦有这样的记载：东汉末年，袁术（袁绍的弟弟）在称帝后，遭众人征讨，导致惨败，他在投奔袁绍的路上被刘备击败，在逃亡途中，差人找蜂蜜而未果，大叫道："我袁术已经到了这步田地了吗？"于是吐血身亡。袁术想吃蜂蜜而不得，吐血斗余而死，可见天下爱蜂蜜者，无人能出其右了。果浆则有梅浆、柘浆、桃滥水（发酵后的桃汁）等。除了市肆上售卖的各种冷饮外，很多官宦人家夏季招待客人也用冷饮。如东汉人蔡邕《为陈留太守上孝子状》云："臣为设食，但用麦饭寒水。""寒水"，指冰水。

魏晋南北朝时期，北方的冷饮为稀有之物。据《北齐

汉墓中出土的酒液

书·赵郡王传》记载，赵郡王高叡率数万军队北筑长城，正值暑夏季节，定州长史宋钦道送来一车冰食以示慰劳，高叡却对着冰叹息说："三军的人都喝温水，我凭什么独自吃冰食？"于是直到冰化成水，高叡都未尝一口，士兵都深受感动。由此可见，当时北方的冷饮冰食还是十分珍贵的。这一时期，果蔬、乳制品、药材及香料等四大类饮料均已出现。以果䴵为代表的果蔬类饮品的制作方法，在当时已经非常普遍。北魏贾思勰的《齐民要术》里记载了"酸枣䴵"的制法：将酸枣晒干后放入大锅中熬煮，沸腾之后过滤、研磨，再用生布绞出浓稠的浆汁，涂在盘上或盆上，放在烈日下暴晒。等到枣膏晒干后，用手将其摩擦成粉末。等到盛夏时节，将枣粉投入碗中，用水冲泡即成枣水。若再将枣水冰镇，即成为酸甜味美的解暑饮品了。这段记载中的"酸枣䴵"无疑就是速溶饮品的"开山之作"了，颇类似于现在的果珍。此外，以药入饮、以香入饮也成为古人的饮食习惯。如《齐民要术》引《术》曰："井上宜种茱萸；茱萸叶落井中，饮此水者，无温病。"可见，这一时期的人们对于饮料功能的需求，已不再局限于解渴，而是将饮料与养生保健等观念结合起来，这是我国饮食文化进一步发展的重要体现。

隋唐时期是中国古代饮料发展史上的重要时期，这一时期，饮料的原料较此前更为丰富。《大业杂记》记载了宫中流行的很多饮品，有"五色饮""五香饮""四时饮"等。所谓"五色饮"，指的是"以扶芳叶为青饮，拔楔根为赤饮，酪浆为白饮，乌梅浆为玄饮，江桂为黄饮"；所谓"五香饮"，指的是以沉香、丁香、檀香、泽兰香、甘松香等调制而成的饮品；所谓"四时饮"，指的是专为皇帝设计的配合春、夏、秋、冬四季饮用的饮料，具体而言，指的是"春有扶芳饮、桂饮、江桂饮、竹叶饮、荠苨饮、桃花饮，夏有酪饮、乌梅饮、加蜜砂糖饮、姜饮、加蜜谷叶饮、皂李饮、麻饮、麦饮，秋有莲房饮、瓜饮、香茅饮、加砂糖茶饮、麦门冬饮、葛花饮、槟榔饮，冬有茶饮、白草饮、枸杞饮、人参饮、茗饮、鱼苲饮、苏子饮，

《大业杂记》中记载的饮品

并加米糗"。从《大业杂记》所载的宫廷饮品种类可见，当时饮料的制作原料十分丰富，并以草木蔬果为主。时人已经有根据四季变化相应调整饮品种类的观念。

唐代人的饮料加工技术较前代有了很大的提升，比如在乳制饮品的加工方面，已经出现了较成熟的提纯等工艺。除了有牛、马乳制成的酪浆外，唐代人还制作了酥乳等乳制饮品。如《太平广记》所载《李娃传》在描述李娃照料身体孱弱的李公子时，写道："为汤粥通其肠，次以酥乳润其脏。"由此可见，酥乳是唐代人用来护理病人的重要饮品之一。

隋唐时期的制冰技术有了很大的改进。唐朝末期，人们在生产火药时开采出大量硝石，发现硝石溶于水时会吸收大量热，可使水结冰。从此，人们制冰的时间不再局限于冬季，在夏季也可以制冰了。当然，在古代社会，能够大量用冰并享用冷饮的，基本是皇室宫廷或权贵之家，普通百姓是消费不起冷饮的。《开元天宝遗事》记载了杨国忠以冰山避暑降温之举："杨氏子弟，每至伏中，取大冰，使匠琢为山，周围于宴席间。座客虽酒酣而各有寒色，亦有挟纩者，其娇贵如此。"如此夸张的场面真是令人咋舌。皇室宫廷对冰饮的需求量最大。每当盛夏，帝王嫔妃得以尽情地享用各色冷饮。有时候，皇帝还将宫廷制作的冷饮或冰食赏赐臣下以示恩宠。据记载，唐玄宗曾赐给拾遗陈知节饮用"冰屑麻节饮"，结果导致陈知节"体生寒粟，腹中雷鸣"。被恩赐冰饮的大臣们常常写诗作文感谢皇恩浩荡，比如杨巨源诗云"天水藏来玉堕空，先颁密署几人同。映盘皎洁非资月，披扇清凉不在风"，又如白居易的"伏以颁冰之仪，朝廷盛典，以其非常之物，用表特异之恩……受此殊赐，臣何以堪？"从这些诗文可见御赐冰食应为当时很高的荣誉。唐代市肆中售卖冰制品的商贩不少，不过当时冷饮的价格应该不菲。《云仙杂记》载："长安冰雪，至夏月则价等金璧。白少傅诗名动于闾阎，每需冰雪，论筐取之，不复偿价，日日如是。"意思是夏冰的价格如此昂贵，只有白居易这样靠卖诗就能挣大钱的人才可以在夏天里论筐买冰。又据《唐摭言》记载，盛夏时节，蒯地人卖冰于市，过路人热不可耐，人人都想一食为快，却不料此卖冰者自以为奇货可居，故意把冰价抬高，结果路人一气之下都忍热走开了，不一会儿，冰都融化了，蒯地人弄巧成拙，落得血本无归的下场。

宋元时期，有一款流行饮品被称为"熟水"。宋代宫廷曾专门组织御厨、御医等专业人士对各种材料的"熟水"进行品评、排位，排在第一的是"紫苏熟水"。南宋陈元靓所著的《事林广记》中有"御宣熟水"的说法："仁宗敕翰林定熟水，以紫苏为上，沉香次之，麦门冬又次之。"可见，紫苏、沉香、麦门冬是宫廷常见的饮品配料。宋代著名的女词人李清照的《摊破浣溪沙》中有云："豆蔻连梢煎熟水，莫分茶。"据《本草拾遗》记载，白豆蔻性味辛温，有暖胃消滞、化湿行气的功效。李清照的这款"白豆蔻熟水"，在炎热的夏季可以起到健脾祛湿的作用。

宋代周密所著的《武林旧事》中记载了宋代宫廷的纳凉之法，其中有一句颇引人注目，即"蔗浆金碗，珍果玉壶，初不知人间有尘暑也"。金碗中的蔗浆、玉壶中的珍果，这种搭配无疑让现代的我们对宋代宫廷冷饮的"高颜值"充满了想象。宋元时期，皇家赐冰之风依然盛行。《梦粱录》载："六月季夏，正当三伏炎暑之时，内殿朝参之际，命翰林司供给冰雪，赐禁卫殿直观从，以解暑气。"在市肆中，冷饮仍是高需求消费品。如《东京梦华录》中记载："冰雪惟旧宋门外两家最盛，悉用银器。"连盛放冷饮的器皿都是银器，可见冷饮的价格应该非常昂贵。此外，杨万里也有诗作"北人冰雪作生涯，冰雪一窖活一家"。卖一窖冰雪，便能养活一大家子人，可见冷饮行业利润是很可观的。宋代冷饮的种类也十分丰富，仅《武林旧事》中就收录有十几种冷饮品种，如"甘豆汤""椰子酒""豆儿水""鹿梨浆""卤梅水""姜蜜水""木瓜汁""沉香水""荔枝膏水""梅花酒""紫苏饮"等。到了金代，又出现了许多名

《清明上河图》中的饮品摊位

贵的冷饮，用料极为讲究。如元好问《续夷坚志》记载了一种名为"冰镇珍珠汁"的饮品："临洮城外，洮水，冬日结小冰，如芡实，圆结一耳垂之珠。洮城中，富人收贮。盛夏以蜜水调之，加珍珠粉。"

到了元代，冷饮又有了新的突破。元人定都大都（今北京市）后，深感夏天炎热，牛奶不易保存，于是就在牛奶中加入冰块，制成"奶冰"，又称"冰酪"。这样不仅延长了牛奶的保存时间，而且牛奶和冰块相互融合后的"奶冰"味道更鲜美。此后，制"奶冰"的辅料更加丰富，有蜜饯、水果等，"奶冰"的"颜值"大大提升。据说，色泽鲜艳、美味可口的"奶冰"制法被马可·波罗带回欧洲，改良后制出了我们今天常吃的冰激凌。

明清时期，果品、蔬菜、药品类饮料进一步发展，饮用饮料的卫生保健目的更加凸显。明人高濂《遵生八笺》中记述有果品、汤类、浆类、水类、药用、香料等 40 余种饮料。其中，熟水是备受推崇的中药保健饮料，而且由单方变成了复方配伍，祛病保健的功能更加明显。比如，宋代流行的"白豆蔻熟水"，在这一时期发展成由白豆蔻、甘草、石菖蒲等多种材料组成的"豆蔻熟水"，其化湿行气的功效更加明显。清代熟水的种类就更多了。据清宫医案记载，慈禧和光绪的诊病处方中，就常见以甘菊、鲜芦根、橘红等为原料的熟水配方。这种熟水具有明目化痰、消食解暑的显著功效。这一时期，天然冰的采集、储藏已具相当规模。尤其是在京师附近，冰的供应十分充足。据记载，明朝紫禁城内有一个很大地窖，为冷藏食品之用。那时，窖中放满大坛子，内藏食物，外边堆着冰。该地窖一直使用至清朝，历经 500 余年。在《大清会典事例》中有"紫禁城内设冰窖五、景山西门外冰窖六、德胜门外冰窖三、正阳门外冰窖二"的记载。这些"官窖"所储之天然冰，主要供皇室制作冷饮食品、防暑和储存生鲜食品之用。除了冰窖外，清代宫廷还有了木制冰箱，比如故宫博物院所藏的掐丝珐

清代掐丝珐琅冰箱，故宫博物院藏

琅冰箱，箱体为木胎、银里，盖及四壁均采用掐丝珐琅工艺，填釉饰各色缠枝番莲纹，底饰掐丝填釉冰梅纹，色彩艳丽，工艺精湛。掐丝珐琅冰箱的设计十分巧妙。首先，冰箱的外壳采用红木、花梨木、柏木、楸木等高质量木材，箱内选用导热性弱的铅或锡贴面，这样一方面可以确保冰块长时间不融化，另一方面金属表面还可避免木制箱体直接被冰水侵蚀。其次，冰箱盖镂孔的设计，一来可以通风，提升冰镇食品的鲜度，二来可以利用冰块散发的冷气给室内降温。最后，冰箱底部钻有小孔，可随时排放冰水，保证箱内的洁净干爽。不得不说，该冰箱的每一个设计细节都充满巧思。

　　这一时期，美味冷饮的种类较前代更为丰富，仅《红楼梦》中就载有"冰镇酸梅汤""玫瑰露""木樨露""玫瑰卤子汤""凉茶"等多种冷饮。冷饮业在明清时期飞速发展，遍及北方各大城市，冰食也不是夏季的稀罕之物了。尤其是北京城，已成为当时全国冷饮业的中心，每到夏季，街边售卖冰块和冷饮者随处可见。《燕京岁时记》载："京师暑伏以后，则寒贱之子担冰吆卖，曰冰胡儿。"这种"冰胡"即原始的冰糕。当时市场上著名的冷饮种类还有"冰果""冰酪""凉茶""酸梅汤""木樨露""玫瑰露"等。在清代北京竹枝词中，有不少吟咏此类冷饮冰食的佳句。如杨静亭《都门杂咏》："新搏江米截如肪，制出凉糕适口凉。炎伏更无虞暑热，夜敲铜盏卖梅汤。"杨米人《都门竹枝词》："卖酪人来冷透牙，沿街大块叫西瓜。晚凉一盛冰梅水，胜似卢同七碗茶。"这些都表现了清代北京城冷饮业的兴盛场景。

　　中国古代饮料的生产和消费历史悠久，大致可分为热饮和冷饮两大类，热饮以"汤"为代表，冷饮则以"浆"为代表。在历史的长河中，人们制作出种类繁多、样式精美、营养丰富的各类饮品，这些饮品大都采用天然材料为原料，而且兼顾口感和养生的双重需要，不仅满足了人们的生理需求，还为当时的饮食生活增添了生趣和活力。

卖酸梅汤

# 饮茶小史

传说："神农尝百草，日遇七十二毒，得茶而解之。""荼"就是茶。中华茶文化在形成和发展的过程中，逐渐由物质层面上升到精神文化的范畴，是博大精深的中华饮食文化的一个重要分支。中国西南地区是茶树的原产地，根据植物学家推算，茶树起源已有六七千万年的历史。世界上其他地区的茶树都是直接或间接从我国引进的。我国对外输出的不仅有茶树、茶叶，还有茶的种植栽培技术、茶叶加工工艺、琳琅满目的茶具以及极富内涵的饮茶文化。

战国墓中出土的茶叶遗存

目前已知世界最早的茶叶遗存为山东济宁邹城邾国故城遗址西岗墓地一号战国墓出土的茶叶残渣。中国历史上关于茶事的最早记录者为秦汉时期的巴蜀人，如汉代成都人司马相如撰写的《凡将篇》中就有茶的记载，西汉时资中人王褒所撰的《僮约》对于中国茶史的研究具有极为重要的意义。从《僮约》中"武阳买茶"的记载来看，气候温和、土地肥沃的巴蜀地区自古盛产茶叶。汉时，蜀中以产茶闻名的地区已有数处，并已开始形成不同的地方品种。清人顾炎武的《日知录》中记载"自秦人取蜀而后，始有茗饮之事"，可知秦汉时期巴蜀地区饮茶之风盛行。巴蜀地区作为中国古代最早栽茶、饮茶之地，在中国茶史上占有重要地位，巴蜀人开启了中国茶文化的序章。

西汉王褒《僮约》书影

魏晋南北朝时期，茶一度成为一种奢侈饮品，仅为宫廷和贵族所享用，富贵之家也只是来了贵客才端茶接待。《世说新语》记载，一名郁郁不得志的文人在东晋南渡不久后去了建康（今南京）朋友家做客，朋友吩咐仆人端茶待客，客人十分震惊，因为这位朋友并不是豪富，却能喝得起茶。据此可以推测，东晋时期茶已经脱离了奢侈饮品的行列，成为建康和三吴地区的一般待客之物。同时，茶还在这一时期成为酒的替代品，江东豪族常常以茶代酒来标榜自己的清廉。饮茶的早期阶段，茶具尚未固定下来，碗既用于进食喝水，又用于饮茶。东晋南朝时期出现了最早的茶具，是一种以托和盏组合而成的茶具，名为托盏；托又称盏托、茶托、托子，是从汉代的托盘、耳杯演化而来。"煮作羹饮"是当时最普遍的烹饮方法，即将茶叶和各种佐料甚至是带刺激性的调味品煮在一起，类似煮菜粥。这时的茶叶没有经过加工，熬出来的茶汤味道和后世的茶相差甚远。"茶圣"陆羽《茶经》的问世，基本结束了这种"与瀹蔬无异"的饮茶历史，开创了饮茶有道的新时代。

陆羽（733—804 年），字鸿渐，复州竟陵（今湖北天门）人，生活于盛唐到中唐的玄宗、肃宗、代宗、德宗四朝时期。安史之乱时流落湖州（今浙江湖州），晚年移居江西上饶，后逝世于湖州。陆羽一生嗜茶，精于茶道，以著中国历史上第一部完整、系统的茶学专著《茶经》而闻名于世，对中国茶文化的发展做出了卓越贡献，被尊为"茶圣"，祀为"茶神"。中国国家博物馆馆藏的一套河北唐县出土的茶具明器就与大名鼎鼎的"茶圣"陆羽有关。这套白瓷茶具明器包括煎茶用的风炉和茶鍑、研碾茶末的茶臼、点茶用的汤瓶以及盛茶渣的渣斗。与之同出土的还有一件白瓷人像，上身穿交领衣，下身着裳，戴高冠，双手展长卷，交腿趺坐。据学者考证，人像装束姿容既非常人，也非佛教或道教造像，因它和多种茶具伴出，故应该是被奉为"茶神"的陆羽像，所展书卷应是陆羽所作的《茶经》。从茶史的角度来讲，这尊人像是目前所见唯一代表陆羽

西晋青釉托盏，中国国家博物馆藏

唐代宫廷金银茶具，法门寺博物馆藏

形象的文物，弥足珍贵。

《茶经》是我国历史上第一部完整、系统的茶学专著，在我国饮食史上具有重要的地位，宣告了饮食学中的新兴学科——茶学的创立，推动了饮茶之风气的盛行，确立了茶在中国古代三大饮料（浆、酒、茶）中的首席地位。陆羽所倡导的饮茶之道内容丰富，从茶具的选择到烧水、煮茶、调和、饮用等各个环节都有着一套系统的学问和规范。《茶经》中提到了二十四种煮茶和饮茶用具，详细记载了这些茶具的制作原料、方法、规格、用途等信息。

隋唐以来，饮茶之风日盛，饮茶用具从酒器、食器中分离出来，并自成体系。1987年在陕西扶风法门寺地宫中发掘出大批唐朝宫廷文物，其中就有一套晚唐僖宗少年时使用的银质鎏金烹茶用具，计11种12件，这是目前所见最高规格的古代茶具，这套茶具的主要种类与《茶经》的记载种类基本吻合，可见《茶经》的价值和影响之大。

陆羽在《茶经》中创造性地提出了"三沸煎茶法"，对后世影响很大。所谓"三沸煎茶法"，即先把水放在"鍑"中烧，"其沸，如鱼目，微有声，为一沸"；加盐，烧至"缘边

五代白瓷陆羽像，中国国家博物馆藏

如涌泉连珠，为二沸"；"出水一瓢，以竹夹环激汤心，则量末当中心而下。有顷，势若奔涛溅沫，以所出水止之，而育其华也"，当"腾波鼓浪"，为三沸。前两沸是烧水，后一沸是煮茶。"三沸煎茶法"在当时可以最大限度地提取到茶叶的精华。

唐代白瓷茶瓶，中国国家博物馆藏

晚唐时期，随着茶叶加工技术的发展，又兴起了新式饮茶法——点茶法，即在茶瓶中煮水，置茶末于茶盏，俟水沸后，执瓶向盏中冲茶。点茶的技巧在于点汤，所以茶瓶是重要的点茶用具。中国国家博物馆收藏的茶具不仅有煎茶用的风炉和茶鍑，还有晚唐时兴起的点茶所用的茶瓶。煎茶和点茶茶具同时存在，说明唐时这两种饮茶法尚处于交替时期。陆羽并不完全摒弃汉魏以来添加佐料煮茶的方法，但反对那种大加佐料的饮茶方法，认为这种茶无异于沟渠间的弃水。陆羽的反对意见，为后人饮用纯茶提供了理论依据，这是他对茶文化发展的又一重要贡献。

宋代是一个全民尚茶的时代，上至皇帝、下至百姓，无不嗜茶。宋徽宗赵佶不仅酷爱点茶、喝茶，还留下一本著名的茶书《大观茶论》，对当时茶叶的产地、采制、品鉴、器具等进行了全面记述。

宋代的点茶法包括炙茶、碾茶、罗茶、烘盏、候汤、击拂、烹试等一整套程序。宋代点茶法较唐代煎茶法更加讲究。唐人直接将茶置釜中煮，直接通过煮茶、救沸、育华等产生沫饽以观其形态变化。宋人改用点茶法，需把团茶茶饼炙烤、碾磨，用罗筛出细细的茶粉，烧水候汤，用汤注之，称为"点"，点茶的汤瓶一般要高而便于冲水。北宋著名茶人蔡襄《茶录》记载，点茶"茶少汤多，则云脚散"，即茶轻无力，

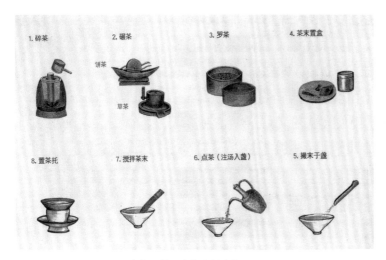

1. 碎茶　　2. 碾茶　　3. 罗茶　　4. 茶末置盒
饼茶
草茶

8. 置茶托　　7. 搅拌茶末　　6. 点茶（注汤入盏）　　5. 撮末于盏

廖宝秀绘《宋代点茶流程图》

附茶盏之四壁；"汤少茶多，则粥面聚"，即茶末多而汤少，则茶不能充分泡开。因此，首先茶量要合适。其次是汤。"汤者，茶之司命"，水（汤）是点茶艺术的关键一环，若茶好水次，好茶也变成了劣茶。点茶难在候汤，贵亦在候汤。《茶录》记载："候汤最难，未熟则沫浮，过熟则茶沉。"水沸腾的程度，以初沸为"嫩"，过三沸为"老"。以二、三沸之间为恰到好处。用茶瓶注汤时，既不能注之太急而把茶冲出茶盏，也不能断断续续地注入。至于煎汤之薪，以无烟又富有热力的炭为最佳。凡此种种，可见宋代点茶程序的繁复和讲究。

分茶系从点茶引申而来，又称"茶百戏""汤戏""幻茶"等。所谓"分茶"指的是在点茶时用茶筅搅动茶盏中已融成膏状的茶末，边注汤边搅动，令水茶交融。用茶筅搅动茶与汤的行为称作"击拂"，击拂的力道和手法对茶盏汤面形成的图案形状有很大影响。

斗茶，又称"茗战"，是在点茶、分茶等饮茶风尚的基础上产生的。所谓斗茶，就是审评茶叶质量和比试点茶、分茶技艺高下的一种茶事活动。宋朝是中国历史上最缺乏向外战斗心态的朝代之一，但在日常生活的娱乐消遣中却颇喜欢"斗"。因此，在全民尚茶的风气中，游戏性很强的饮茶活动也被纳入"斗"的范畴。斗茶始于唐，最初仅是评比茶叶的质量，因而只流行于茶叶产地。宋时，斗茶最初流行于建州（今福建南平），此后才向全国各地扩展，并由民间流入宫廷之中。传说宋徽宗赵佶就是一位斗茶高手。据史籍记载，宋徽宗亲手注汤击拂后，"白乳浮盏面，如疏星淡月"，可见其技艺之高。

斗茶首先斗的是"茶品"。宋代茶叶的质量较前代有了很大的提高，主要表现在名茶数量的激增。据不完全统计，宋代茶叶名品有近百种。福建地区所产的茶叶品质，位居全国之首，其中，又以建安（今福建建瓯）凤凰山所产的"北苑茶"为首。北苑本是南唐的一处宫苑，用于监制建州地方的茶叶生产以供御用。入宋后就把凤凰山一带产茶区都叫"北苑"。宋太宗时，以"北苑茶"制成龙、凤团。宋仁宗时蔡襄制成"小龙团"，一斤值黄金二两，时称"黄金可有，而茶不可得"。此外，当时全国很多地区都出产名茶，如湖州顾渚紫笋、蜀中蒙顶茶、云南普洱、安徽六安龙芽茶等。其次，斗茶对水的要求很高。据史籍记载，苏东坡有一次和蔡君谟斗茶，蔡茶精，

清代姚文翰绘《斗茶图》，台北故宫博物院藏

用的是惠山泉；苏茶劣，改用竹沥水而后获胜。可见，水的选择在斗茶中也十分关键。

有了上佳的茶品和水，接下来比试的就是点茶和分茶的技艺了。斗茶中决定胜负的是茶汤的颜色与汤花。汤色主要由茶质决定，也与水质有关，以纯白（即无色透明）为上佳。汤花主要由点茶、分茶技艺决定，以白者为上。茶白是宋人斗茶中追求的最高艺术境界。所谓"茶白"，是指斗茶时出现的汤花必须色泽洁白，如米粥冷后稍有凝结时的样子，即所谓的"冷粥面"。关于宋人崇尚茶白有这样一则故事：司马光和苏轼曾在一次斗茶的聚会上讨论茶和墨的差别。他们认为茶和墨的共通之处在于都带有香气，而不同的地方就是墨越黑越好，茶则越白越好。除了检验茶色外，还要检验"水痕"。如果着盏无水痕（意思是茶色不沾染碗壁），说明点茶是成功的，但若是烹点不得法导致茶懈末沉、汤花散褪、在盏壁上留下水痕，斗茶就输了。

由于斗茶的茶色贵在"纯白"，而白色的痕迹在黑瓷盏上显得最分明，所以，黑釉盏在宋代大行其道。黑釉盏中又以建窑的兔毫盏为上品。除了兔毫盏外，还有一件建窑所出的稀有珍品，名为"油滴盏"，俗称"一碗珠"，它的釉面密布着银灰色金属光泽的小圆点儿，形似油滴。如果釉料中含有锰和钴的成分，使晶斑周围出现一圈蓝绿色光晕者更为名贵，人称"曜变天目"。

从明代开始，饮茶方式一改唐宋时期的碾茶、煎煮的方法为沸水冲泡的瀹饮法，被后人誉为"开千古饮茶之宗"。饮茶方式的改变，使茶具在釉色、造型、品种、使用方法等方面发生了一系列变化。如此一来，唐宋时期的炙茶、碾茶、罗茶、煮茶器具逐渐被弃用，宋金崇尚的黑釉盏也退出了历史舞台，代之而起的是壶、盏的组合茶具，此茶具组合一直沿用至今，只在茶具样式或质地上有所变化。当时的士人喜欢将焚香、挂画、插花、瀹茶等多种艺术形式融于一体。素朴古雅之态的紫

宋代建窑黑釉兔毫盏，福建博物院藏

明代文徵明绘《惠山茶会图》（局部），故宫博物院藏

砂茶具是他们最钟爱的茶具，这种蕴含着中国文化的基本因子（土、水、火、人）的茶具，是"天人合一"美学意境的生动体现。"土"：紫砂壶是泥土的杰作。紫砂壶的原产地宜兴的泥土是由奇异的石头转化而来，石化为泥，经历了悠长的岁月变迁，充满天地之精气。"水"：紫砂壶的泥土，就是从淘细土中经过水逐渐渐漉出来的。假如没有这淘细土的工序，紫砂的泥质仍然无法使用，也就无法制成上好的紫砂壶。"火"：紫砂泥的每一种泥料都对应一定的烧成温度，如果温度不合适，成品就会出现缺陷，因此火候在紫砂壶的制作过程中有着至关重要的作用。"人"：紫砂壶与文人有不解之缘。日本紫砂壶收藏家奥玄宝对紫砂壶的评价为"温润如君子，豪迈如丈夫，风流如词客，丽娴如佳人，葆光如隐士，潇洒如少年"。紫砂壶古朴淳厚的特质与古代文人的气质十分契合，以紫砂壶喻文人恰如其分。

新鲜的茶叶用前代流行的煮茶法、点茶法皆不能最大限度地刺激出茶香，只有沸水冲泡才能得到茶本身的香气；然而，这种泡茶方式使得茶叶和茶汤皆在茶碗中，使人喝茶时常喝进茶叶，十分不便，而盖碗这一器物完美地解决了这一问题。

清代紫砂壶，中国国家博物馆藏

盖碗，又名"三才碗""三才杯"，是一种上有盖、下有托、中有碗的茶具。古人认为茶是"天涵之，地载之，人育之"的灵物，盖碗的盖是天、托为地、碗为人，暗含天、地、人"三才合一"之意。使用盖碗饮茶有四大好处：一是茶碗上大下小，注水方便，使茶叶易沉积于底。二是碗盖有着防尘保温的功能，也可以调整茶汤浓度。将碗盖沿置于茶碗汤面上，刮动茶水促使茶叶上下翻转，轻刮则茶味淡、重刮则茶味浓。三是隆起的茶盖盖沿小于碗口，不易从手中滑落，喝茶时又不必揭盖，只需半张半合，茶叶既不入口，茶汤又可徐徐沁出。四是客来敬茶的时候，端茶托送至客人面前，既不会烫手，又颇具礼仪。总之，功能强大的盖碗能够满足品茗追求的察色、嗅香、品味、观形的一系列要求，备受广大饮茶人的喜爱。

明代时以壶与杯搭配的茶具仍是当时的主流茶具，盖碗在清代才逐渐流行。清朝历代皇帝嗜茶，宫廷饮茶之风盛行，宫廷内务府专门设有"御茶房"，并以康熙、雍正、乾隆时期的盖碗最负盛名。康熙年间，清政府正式将明代的"御器厂"作为皇家的"御窑厂"，开始大规模地烧制清宫瓷器，作为日用瓷的盖碗的产量也大幅增加。在清代皇室宫廷、大家贵族以及高雅茶馆，皆重视盖碗茶。清康熙时期黄地铜胎画珐琅盖碗，通身以代表至尊的明黄为底，绘制精美的喜上眉梢纹，梅花用康熙晚期引进的珐琅彩的洋红着色，颜色晕染、层次分明，尽显皇家茶具奢华之美。雍正皇帝命人绘制的《十二美人图》共12幅，其中一幅绘制的是美人博古幽思的画面，画中美人穿着汉装，倚坐于竹制的湘妃椅上，背景为陈设奢华富丽的博古架，而博古架下方陈列着一只霁蓝颜色釉茶碗和青白釉的盏托组合器。霁蓝颜色釉是当时的名贵釉色，而青白釉的盏托则仍然沿用了宋代最为盛行的高脱口葵瓣形制，整器自然灵动、精致无比。

乾隆皇帝尤以嗜茶闻名。乾隆十一年（1746年），乾隆皇帝游五台山时，回程途中遇雪，于帐内以雪水煮茶时作诗一

清代雍正《十二美人图》中的茶具

首。此诗收在乾隆《御制诗集·初集》卷三十六，题作《三清茶》，题下自注云："以雪水沃梅花、松实、佛手啜之，名曰三清。"诗云："梅花色不妖，佛手香且洁。松实味芳腴，三品殊清绝。烹以折脚铛，沃之承筐雪。火候辨鱼蟹，鼎烟迭生灭。越瓯泼仙乳，毡庐适禅悦。五蕴净大半，可悟不可说……"雪夜烹茶，茶名三清，乾隆以此举为清雅，不仅自己吟咏不辍，并且命人定制写有"三清茶"御题诗的皇室茶具。这些定制茶具有一定的规范，品种包括陶瓷、漆器、玉器等，以盖碗为多，一般在茶具的外壁写上乾隆皇帝御制诗。在茶宴上，乾隆皇帝会把三清茶具赏赐给一些大臣，作为对他们的嘉奖。

除了大量定制的三清茶碗外，还有其他一些别具一格的盖碗。中国国家博物馆所藏朱漆菊瓣盖碗是一件仿照漆器釉色的盖碗。碗和盖均呈菊瓣形，圆口，深弧腹，小圈足。碗内外通施仿朱漆釉，色泽逼真。底部有金彩篆书"乾隆年制"双行四字方款。

从神农尝百草起，茶及其药用价值就已被发现，并由药用逐渐演变成日常生活饮品。中国茶文化源远流长，陆羽《茶经》把饮茶从普通的饮食活动提升为茶道的高度，他首次将饮茶视为一种艺术活动，创造性地总结出一系列充满艺术的程式和技艺，为中国茶文化的发展传播做出了重大贡献。在漫长的历史岁月中，中国人在选茗、取水、备具、烹茶、奉茶以及品饮方式等方面不断探究，逐渐形成丰富多彩、雅俗共赏的饮茶习俗和品茶技艺。

清代玉刻花诗文盖碗，中国国家博物馆藏

清代朱漆菊瓣盖碗，中国国家博物馆藏

百药之长

　　中国古代著名历史学家班固曾在《汉书·食货志》中对酒推崇备至，把它称为"百药之长"。我国历代医家在长期的医疗实践中，对酒的药理和药性有深刻的认识。陶弘景《名医别录》认为酒能"行药势，杀百邪恶毒气"；孙思邈《千金要方·食治》认为酒有"止呕哕、摩风瘙（治）腰膝疼痛"的功效；孟诜《食疗本草》认为酒可"养脾气、扶肝、除风下气"，尤其春酒"常服令人肥白"；陈藏器《本草拾遗》认为酒具有"通血脉、厚肠胃，润皮肤、散湿气，消忧发怒、宣言畅意"的作用，而酒糟则具有"温中消食，除冷气，杀腥，去草、菜毒，润皮肤，调脏腑"的作用；李时珍《本草纲目》认为酒"和血养气，暖胃辟寒，发疾动火"，而烧酒作用更甚，可"消冷积寒气，燥湿痰，开郁结，止水泄，治霍乱疟疾噎膈，心腹冷痛，阴毒欲死……利小便，坚大便，洗赤目肿痛"。

　　不同的酒类具有不同的功效，比如米酒可以和血养气、暖胃驱寒；常饮春酒可以使人肤白体健；饮用蒸馏酒可以止水泄、治霍乱、利小便、坚大便等。可见，中国传统医药是离不开酒的。事实上，以酒入药，以酒助医，并非中华文化所独有，古希腊的药方中也有酒的记录。中医认为，用酒浸药，可以充分地将药物的有效成分溶解出来，更有助于人体吸收；由

"酒"字的演变

于酒性善行，能畅通血脉，还能导药，使药物效能直达需要治疗的部位，从而大大提高药效。此外，药物酒渍具有不易腐坏、便于保存的优势。

"医"字的繁体"醫"可以形象地说明医源于酒，下边的"酉"，就是酒坛子的象形。《说文解字》释"酒"云："治病工也……得酒而使。从酉……酒所以治病也。"可见酒和医有不解之缘。如前所述，周王室中掌管酒品、饮料的"酒正"就是最早的保健医生了。《周礼·天官》曰："酒正，掌酒之政令……辨五齐之名：一曰泛齐，二曰醴齐，三曰盎齐，四曰缇齐，五曰沉齐。辨三酒之物：一曰事酒，二曰昔酒，三曰清酒。辨四饮之物：一曰清，二曰医，三曰浆，四曰酏。掌其厚薄之齐，以共王之四饮、三酒之馔，及后、世子之饮与其酒。""五齐"实指五种清浊厚薄不同的酒："泛齐"是一种糟滓浮在酒上的浊酒；"醴齐"是一种酿造一宿即成的混有糟滓的甜酒；"盎齐"是一种葱白色的浊酒；"缇齐"是一种赤红色的酒；"沉齐"是一种糟滓沉在下面的酒，因糟滓沉在酒下，故此酒又稍清。"三酒"指三种滤去糟滓的清酒："事酒"是一种因有事需用酒而新酿的酒；"昔酒"是一种久酿而成的酒；"清酒"是一种比"昔酒"更久酿而成的酒。"四饮"是指四种饮品："清"是滤去糟滓的醴齐之名；"医"是一种用粥酿造的醴，颇类似至今南方人仍喜爱食用的"酒酿"；"浆"为一种酸甜的饮料；"酏"是一种稀而清的粥。这段话的意思为酒正是掌管酿酒事务的官员，负责辨别五齐、三酒、四饮的厚薄程度，提供君王所需的四种饮料、三种酒品，以及供给王后、太子的饮料和酒品。又载："浆人掌共王之六饮：水、浆、醴、凉、医、酏，入于酒府。"意思是浆人掌管供应王的六种饮料：水、浆、醴、凉、医、酏，送到酒正那里。

古人对酒的养生保健作用早有认识。《诗经·豳风·七月》有"为此春酒，以介眉寿""称彼兕觥，万寿无疆"之语。前句的意思为以酒祈人长寿；后句的意思是举酒杯敬酒以祝长寿。

西汉错金银鸟篆文青铜壶，中国国家博物馆藏

1968 年，河北满城中山靖王刘胜墓曾出土两件错金银鸟篆文青铜壶，其一藏于河北博物院，其二藏于中国国家博物馆。国家博物馆藏品壶盖呈弧面形，上有三环纽，口微侈，鼓腹，腹上饰一对铺首衔环，圈足。全器装饰复杂的鸟篆文和图案花纹，顶盖中心饰一条蟠龙，肩、腹宽带纹上饰龙虎相斗图案；器盖、颈部、腹部均有鸟篆文。鸟篆文是古代的艺术字，其笔画构成或如鸟在腾跃，或如鸟在回首，变化无穷。此壶上的鸟篆文不仅是一种高雅的装饰，还是一首朗朗上口的颂酒诗文，阐明了饮酒有"充润肌肤，延年祛病"的好处，是我国以酒为药、养生祛病食疗保健法的较早记录。

先秦及秦汉时期的史籍中记载了很多医家用酒治疗疾病的案例。中国国家博物馆馆藏的针灸画像石拓片上刻画有一鸟身人一手为患者切脉，另一手正持针准备刺穴。有学者认为此画像石表现的内容是神化了的扁鹊针灸行医，这个鸟身人就象征着神医扁鹊。据载，先秦时期，扁鹊给齐桓公治病时称："其

错金银鸟篆文青铜壶上的鸟篆文线图

在肠胃，酒醪之所及也。"这表明远在 2500 年以前，酒醪已被应用于治病疗疾了。《史记·扁鹊仓公列传》中收集了西汉名医淳于意选的 25 个医案，其中有两个医案是用药酒治疗的。一个是济北王患病，淳于意认为是"风蹶胸满"病，以 3 石药酒治之而愈。另一个是菑川王美人患难产症，淳于意诊后，用莨菪药一小撮配酒服，即产一婴儿。

秦汉时期的传世和出土文献中也常见酒为医疗之用的记载。马王堆汉墓帛书《五十二病方》记载"一，取蠃牛二七，蕹一（束），并以酒煮而欲之"；居延汉简记载"酒一杯，饮大如鸡子，已饮，傅衣""一分栝楼，眯四分，麦丈、句厚付各三分，皆合和以方寸匕取药，一置杯酒中，饮之，出矢鏃""费药成浚，去宰以酒饮"等。涉及药用酒的品种有：

苦酒。汉代文献多提到"苦酒"。《释名·释饮食》云："苦酒，淳毒甚者，酢苦也。"马王堆汉墓帛书《五十二病方》《伤寒论》和《金匮要略》等汉代医书也有用"苦酒"入药疗疾的记载。有些清代学者一度将"苦酒"考证为"劣质的酒"，但彭卫先生认为这种说法并不合理。《太平御览》引《魏名臣奏》记载刘放说"官贩苦酒"与民争利，既然是"争利"，争的肯定不会是劣质产品，应该是事关民生的重要物资，否则"利"就无从谈起。彭卫先生认为苦酒的特征——"淳毒"形容的是味道醇正厚重，这也正是醋的特点。此外，湖北江陵凤凰山 168 号汉墓中墨书"苦酒"与墨书"盐""酱"的餐具同出，所以"苦酒"显然也有调味品的属性。因此，综合看来，"苦酒"是"醋"的可能性极大。

胡椒酒。西晋张华《博物志》中记载了制作"胡椒酒"的方式：以好春酒五升，干姜一两，胡椒七十枚，皆捣末；好美安石榴五枚，押取汁。皆以尽姜、椒末，及安石榴汁，悉内着酒中，火暖取温。亦可冷饮，亦可热饮之。温中下气。若病酒，苦觉体中不调，饮之，能者四五升，不能者可二三升从意。若欲增姜、椒亦可；若嫌多，欲减亦可。欲多作者，当以

汉代针灸画像石拓片

此为率。若饮不尽，可停数日。此胡人所谓"荜拨酒"也。这段记载中的"胡椒"和"石榴"均为外来物品，用胡椒泡制的酒可能是当时的一种药酒。胡椒酒可能在汉末已出现。据史籍记载，汉代人所了解的胡椒原产地在天竺，或许胡椒酒的制作方法也是从域外传入的。

醇酒。"醇酒"亦可药用，如周家台秦简云："温病不汗者，以淳酒渍布，欲（饮）之。"意思是患温病而不出汗，用高浓度的酒浸泡布条，并饮服酒。《五十二病方》记载："醇酒一衷（杯），入药中……"又载："治之，熬盐令黄，取一斗，裹以布，卒（淬）醇酒中，入即出……"此外，"醇酒"还曾作为手工业原料出现，如居延汉简记载："漆一片，口胶一斤，醇酒财足消胶，胶消内漆，挠取沸。"

《五十二病方》中的"醇酒"

补酒。被誉为"中华医圣"的张仲景在他的《伤寒论》和《金匮要略》两部不朽名著中记载了 3 个我国最早的补酒配方。其一，炙甘草汤用酒七升，水八升；其二，当归四逆加吴茱萸生姜汤，酒、水各六升；其三，芎归胶艾汤，酒三升，水五升。甘草是中药的一种，具有补脾益气，清热解毒，祛痰止咳的功效；当归因能调气养血，使气血各有所归，故名当归；吴茱萸气芳香浓郁，味辛辣，具有散寒温中之功效；川芎、当归、阿胶、艾叶均有益气和血、止血之功效。这是中医关于补酒的最早记载。由此 3 个补酒配方可知，当时的补阳剂方中，用酒以通药性之迟滞，而补阴剂方中以酒破伏寒之凝结。此 3 方开创了中国传统补酒保健祛疾的先河，在中医药发展史上具有重大意义。与张仲景同时代的东汉名医华佗，在其所作的《中藏经》中载有"延寿酒方"，即将黄精、天冬、苍术切成小块，松叶切成碎末，同枸杞一起装入器皿后注酒摇匀，静置浸泡 10 余天即可饮用。相传屠苏酒也为名医华佗所创，其方是用酒浸泡大黄、白术、桂枝、防风、山椒、乌头、附子等制成。当时有每至除夕夜男女老少均饮屠苏酒以预防瘟疫时行病的习俗。以药物入酒，作为养生之物，是古代流传下来的通用

华佗像

方法。它与诸种药物相配，几乎如药中之甘草，能和百药。

值得注意的是，秦汉以前的药酒大多数是将药物加入酿酒原料中一起发酵的，而不是像后世常用的浸渍法。其主要原因可能在于古代的酒不易保藏，浸渍法容易导致酒酸败，即药物成分尚未充分溶解，酒就变质了。

酒煎煮法和酒浸渍法至迟始于汉代。在汉代成书的《神农本草经》中有如下一段论述："药性有宜丸者，宜散者，宜水煮者，宜酒渍者。"用酒浸渍，一方面可使药材中的一些药用成分的溶解度提高，另一方面，酒行药势，疗效也可提高。张仲景在《金匮要略》一书中，亦有多个浸渍法和煎煮法的实例。

陶弘景在其著作《本草集经注》中提出了一套冷浸法制药酒的方法："凡渍药酒，皆须细切，生绢袋盛之，乃入酒密封，随寒暑日数，视其浓烈，便可漉出，不必待至酒尽也。滓可暴燥微捣，更渍饮之，亦可散服。"这段记载对于药材的粉碎度、浸渍时间及温度要求都做了详细的记载，表明当时药酒的冷浸法已达到较高的技术水平。

关于热浸法制药酒的最早记载大概是北朝《齐民要术》中的一例"胡椒酒"。热浸法后来成为药酒配制的主要方法。酒不仅用作内服药，还被用作麻醉剂，传说华佗用的"麻沸散"，就是用酒冲服的。华佗发现为醉汉治伤时，病人没有痛苦感，由此得到启发，从而研制出"麻沸散"。

唐宋时期，药酒、补酒的酿造较为盛行，主要制法有冷浸法、热浸法以及煮出法。当时的药酒配方中，用药味数较多的复方药酒占比明显提高，这是药酒制作水平提高的重要表现。这一期间的一些医药巨著如《备急千金要方》《外台秘要》《太平圣惠方》《圣济总录》都收录了大量药酒和补酒的配方和制法。此外，由于当时饮酒之风浓厚，社会上不乏酗酒之徒，因此解酒、戒酒方应运而生。据学者统计，上述医书中，关于解酒、戒酒方面的药方亦多达百余种。

《金匮要略》中以酒入药的记载

元代，我国医药用酒的发展趋于完善。元代太医忽思慧的《饮膳正要》总结和发展了我国的"饮食疗法"。除介绍了多种酒及其功能外，忽思慧首次从技术上介绍了用蒸馏酒工艺制出高浓度的酒，并用以制药酒。这种高浓度的白酒不但使药物中的有效成分更好地溶解出来，而且让药酒可以久存不变质，这比用酿造酒浸渍药酒的方法更加进步。

明清时期，伴随着医药学的大发展，药酒的制作达到了更高的水平。明代医学家李时珍的巨著《本草纲目》集历代药物学、植物学之大成，广泛涉及食品学、营养学、化学等学科。该书在整理附方时，收集了大量前人的药酒配方。据统计，《本草纲目》收录的药酒方约为 200 种。这些配方大多数是便方，具有用药少、简便易行的特点。《随息居饮食谱》是清代王孟英所编撰的一部食疗名著，书中的"烧酒"条下附有 7 种保健药酒的配方，并述其制法和疗效。这些药酒大多以烧酒为酒基，与明代以前的药酒以黄酒为酒基有明显的区别。以烧酒为酒基，可促进药中有效成分的溶解。

在古人的心目中，酒与药有密不可分的关系，甚至是"百药之长"。古人酿酒的目的之一就是药用。酒文化从其诞生起就始终与中医学密切相关，两者相互促进、相互渗透，一方面给酒文化增添了新的内涵，另一方面为中医学增加了新的内容。

菊花酒

# 百器之长

从古至今，酒具一直是人们制酒、饮酒必不可少的工具。造型优雅的酒具被人比喻为唇边微笑的刻度器，也是酒文化的重要物质载体。作为中国古代的"百器之长"，酒具种类繁多，按材质可以分为陶、铜、漆、瓷、玉、金银、象牙、犀角、玻璃、竹木等；按用途可分为制酒、盛酒、饮酒、温酒的器具。总体来看，在古代社会生活中处于主导地位的流行酒具，依次是陶器、青铜器、漆器、瓷器，而其他质地的酒具，始终未能占据主导地位。

酒不是人类的发明，而是天工的造化。最早的酒应是落地野果自然发酵而成的。水果果浆中含有大量葡萄糖，果实尤其是浆果的表面繁殖着酵母，在适合的温度条件下，果浆就可以发酵成酒。除果酒之外，乳酒出现的时间也较早。动物乳汁中含有乳糖，也易发酵成酒，古代先民们很可能在狩猎过程中意外地从留存的乳汁中获得乳酒。无论是果酒或乳酒，它们都属于单发酵酒类，由原料产生的天然酵母菌使糖直接发酵成酒，无需人为干预。当时，我们的祖先没有饮食器皿，储存和饮用原始酒液靠的是土坑和用手掬饮，如《礼记·礼运》中有"污尊而抔饮"之语。后来，为了保存和传递饮用水，人们开始利用动物头骨、植物叶子、蚌壳、葫芦、竹筒等自然之物充当容器，饮食方式取得一定进步。

谷物酿造是我国人工酿酒历史的开端。据考古发现可知，中国谷物酿酒的历史至少可以追溯至新石器时代中期。原始制陶业的发展为酒的酿造做好了技术上的准备，并提供了酿造器具以及温酒器具。陶釜、陶甑等炊具的发明和使用，使古代先民们具备了酿酒的原料处理条件。比如，河姆渡人已经发明了甑釜灶的组合炊具，陶釜可以煮粥，陶甑（相当于蒸屉）可以蒸米饭。饭、粥的制作是人工酿制谷物酒的首要前提。又如，仰韶文化遗址大量出土的小口尖底瓶被视为古老的酿酒工具之一。小口尖底瓶可以有效提高沉降效率，在酿造过程中使得酒渣能更充分地沉淀在瓶底，在提高发酵效率的同时，也提升了酒的口感。河姆渡遗址出土的陶盉被认为是早期的温酒器具。浙江省博物馆馆藏的一件河姆渡文化的陶盉呈鸟形，器身两侧分别作喇叭口和管状嘴，其圆腹平底的造型可使受热面积更广。

新石器时代陶盉，浙江省博物馆馆藏

距今 5000 年左右的山东莒县陵阳河大汶口文化墓葬中发现的大量陶器，被认为是目前已知最早的成套酒具，包括陶鼎（煮料）、大口陶尊（发酵）、陶瓮（贮酒）、陶鬶（斟酒和温酒）、高柄杯（饮酒）等，这些酒具出自部族首领的大墓，某种程度上反映了当时上层社会饮酒风气之盛。值得注意的是，这些酒具中的陶鬶和高足杯制作精美，应并非实用器，它们可能用于比较重要的场合，具有礼器的功能。陶鬶最早产生于大汶口文化中期，后成为大汶口文化晚期及山东龙山文化时期的典型器物。陶鬶的造型具有鸟的形态特征：流口似鸟喙，鋬似鸟尾，鬶颈、鬶口完全模仿高昂鸟首的形态。

新石器时代小口尖底瓶，中国国家博物馆馆藏

新石器时代白陶鬶，中国国家博物馆馆藏

有学者认为陶鬶是东夷先民崇拜信仰鸟神的真实写照。龙山文化晚期，造型优美的白陶鬶和胎质细薄的黑陶高柄杯大多被成套随葬在一些大墓中。中国国家博物馆馆藏的黑陶高柄杯造型精巧规整，应为高级别的礼仪酒器。此器由杯身和杯柄两部分套接而成。上半部为直壁凹底的筒状杯身，顶部有宽平的盘状杯口。杯身外壁饰平行弦纹。下半部为粗短的杯柄，直径比杯

新石器时代薄胎黑陶高柄杯，
中国国家博物馆藏

身略粗，呈筒状，末端与喇叭状的圈足相接。杯柄表面饰镂孔与斜线纹等。高柄杯是龙山文化的标志器型。陶杯通体轮制而成，并经过细致的打磨，因色泽漆黑光亮，器壁均匀，薄如蛋壳，故又名"蛋壳陶"。陶鬶和高柄杯两者组成了成套的酒礼器，斟（白陶鬶）、饮（高柄杯）功能俱全。

夏商周时期，青铜冶炼业逐渐兴盛，出现了各种不同造型和用途的青铜器酒具，如爵、觚、斝、角、觯、觥、尊、斗等。由于青铜器是贵族阶层专享的奢侈品，普通百姓使用的仍然是陶制酒具或其他自然物器皿。铜爵不仅是目前已知最早的青铜酒器，也是商代墓葬中出土最多的酒器。有学者认为，铜爵的造型源于新石器时代的小型陶鬶，铜爵的柱是陶鬶"鸡冠形装饰"的演化版，还有学者认为爵有雀之形，而商代有玄鸟生商的历史传说，玄鸟是商代的图腾，所以爵的器形与商代的图腾有着密切关系。关于铜爵的用途，过去有学者认为其为饮酒器。但孙机先生认为爵的器型决定了其并非饮器。比如爵的流口更适合倾注酒液，但若是将这种尖角的流口置于嘴中，必然会引起口腔不适，所以此器必然不是用于饮用酒液的。事实上，从古至今，用于饮用的器具多是圆口的器皿，如卮或耳

商代铜爵，中国国家博物馆藏

杯、杯子之类的器皿。在现代的一些影视作品中，将爵视为饮酒器，实在是很大的误解。那么，爵的用途究竟为何呢？简单而言，爵就是祭祀场合所用的温酒和醮酒器。所谓醮酒就是把酒浇洒在地上，表示祭奠。《说文解字》记载："爵，礼器也。象爵之形，中有鬯酒。"意思是爵是一种礼器，形状似雀，里面盛装的是鬯酒。

《左传》曰："国之大事，在祀与戎。"意思是说国家大事不外乎祭祀与战争。古代统治者认为，拥有祭祀的特权以及强大的军事实力才能使国家立于不败之地。《礼记·郊特牲》曰："万物本乎天，人本乎祖。"祭祀主要是为拜祭祖先和神灵。商周贵族多用鬯酒祭神祀先。鬯是用黍酿制的酒，在商周时期属于高档酒，为统治阶级所专享，用于重要礼仪场合。鬯又有鬯、郁鬯之分，前者用黑黍米酿制而成，后者在前者基础上加入郁金香的汁液，更为芳香。作为祭品，祭祀用酒要倾洒于地，称为"裸礼"。裸是古代的一种祭祀名，其方式是祭祀时把奉献的酒浇在地上。商周时期，以酒祭祀，需用到卣、觚、爵等一整套礼器。其中，卣以盛酒，觚以斟酒，爵以醮酒。

春秋战国时期的酒具大致有尊、缶、钫、壶、罍、斗、禁等，风靡一时的青铜饮食器具虽开始衰落，但仍不乏精品。值得注意的是，此时青铜酒具上的纹饰发生了重大变化，一改商周时期神秘狞厉的图案，取而代之的是清新自然、精巧流畅的蟠螭纹或宴飨、狩猎场景。河南新郑李家楼出土的莲鹤方壶是春秋时期酒壶的杰出代表作。此壶盖顶莲瓣两层，花瓣镂空，仰面盛

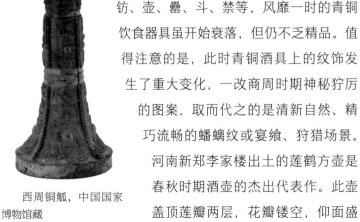

西周铜觚，中国国家博物馆藏

西周铜卣，中国国家博物馆藏

春秋莲鹤方壶，河南博物院藏

战国宴乐渔猎攻战纹图壶，四川博物院藏

开。其间有一活动的盖，盖上立一鹤，气宇轩昂，振翅欲飞。腹旁足下有生动的伏龙和伏兽。该壶造型奇巧，立鹤走兽，动静相辅，栩栩如生。四川成都百花潭出土的宴乐渔猎攻战纹图壶以三角云纹图案带为界，分成上、中、下三层：上层为采桑射猎图，中层为宴乐弋射图，下层为水陆攻战图。此器图案画面丰满，结构严谨，工艺精湛，不仅充分表现了战国时代青铜制造工艺的超高水平，更是研究当时生产、生活、礼仪、风俗、战争、建筑的重要实物参考。

东晋永和九年（353 年）农历三月初三，东晋大书法家王羲之和当时的名士谢安、孙绰等 42 人，在会稽山阴（今浙江绍兴）的兰亭，举行了一次别开生面的酒会。他们面前是一条弯弯曲曲的溪水，水面上漂着一个有双耳的椭圆形酒杯，酒杯顺着清清的溪水漂流而下，漂到谁面前，谁就拿起酒杯将酒一饮而尽，并要借着酒兴吟诗咏怀。

这种独特的饮酒习俗盛行于汉魏至南北朝时期，被称为"曲水流觞"。这里的"觞"为"羽觞"，是战国汉晋时期流行的一种饮酒器。"羽觞"的形状呈椭圆形，两侧各附一耳，呈半月形，就像一双羽翼，故名"羽觞"，因饮时需双手执耳，故又名"耳杯"。以漆耳杯最为流行，也有铜耳杯，但数量相对较少。漆制的耳杯在汉代特别流行，仅湖南长沙马王堆轪侯利仓贵族墓中就出土了 90 件漆耳杯，其中 40 件上面题写"君幸酒"款识，50 件上面题写"君幸食"款识。"君幸酒"即"请君饮酒"。"顾左右兮和颜，酌羽觞兮销忧"，漆耳杯作为一种酒器，于轻巧中透出灵动秀逸之美。

汉时，与耳杯同时流行使用的漆制酒具还有漆卮（圆柱体带把手的饮酒器皿）、漆壶（圆形的盛酒器）、漆钫（方形的盛酒器）、漆勺（挹取器）等。这些漆制酒具大多数器外涂黑漆，内髹朱漆，由于漆制酒具具有耐腐蚀、不易氧化等特点，很快就取代部分青铜酒具而逐渐被人们大规模使用。

在汉代，酒一般贮藏在瓮、榼或壶中，饮宴时先将酒倒在尊内，再用勺酌于耳杯中饮用。汉乐府《陇西行》记载："清白各异樽，酒上正华疏。酌酒持与客，客言主人持。"这里的"樽（尊）"是与耳杯配套的汉代主要的盛酒器之一。汉代人非常喜欢饮酒，所以两汉时期人们尤其注重酒器的制作，制作精良的尊在当时是一种很贵重的酒器。中国国家博物馆馆藏的鎏金青铜尊呈筒形，盖上有环和三飞鸟，器身有一对铺首衔环，器底嵌银铭文，三熊形足。

从出土文物可见，两汉的铜尊造型主要是筒形和盆形。筒形尊不但出土数量多于盆形尊，而且装饰也更为精美。筒形尊在 19 世纪 50 年代曾被称为奁。后来，根据出土器物铭文可

西汉"君幸酒"漆耳杯，湖南博物院藏

西汉鎏金青铜尊，中国国家博物馆藏

知，筒形尊称为"温酒尊"。据孙机先生研究，在汉代，"温酒"即酝酒，是重酿多次的酒。它用连续投料法酿造而成，酿造过程历时较长，是酒液清醇、酒味酽冽的美酒。所以汉代盛酝酒的筒形尊制作精美，在汉画像石中也多被置于案上，其地位远高于被置于地上的盛放普通酒的盆形尊。虽然盆形尊不及筒形尊地位尊贵，但它的使用范围却更广泛，不仅在汉画像砖、石上经常见到，而且到了唐代仍频频出现在人们的日常生活中。洛阳涧西唐墓出土的高士宴乐纹嵌螺钿青铜镜、陕西长安南里王村唐墓壁画、唐孙位《高逸图》、宋摹唐画《宫乐图》中都有它的身影。

唐代高士宴乐纹嵌螺钿青铜镜，
中国国家博物馆藏

南北朝时期，漆制饮食器具开始衰落。主要原因在于：其一，漆器工艺复杂，成本高，制作周期长，使用范围较狭窄；其二，东汉末年瓷器兴

北朝青瓷盘口瓶，中国
国家博物馆藏

起并迅速发展，对漆器造成了很大的威胁。种种原因促使漆制酒具不可避免地走向了没落。我国是世界上最早发明瓷器的国家，商代已有了原始的瓷器。到了东汉晚期，出现了真正意义上的瓷器。由于瓷制饮食器具有经久耐用、便于清洗、外观华美、成本较低等特点，它很快取代其他材质的饮食器具而成为中国人饮食生活中的主要用器。越窑青瓷（主要产地在今浙江余姚、绍兴等地）出现于东汉，经过三国两晋，到南朝时已大放异彩，各类青瓷酒具（如盘口瓶、鸡首壶、扁壶等）受到了人们的欢迎。南北朝时期，盘口瓶十分流行，这是由于盘口易于灌装液体，口大不易洒漏，在日常生活中很实用。瓷扁壶流行于东吴西晋时期，系仿青铜器烧造，扁圆腹，高圈足或两片高足，器腹两侧有对称双系，便于系绳背挂。这是一件方便携带的酒器。

隋唐时期的人们格外注重生活的品质，这反映在追求精美细致的酒具上。这一时期，各种材质的酒具呈现出了绚丽多彩的新局面，其中，金银酒具格外突出。唐代的金银酒具大都具有异域风格，代表性的器型有多曲长杯和錾指杯。多曲长杯是典型的萨珊式器物，多为八曲或十二曲，口沿和器身呈变化的曲线，宛如一朵开放的花朵，这种造型独特的器物深受唐代社会上层人士的喜爱。錾指杯起源于罗马，后盛行于波斯萨珊、粟特等地，也是唐代流行的金银酒杯式样。这种酒杯一般为八棱状，或平面呈圆形，或为圜底碗形，或呈罐形。陕西历史博物馆馆藏的伎乐纹八棱金杯系浇铸成型錾指杯，兼用焊接、平錾手法，金杯为喇叭形圈足，连珠纹环形柄。器身八棱，以錾出的连珠为界栏，每面饰舞伎一人。舞伎均为高浮雕，造型优

东晋青瓷扁壶，中国国家博物馆藏

美，工艺精湛，是当时中外文化交流的有力见证。

　　唐代中期以后，桌、椅等高足家具的出现和普及让伸手即取的注子应运而生。唐代后期，注子逐渐取代樽勺，成为最主要的盛酒和斟酒器。宋元时期，人们用长瓶装酒，如需要饮用时再把长瓶里面的酒倒至注子内，再把注子放入装有热水的温碗中，从而起到热酒的作用。除注子外，玉壶春瓶也是当时流行的盛酒器和斟酒器。玉壶春瓶又叫玉壶赏瓶，其名称有人认为是因苏东坡诗句"玉壶先春"而得名。玉壶春瓶的造型定型于北宋时期，基本形制为撇口、细颈、圆腹、圈足。早期的玉壶春瓶多为瓷器，到了元代，出现了许多由金、银制成的玉壶春瓶。元代玉壶春瓶取代温碗的原因之一，可能与元代饮酒品种的变化有关。宋代流行饮用黄酒，黄酒需热饮，故宋代酒器组合中常见温碗。而元代时多流行饮用葡萄酒和阿剌吉酒（蒸馏白酒），这两种酒均不需热饮，所以温碗失去效用。

　　这一时期还出现了很多具有民族特色的酒具，如马镫壶和马盂。中国国家博物馆馆藏的白釉马镫壶壶体呈扁圆形，管状嘴。器身两侧有皮条棱饰，作长凹形至腹下部，前后有竖直棱饰，为北方契丹游牧民族使用的典型器物。马镫壶，又名皮囊壶、鸡冠壶，最早出现于唐代，流行于宋辽时期，用于盛水或盛酒。由于外形酷似马镫，故此壶有"马镫壶"之名。皮囊壶的得名是由于此类壶系模仿契丹族使用的皮囊容器而烧造的。鸡冠壶的得名是因为这类壶上部半圆形的顶上有突出尖峰，下有一孔，宛如雄鸡冠状。白

唐代伎乐纹八棱金杯，陕西历史博物馆藏

宋代温碗、注子，中国国家博物馆藏

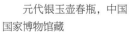

元代银玉壶春瓶，中国国家博物馆藏

五代白釉马镫壶，中国国家博物馆藏

釉马镫壶，在工艺上承袭了中原汉族的白釉传统，但呈现的却是契丹游牧风格。民族间的文化交流在马镫壶身上得到了良好的诠释。马盂形制由先秦礼器——匜发展而来。匜与盘结合，用于沃盥之礼。马盂兼有挹酒、斟酒和饮酒之用，非常适合马上行军生活，是元代的特色酒具之一。

明清时期，酒具的造型更加丰富，品质大大超越前代。此时的酒具有两大特点：其一，酒具容量偏小，这可能与酒精度数提高和酒味浓烈有关。其二，酒具造型仿古之风盛行。如定陵出土了模仿商周青铜器造型的4件金爵和1件玉爵。研究表明，这些玉爵和金爵为明万历年间所制，是万历皇帝生前使用的御用酒器。金爵为深腹、短尾、长流，流口两侧立二圆柱，三足外撇，腹一侧附有方形把手。爵身及托上嵌有红宝石、蓝宝石和珍珠，托盘、墩柱、爵的胎型均为打制成型，以錾花工艺为主进行装饰。材质、工艺之精美令人叹为观止。

明代金托金爵，定陵博物馆藏

这一时期，各类瓷制酒具得到进一步发展，在青花、斗彩、冬青等瓷器基础上，又创制了粉彩、珐琅彩等。中国国家博物馆馆藏的黄地绿彩云龙纹方斗杯器内、外以黄釉为底，纹饰先刻画后施绿彩。方斗杯系明嘉靖时期流行的杯式之一，造型别致，制作工艺较圆器更为复杂。中国国家博物馆馆藏的明青花折枝花果纹执壶的造型仿西亚地区铜器式样，是永乐、宣

明代黄地绿彩云龙纹方斗杯，中国国家博物馆藏

清代珐琅酒杯，中国国家博物馆藏

德时期烧造的典型器物之一。康乾时期的珐琅酒杯上的描画吸收了西洋绘画技法，描绘细致、施彩多样，具有很高的艺术价值。在盛酒器方面，注子改称执壶，玉壶春瓶的瓶身也成为执壶的主要造型之一。

美酒配美器，在中国历史上，伴随着制酒业的发展，酒具的材质、造型更加多样，制作工艺水平也在不断提高。酒具既蕴含了丰富的政治、历史和文化信息，又以其独特的审美和艺术价值，成为中国酒文化的重要组成部分。

明代青花折枝花果纹执壶，中国国家博物馆藏

# 古代酒肆

　　"酒肆"是酒馆、酒楼的古称，据谯周《古史考》记载，姜尚微时曾"屠牛于朝歌，卖饮于孟津"，应是较早的关于"酒肆"的文字记载了。先秦时期，酒肆业有了初步的发展。《韩非子·外储》记载了这样一则寓言故事：宋国有一个卖酒的商人，其所酿之酒品质上佳，售酒从不缺斤短两，招待客人也十分殷勤，还高悬酒旗招揽顾客，但酒就是卖不出去，时间一长，美酒都变酸了。后来他才找到原因，原来是他豢养的一头看门恶犬吓跑了酒客们。从这则故事可以推测，先秦时期已经有自酿自销的小型酒肆了，并且这类酒肆已经开始注重宣传推广（高悬酒旗）。

　　汉代人嗜酒之风炽盛，所谓"百礼之会，非酒不行"，即没有酒就无法待客，不能办宴席。所以酒的需求量很大，酒业规模相当可观。私营酒业的经营者除了富商大贾、兼营工商业的贵族官僚和地主，还有一些小手工业者。《史记·货殖列传》记载，通邑大都有"酤一岁千酿""浆千甔（坛子一类的器皿）"的大型酒作坊，有些大酒商由此成为富比"千乘之家"的巨富。西汉时在长安就出现了赵君都、贾子光等经营酒肆的财力雄厚的"名豪"。《列仙传》中也记载梁市的一酒家可"日售万钱"，收入相当可观。这些大型酒坊一般集中在通邑大都，因销售额巨大，一般雇佣酒保或家奴以协助生产。大型酒坊的产品主要供给官僚贵族。史籍记载，魏其侯窦婴准备宴请当朝丞相田蚡时，"与夫人益市牛酒"，以他们的身份地位，光顾的自然不会是街边小肆，而是大酒商经营的大型酒坊。河北满城中山王刘胜夫妇墓出土了30多口高达70厘米的大陶酒缸，据考古学家推测，这些酒缸内的存酒原应有5吨左右，数量如此庞大的酒品应该来自一些大型酒坊。

为了追逐可观的酒利，也有贵族官僚或地主染指私营酒业。《汉书·赵广汉传》记载，汉宣帝时，赵广汉为京兆尹，在霍光之子霍禹家中搜出了"私屠酤"的容器。而赵广汉的门客也倚仗着权势，在长安市肆"私酤酒"。东汉豪强地主在自家田庄内往往也自己酿酒，如内蒙古和林格尔汉墓壁画中可以看到田庄酿酒的图画。官员或地主私酿之酒除了满足自身享乐需求外，绝大部分用于出售牟利。一些有规模的中型酒肆也提供饭食，且饭食的水准高、菜色丰富，如汉乐府《羽林郎》一诗描写道："就我求清酒，丝绳提玉壶；就我求珍肴，金盘脍鲤鱼。"《盐铁论》所述"熟食遍列，殽施成市"的场景也是当时私营酒业兴旺的表现。

西汉陶酒缸，河北博物院藏

东汉羊尊酒肆画像砖拓片

小型私营酒肆一般集中于县乡的市集之中，经营者多为小手工业者。据《史记》记载："相如与俱之临邛，尽卖其车骑，买一酒舍酤酒，而令文君当垆。相如身自著犊鼻裈，与保庸杂作，涤器于市中。""当垆"为卖酒之意。"犊鼻裈"是仅以一幅布缠于腰股之间的短裤，是社会下层劳动者劳作时所穿之裤。根据这条记载可知，司马相如要亲自负责酒的生产，并与酒保一起劳作；卓文君则负责酒舍的服务与招揽客人。这类酒肆一般为自酿自销，他们既要充当生产者也要作为销售者，兼有小手工业者和小商人的双重身份。四川博物院收藏了一块东汉羊尊酒肆画像砖，生动地描绘了东汉酒肆的场景。画面左部为一座具有汉代木结构建筑特征的酒肆，内部置有各式盛酒的器皿。右上角的木案上可见一个方形容器和两个羊尊。酒肆内有一人（应为店主），外面有名着宽袖长袍的沽酒者。右下角有两个荷酒贩鬻者，一人肩挑两酒瓮而入，一人用独轮车载羊尊而出。整个画面构图精妙，疏密有秩，仿佛使人看到了熙熙攘攘、生意昌隆的汉代酒肆贸易情景。

有些规模更小的酒肆经营者为节约成本，会亲自参与酒的酿造，不雇佣酒保。《后汉书》记载，东汉崔寔为厚葬其父，"资产竭尽，因穷困以酤酿贩鬻为业"。像崔寔这样的经济状况，显然是雇佣不起酒保的，因此只能自己亲自酿造。《汉书·高帝纪》载，沛县丰邑就有王家和武家两座酒馆。汉高祖刘邦做亭长时，常常从这两家酒馆赊酒来喝，而且往往在酒醉之后留宿于此。由此可以推测，秦汉时期的某些乡村酒馆提供赊账和食宿服务。

魏晋南北朝时期，在战乱和经济萎缩的背景下，饮食行业的发展不如前代，但酒肆业仍然在不同程度上有所发展。曹植乐府诗云："市肉取肥，酤酒取醇，交觞接杯，以致殷勤。"这是对当时酒肆业的生动写照。又据《洛阳伽蓝记》记载，北魏洛阳有两个区的居民均以酿酒为业，可见当时酿酒业的兴盛和酒的消费量之巨。当时的统治阶级尤其喜欢酒肆的氛围。《宋书·少帝纪》记载，南朝宋少帝刘义符"于华林园为列肆，亲自酤卖"；东晋会稽王司马道子为了追求酒肆饮酒的氛围，在自己王府北园内设酒垆置酒肆，让姬妾们假装卖酒的女招待，他前去买酒日夜狂饮，酩酊大醉几日不醒。贵为帝王贵胄居然以在酒肆卖酒、买酒为乐，可见当时酒肆文化影响之大。酒肆是名士们驱散心中阴霾的归宿地。《晋书》记载，竹林七贤之一的阮籍性格洒脱不羁，不是饮于郊里林泉，就是流连酒肆。阮籍邻家有个十分美貌的少妇，当垆卖酒，阮籍常去畅饮，醉了便睡在她的身旁，无所顾忌。

唐代是我国封建社会的鼎盛时期，城市经济呈现空前的繁荣景象，饮食业尤其是酒肆业得到了空前的发展，大大满足了人们的饮食生活需求。唐代酒肆空前繁盛，从首都长安到全国各地，从城市到乡野村庄，各种规模的酒肆如雨后春笋般发展

阮籍像

起来。刘禹锡《百花行》云："长安百花时，风景宜轻薄。无人不沽酒，何处不闻乐。"这是长安酒肆业盛况的写照。唐人西送故人，多在渭城酒肆中进行，诗人们留下了许多渭城酒肆饯别的名句。如王维《送元二使安西》云："渭城朝雨浥轻尘，客舍青青柳色新。劝君更尽一杯酒，西出阳关无故人。"这一时期酒肆的经营者承袭前代传统，安排妇人在前台招待顾客。胡人经营酒肆十分普遍，这些酒肆当垆的胡姬大多年轻美貌。李白《前有一樽酒行二首》云："胡姬貌如花，当垆笑春风。"让美如花的胡姬当垆，无疑是为了吸引更多的酒客。唐代前期的城市沿袭传统的封闭管理制度，禁止夜间营业，因而夜间卖酒被视为非法。唐中期以后，酒肆夜间营业不再受限制。杜牧《泊秦淮》中"烟笼寒水月笼沙，夜泊秦淮近酒家"生动呈现了夜间酒家的营业场景。值得一提的是，当时在皇宫中也有卖酒的商人。如唐文宗时的宦官仇士良发动政变时，被关在宫门之内无法逃脱的千名死者中就有很多"酤贩"，由此可见当时的酒商几乎达到无孔不入的地步了。当然，在竞争激烈的唐代酒肆业中也出现过销售假冒伪劣产品的现象，韦应物对此也有深刻的揭露："主人无厌且专利，百斛须臾一壶费。"为了追逐可观的利润，一些无良奸商采用漫天提价、以次充好的手段欺骗顾客，卑劣手段令人不齿。

宋代是中国古代饮食业大发展的时期。在宋代以前，都会的商业活动都有规定的范围，即集中的商业市集，如唐长安城的东市和西市。宋代则完全打破了这种传统的格局，城内城外，处处店铺林立，并不设特定的贸易商市。传统的"日中为市，日落散市"制度也被打破，宋代饮食业逐渐实行全日制经营。从经营的饮食类型来看，主要有酒肆、茶坊、食店等。北宋张择端描绘的巨幅风俗画——《清明上河图》描绘的是北宋都城汴京（今河南开封）清明时节汴河及其两岸的风光。这幅传世名画生动地描绘了 12 世纪中国城市生活的面貌，在我国乃至世界绘画史上都是独一无二的，堪称中国绘画史的骄

唐代壁画中的执胡瓶女子

傲。画中对正店、脚店等不同档次的酒店建筑与古人饮酒场面的描绘，为我们了解中国古代酒肆提供了重要的参考资料。据史料记载，北宋汴京城内有 72 间正店，其余均为脚店。正店即大型的酒店，多以"楼"为名。这种酒店建筑雄伟壮观，装饰富丽堂皇，环境优美典雅，主要为上层顾客服务，基本集中在城市里。据记载，北宋汴京城内规模最大、最著名的酒店为白矾楼（又称"樊楼""丰乐楼"），时人有诗赞道："梁园歌舞足风流，美酒如刀解断愁。忆得少年多乐事，夜深灯火上樊楼。"有学者认为，《清明上河图》中的孙羊店也是一家正店。正店有权向官办造曲的机构即都曲院购买酒曲，进而造酒；除自销外，亦可向官府划定范围内的脚店提供批发酒。脚店相当于中型酒店，兼有旅店业务。"卖贵细下酒，迎接中贵饮食。"北宋汴京城内此类酒店不能尽数，著名的有白厨、州西安州巷张秀、保康门李庆家等。

　　《清明上河图》中悬挂着"新酒""小酒"字样的酒旗，表明了北宋酒的不同种类。"十千"脚店的酒旗上写有"新酒"字样，汴河旁同王家纸马店相邻的小酒店悬挂着写有"小酒"的酒旗。与小酒对应的是大酒，二者的区别在于酿酒的季节与酿造工艺的不同。小酒一般在温度较高的季节酿造，酒的发酵时间较短，随酿随售，价格也更低，大酒则是冬季酿造，经隔水煮酒工艺对酒进行蒸煮、加热灭菌，可长时间保存而不坏，酒味浓郁而价格更高。"十千"同"天之美禄"一样，意为店中有美酒，是招徕顾客的广告用语。

　　与宋朝同时并存的金国，嗜酒之风亦颇为盛行。在金国，随处可见热闹的酒肆。山西繁峙岩山寺中有一幅描绘当时酒楼

《清明上河图》中的"正店"

北宋张择端绘《清明上河图》（局部），故宫博物院藏

的金代壁画，壁画显示：此酒楼建于池塘之上，酒楼外围是商贩云集的市集，热闹非凡。酒楼外面挂一面酒旗，上书"野花钻地出，村酒透瓶香"的宣传语，酒楼内桌凳摆放整齐，在楼内品酒饮茶、说唱卖艺、凭栏赏景者人数众多，其热闹的场景一如《清明上河图》和《东京梦华录》中所反映出的北宋汴京的繁荣景象。此外，宋金元时期还留下了很多描写酒肆的诗句和词曲，如"别墅酒旗依古柳，点溪花片落新香""野店无人问春事，酒旗风外鸟关关"等。元代杂剧家乔吉的《折桂令·七夕赠歌者》云："黄四娘沽酒当垆，一片青旗，一曲骊珠。滴露和云，添花补柳，梳洗工夫。无半点闲愁去处，问三生醉梦何如？笑倩谁扶，又被春纤，搅住吟须。"此曲描绘了一位年轻貌美的酒肆老板娘，坐在酒旗飘展的酒肆里，唱着婉转动人的歌，乐观开朗无忧无愁。她那乌云般的黑发插着花，搽了油，格外引人注目。她与诗人畅谈一番之后，竟然拦住诗人索诗，不然的话不放他走。诗人的寥寥数语，将酒肆老板娘柔美灵动、豪爽泼辣的性格特征表现得淋漓尽致。

　　宋元以后，酒楼成为建筑巍峨崇华、服务档次高的大酒家之专称，而酒店则特指专营酒品、没有或只有简单佐酒之肴的酒家。明清两代酒店业的发展超越前代。明太祖朱元璋在灭元后，为了便利商旅、安定社会，曾下令在首都应天府（今南京）城内建造十座大酒楼。起初，这些在政策支持下开办的酒楼，雄阔豪华，生意兴旺。但后来由于管理不善、腐败丛生以及私营酒店的竞争等因素，这些官营酒店很快被撤销。明代酒肆还有一个重大变化，就是它已经成为人们社交的重要场所。人们无论是洽谈生意还是说媒拉纤都习惯去酒肆进行。对此，

金代酒楼壁画

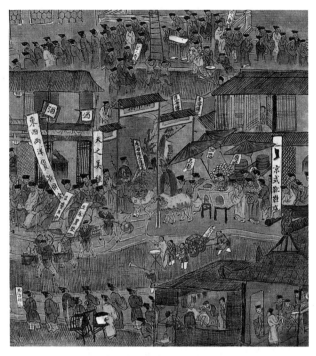

明代《南都繁会图》中的酒肆

《金瓶梅词话》《警世通言》等文学作品均有很多描述。这一时期，酒肆的服务人员均有较高的文化素养，以奉迎不同消费层次的客人。明人蒋一葵的《长安客话》中记载了这样一则故事：某日，皇帝携大臣微服出游来到一家小酒馆，习惯了美酒佳肴的皇帝自然看不上小酒馆的酒微菜薄，于是出口讥讽道："小村店三杯五盏，无有东西。"此时正好店主进来送酒上菜，闻听此言，立马对道："大明国一统万方，不分南北。"小小酒肆店主竟然对答如流，让皇帝惊讶不已。明清两代，文献记载最多的还是设于官道旁边或乡野之地的私营酒店。在古代饮食器具上如果书有"酒""美酒""好酒"等字样，应均为酒肆（店）的定烧产品，如中国国家博物馆馆藏的明代"好酒"白釉盘就是用于招揽顾客，赞美自家酒品的酒肆器皿。

吴敬梓在《儒林外史》中曾这样描绘明清时期南京城酒肆的繁荣景象："大街小巷，合共起来，大小酒楼有六七百座……到晚来，两边酒楼上明角灯，每条街上足有数千盏，照耀如同白日，走路人并不带灯笼。"南京的酒肆如此繁荣，北京自不必言。清人赵骏烈有诗云："九衢处处酒帘飘，涞雪凝香贯九霄。万国衣冠咸列坐，不妨晨夕恋黄娇。"大意是京师酒肆鳞次栉比，星罗棋布，各种档次的酒店中落座的既有社会贤达，也有异邦食客，三教九流，十分热闹。

清代的酒肆更多地向艺术领域扩展，把书法、绘画、歌舞、戏剧、曲艺、杂技等多种艺术形式纳入酒肆之中，以招徕酒客。以清代北京的酒肆为例，有很多讲究文化品位的酒肆都会悬挂名人字画，以彰显文化氛围。乾隆70岁生日时，跟随朝鲜使团前来贺寿的朝鲜文学家朴趾源在其所著《热河日记》描述了北京大型酒楼的豪华场景："雕栏画栋，金碧辉映，粉壁纱窗，渺若仙居。左右多张古今法书名画，又多酒席佳诗……此酒家奇羡，故争侈其椅卓器玩，盛排花草，以供题品。精墨佳纸，宝砚良毫，尽在其中。"书法绘画是吸引名人墨客前来酒肆消费的重要法宝，歌舞、戏剧、曲艺、杂技等则是调节酒宴气氛的有效手段。《清稗类钞》曾对京城酒肆有过这样的描述："京师酒肆，无室不备弦索，二三知交，酒酣耳热，辄自操胡琴，琅琅以歌。"

酒肆是古代酒文化集中的展示之地。不同规模、档次的酒肆为酒客们提供了心灵的慰藉之地。它或是平民百姓劳动之余休闲娱乐的港湾，或作为文人墨客迸发创作灵感的园地，或是一些高官显宦们醉生梦死的场所。古代酒肆在长期的历史发展中，逐渐总结出了很多行之有效的经营理念，如注重宣传、美女当垆、交易和促销形式多样化等。总之，古代酒肆业的经营不但致力于美酒的销售，更将多种娱乐行业纳入其经营范围，成为古代社会的一个综合性休闲娱乐场所。

明代"好酒"白釉盘，中国国家博物馆藏

# 五味调和

中华饮食文化源远流长，烹饪出的珍馐美味丰富多彩，而珍馐美味离不开兼具色、香、味特质的各类调味品的加持。在历史的长河里，丰富的调味品堪称人们舌尖上的味蕾诱惑，不仅为中华饮食文化添光增彩，更为人们的身体健康保驾护航。古代的调味品大致可分为自然生成和人工酿制两类，前者主要有盐、蜜等，后者主要包括醋、酱、豉等。根据味型不同，又可将调味品划分为酸、苦、辛、咸、甘等五味。烹饪中的五味调和是中华饮食文化的一项重要原则。

# 百味之王

迄今为止，人类所认识和利用的所有调味料中，没有哪一种比盐更重要。盐在烹饪中的用处很多，如杀菌防腐、保留原味、提鲜增味等。古人对盐的认识虽不如今日那么具体和深入，但对于盐在国计民生中的重要地位还是没有任何异议的，如《后汉书》中有"盐，食之急者，虽贵，人不得不须"的记载。

盐的发现和使用经历了漫长的岁月，换言之，先民们度过了一段相当长的没有"滋味"的日子。司马迁在《史记·乐书》中记载："大飨之礼，尚玄酒而俎腥鱼，大羹不和，有遗味者矣。"意思是大飨的礼仪，推崇上古时期的玄酒（清水），在俎上陈列生鱼生肉，大羹没有调味料。这些记载是古代先民既不识盐也不食盐的证据。盐究竟是何时被发现的呢？据《世本》记载，黄帝时，诸侯夙沙氏，以海水煮乳，煎成盐。夙沙是传说中的人物，其是否就是盐的发现者，我们不得而知。但这段记载说明中国最早的盐应该是用海水煮出来的。除了品尝过海水，先民们一定也尝过咸湖水、盐土等带有咸味的东西，并开启了寻找、提炼盐的艰辛旅程。

在商代的甲骨文和金文中，虽无"盐"字，但却有与它密切相关的"卤"字。《说文解字》中解释："盐，咸也，从卤监声。"段玉裁注释："盐，卤也；天生曰卤，人生曰盐。"

盐

意思是说盐就是卤，自然形成的称为"卤"，经过人力加工的就称为"盐"。商代时，盐是人们饮食生活中不可或缺的调味品。商代著名的贤王武丁十分欣赏他的相国傅说，在傅说的辅佐下，国家大治。武丁曾说过"若作酒醴，尔惟曲糵；若作和羹，尔惟盐梅"，这里武丁把治国比喻为厨事（酿酒、制羹），赞美傅说是酿酒所需的酵母以及调羹所需的盐、梅，这些都是必不可少的因素。因此，后世也将宰相治政比喻为"调羹盐梅"。

周代，掌盐政之官叫"盐人"。《周礼·天官·盐人》记载："盐人掌盐之政令，以共百事之盐。祭祀共其苦盐、散盐。宾客共其形盐、散盐。王之膳羞共饴盐，后及世子亦如之。"意思是盐人掌管盐政，管理各种用盐的事务。祭祀要用苦盐、散盐。款待宾客时，要供给所需的形盐、散盐。为周天子烹制膳食时，要供给饴盐。对于王后和世子也参照周天子的标准。

所谓"苦盐"，即盬盐，是一种自然风化而成，不经煎煮的味道发苦的盐类；"散盐"是经过煮制卤水而成的盐。把盐当作祭品敬献给神灵，足见盐在古代先民心目中的重要性。关于"形盐"，郑玄注曰"形盐，盐之似虎者"，字面意思是把整块的盐刻画成虎的形状。"形盐"的命名应来源于其形态。史籍记载，虎形盐在宋代时仍是大宴时招待贵宾的必备品。宋仁宗的御试题目中，还有一道关于虎形盐的考题。清朝虎形盐用于祭祀场合，是国家礼仪的象征。"饴盐"是一种带甜味的岩盐。郑玄注云："饴盐，盐之恬者，今戎盐有焉。"由此注释可知，"饴盐"的产地在戎地（今河西走廊一带）。据载，戎地出产之盐色味俱佳，极富食疗价值。当地高寿者人数众多，或许与其食盐有关。由于戎地当时并不在周王朝管辖范围内，故此，戎地所产之"饴盐"才显得格外珍贵，为王室成员的专享品。

先秦时期，如果哪国能有效地控制盐业基地、掌控盐品流通，就可以取得优势的地位。齐地就因盐业富强。《史记·货殖列传》记载："（齐）地潟卤，人民寡，于是太公劝其女功，极技巧，通鱼盐，则人物归之，襁至而辐凑。""潟卤"即为盐碱地的意思。姜太公受封建立齐国，那时的齐国又穷困又落后，太公就因地制宜，采取了一系列促进经济发展的措施，其中最重要的一项就是"通鱼盐"。通过发展"鱼""盐"这两大优势产业，齐国一跃成为"冠带衣履天下"的富足之乡。到了齐桓公时代，在管子的"海王之国，谨正盐策"的思想指导下，得天独厚的盐业资源以及行之有效的盐业政策，为国家带来了巨额财富，齐国一跃成为炙手可热的东方大国。从齐国开始，盐成为历代政府官营的垄断产业，齐国盐政的创始性意义不容轻视。

古有"陶朱、猗顿之富"的说法，"陶朱"指的是春秋时期政治家范蠡。范蠡助越王勾践灭吴后，因其认为越王为人不可共安乐，因此弃官到山东定陶，经商致富，称"陶朱公"。"猗顿"是春秋战国时期的鲁国人，也是中国第一个大盐商，对河东池盐的开发发挥了十分重要的作用，与陶朱公齐名。

战国时期，秦国实行盐业官营的制度。统一六国后的秦王朝对盐产和盐运亦有所控制，《汉书·百官公卿表》记载："少府，秦官，掌山海池泽之税，以给共养。"此外，"西盐""西盐丞印""江左盐丞""江右盐丞"等存世秦封泥，也是秦代盐政的文物实证。种种证据显示秦代的盐铁政策是在政府严格控制下实行的征收重税的政策。这一政策或许是造成秦末农民战争爆发和秦朝速亡的原因之一。

汉朝初年，吸取秦代速亡的教训，汉政府采取了与秦不同的政策，那就是允许私人自由经营盐铁。山泽开放了，商税减轻了，民营盐业也大大发展起来。汉初的自由盐业政策，使很多商人因为经营盐业而成为巨富，如《史记·货殖列传》记载齐地一个名叫刀间的人"逐渔盐商贾之利""起富数千万"。汉景帝时期，发动"七国之乱"的吴王刘濞就是依靠吴地滨海地区的盐业资源，迅速积累起巨额财富，为政变筹备了丰厚的

管仲像

秦封泥"江左盐丞"

资本支持。当时，淮阴人（今江苏淮安人）枚乘为吴王刘濞郎中，曾感叹"夫吴有诸侯之位，而实富于天子"。

汉武帝时期，桑弘羊主持的盐铁官营等经济措施虽然适应了当时巩固王朝政权的需要，为王朝奠定了坚实的经济基础，但也存在很多弊端。且这些经济措施剥夺了地方诸侯和富商大贾的既得利

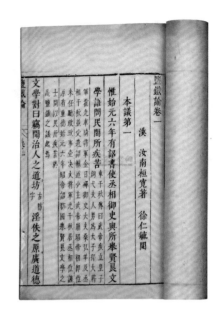

《盐铁论》书影

益，势必会引起他们的强烈不满和反对。在这样的历史背景下，中国古代历史上第一次关于国家大政方针走向的大型辩论会——著名的"盐铁会议"应时召开了。这场激烈的民生大辩论的结果是朝廷仅仅罢去了郡国酒榷和关内铁官，其他各项政策仍维持不变。30年后，桓宽根据这次会议的官方记录，写成《盐铁论》一书。

秦汉时期，盐的来源主要有：从海中提取的海盐（主要分布在沿海地区），从含盐量高的湖中提取的湖盐（主要在西北地区），以及从含盐较高的井中提取的井盐（主要在巴蜀地区）。初期，盐的制作方法是直接安炉灶、架铁锅、燃火煮。这种原始的煮盐法耗工时、费燃料、产量少，从而导致盐价贵。汉时，制盐技术有了大幅提高。中国国家博物馆收藏的一块出土于四川成都扬子山的盐场画像砖生动再现了东汉时蜀地的自然生态和井盐生产的繁忙景象：画面上群山耸立，植被繁茂，其间歇息着禽类和哺乳动物，山间是猎人追射的场面。左下角盐井上高矗着井架，架分两层，每层有二人正用滑车和吊桶汲卤；右下角放置一灶，下有四根管排列，灶上有釜五

汉代盐场画像砖，中国国家博物馆藏

口，灶前一人正烧火熬盐；井架和灶间架有枧筒，盐卤经枧筒
输送至灶上的大锅内；山麓有两个运盐者背负盐包行进。汉代
蜀地的井盐闻名全国，史称当地"家有盐泉之井，户有橘柚之
园"。当时的盐场都坐落在山峦重叠、树木丛生、野兽出没的
山峪里；盐井都较深，井上有高大的井架，并采用了比较先进
省力的定滑轮装置，可上下拉动绳索取卤；取卤和煮盐的地方
相距不远，通过竹枧将两个地方结合起来，使取卤和煮盐的两
道工序紧密相连。

　　魏晋南北朝时期，绝大部分时间实行盐的专卖。《晋令》
记载："凡民不得私煮盐，犯者四岁刑，主吏二岁刑。"可见，
晋代时，私煮盐者，百姓判四年刑，官吏判两年。当时，人们
对于盐的认识更加深入。著名医学家陶弘景在《本草经集注》
中介绍了不同产地、不同品种的盐，指出它们在饮食中是不可
缺少的调味品：东海、北海及交广的南海（今自辽东至岭南的
沿海地带）出海盐；河东（今山西运城）出池盐；梁、益（今
四川、陕西一带）出井盐；西羌（今青海到河西走廊一带）出
山盐，即岩盐。各种盐由于产地不同而颜色、颗粒、口味各不
相同：东海盐是当时的官盐，色白而颗粒细；北海盐黄，颗粒
粗，适合腌制食物；蜀地井盐精细而味淡；广州南海盐咸且
苦。在所有的盐品中，河东池盐品级最好。

由于这一时期的制盐工艺比较粗糙，成品盐含有很多杂质，人们对食盐提纯十分关注。北魏贾思勰的《齐民要术》中记录了两种食盐提纯的方法：造花盐法、造印盐法。在五六月时，取水二斗，以盐一斗投入水中，待盐融化后又以盐投之，水咸极时，盐就不再溶解了。这时换个容器来淘洗，淘去上浮的杂质，让它澄清，使污垢泥土沉淀在器底，然后将清澈的盐汁倒在另外的洁净容器里。这样过滤出的盐滓很白净，可以供作寻常食用。在天气好（没有风沙）的日子里，晒这样的盐溶液，将浮在液面上的盐撇出来，便成了"花盐"，它的厚薄和光泽像钟乳石的结晶体。如果留着浮盐长久不撇出来，其会沉入水底，成为"印盐"，它的大小像豆子，呈正四方形，千百颗都相似，需要时可以捞出来用。花盐、印盐的色泽像玉或雪一样洁白光莹。

由于盐在当时还是比较珍贵的东西，因此《齐民要术》中介绍了一种省盐的食法，名作"常满盐法"：取一个不渗水的特大号瓮，放置在庭院内的石板上。瓮中盛满白盐，用干净的水浇在盐上，使瓮中始终保持有水。须用盐时，舀取上面的盐水，在锅里煎成盐。接着还要继续往瓮里添水，取一升盐水就添一升水。太阳一晒，盐水又能还原成盐，这样周而复始，盐永不穷尽。

唐代的制盐业仍主要由政府控制和垄断，制盐人户籍均入亭户，非亭户而制盐即以盗盐论。中唐以后，中央专设盐铁使，实施盐专卖，各地则分设巡院、场、监等。唐代的盐业生产以海盐、池盐、井盐为主，以海盐的产量最大，池盐产量次之。唐代人基本上吃海盐，如高适《涟上题樊氏水亭》诗云："煮盐沧海曲，种稻长淮边。"又如殷尧藩《送客游吴》云："海戍通盐灶，山村带蜜房。"上述两首诗描写的均为海盐的加工和提取。从唐代开始，池盐的晒制技术被推广到海盐生产中，海盐加工变煮为晒，使海盐生产翻开了新的一页。

巴蜀一带出产井盐，白居易诗中有"隐隐煮盐火"之语，

四川盐井遗址

杜甫《盐井》云："汲井岁揹揹，出车日连连。自公斗三百，转致斛六千。"便是当地加工井盐的写照。四川蒲江县唐代制盐遗址中出土的熬盐燃料产生的炉灰、少量日用器具以及熬盐铁锅残片，都是唐代四川地区井盐制造业的珍贵实证。

尽管宋代也采用了唐末的海盐晒制法，但技术尚不完善，盐的制造仍以传统的煎熬为主。海盐生产上的最大进步是发明了石莲试卤技术，即通过莲子在卤水中的浮沉来判断卤水的浓度。井盐的生产技术也有了重大改进，一种新型盐井——卓筒井诞生了，此井拥有"中国古代第五大发明"的美誉。据学者研究，卓筒井出现之后生产力大幅提升，南宋绍兴二年（1132 年），井盐年产量 6000 余万公斤，比卓筒井出现前增长 6.5 倍。可见卓筒井的发明，对于井盐生产来说，是一次技术上的大飞跃。而且宋代的人们完全没有料到，卓筒井这一盐卤的开采技术竟成为后来石油开采技术的鼻祖。

明清时期，关于制盐的理论有了重大发展。李时珍的《本草纲目》既阐释了有关食盐可以治病防病的原理和方法，又详尽地介绍了各类盐产品的沿革、称谓、形状、颜色、生产、产地等。在对盐的性能和药用价值不断探究的基础上，以李时珍为代表的中医学家逐渐注重在临床治疗中发挥盐的作用。或以水饮，或以酒服，或炒作，或炮制，或配药，总之，盐成为医家手中的重要法宝，在对疾病的治疗中大显身手。《本草纲目》中涉及"盐"的药方有200余例。

宋应星在《天工开物》中除介绍海盐、池盐、井盐、土盐、崖盐和砂石盐的生产技术外，也对食盐的认识作了重大补充。他指出：辛、酸、甘、苦这四种由人口舌感觉到的味，常年缺少哪一种，人都不会生病；唯独食盐，十天不吃盐，人就会疲乏不堪。宋应星认为，这一简单的事实正说明了自然界首先孕育出了水，而水的咸味因此成为人类体力和生气的源泉。这个说法表明当时的人们已认识到食盐在生活中是不可缺的。盐易溶于水，故盐见水即溶解；风能促使盐卤的析出，故盐见风即流盐卤；用火煎熬可继续蒸除盐中的水分，故盐见火愈坚。正是由于食盐具有这些特性，所以储存食盐不必用仓库，只要在地上铺三寸稻草，并在食盐四周砌上土砖，用泥封固砖隙，上面再盖上一尺厚的茅草，食盐在其中放置百年也将依然如故，永不变质。这种对于食盐特性和储存方式的认识显然是古人长期使用食盐的经验总结。此外，宋应星在书中还提出一个关于"盐"的有趣问题："四海之中，五服而外，为蔬为谷，皆有寂灭之乡。而斥卤则巧生以待，孰知其所以然？"意思是说内地和边疆都有一些不长庄稼的"不毛之地"，而恰恰正是这些地方产出食盐等待人们去取用。谁知道这背后究竟是什么原因呢？宋应星随后总结道，凡是车船到不了的地方，大自然就会自己就地生产出食盐。

在人类所认识和利用的所有调味料中，盐的主导地位是不可撼动的。无论是从被认识和利用的时间，还是应用范围（烹饪、药用）的广泛，抑或是倚重程度来看，盐都是当之无愧的"百味之王"。

《天工开物》中的池盐

# 味中领将

　　酱是中国古人餐桌上必备的调味品。据《论语·乡党》记载，孔子曾表示："不得其酱，不食。"唐人颜师古曾形容酱在饮食生活中的地位如同领军之将，"酱之为言将也，食之有酱，如军之须将"，这个解释颇为贴切。宋代陶谷《清异录》中有"酱，八珍主人"之语，意思是说，如果没酱的话，饮食也就没什么体统了。到了宋代，酱也是餐桌上不能缺少的食物。《梦粱录》云："人家每日不可阙者，柴、米、油、盐、酱、醋、茶。"即我们后来所说的俗语——"开门七件事"。

　　古代的酱和现在的酱不是一回事。《说文解字》云："酱，醢也。从肉，从酉。"从这个解释可知，"酱"是指肉加酒发酵后的糊状物，即肉酱。古代的肉酱有醢、臡两种。两者的区别在于醢是用纯肉做成的肉酱，臡则是用带骨的肉制成的肉酱。

　　醢的制作最晚可以追溯至商代。《史记·殷本纪》中有"醢九侯"的记载。这里的"醢"指的是古代的一种酷刑，即将人剁成肉酱。《吕氏春秋·行论》记载："昔者纣为无道，杀梅伯而醢之……"意思是说纣王无道，因为梅伯正直敢言，冒颜进谏，直斥纣王荒淫无道，所以纣王将他杀掉剁成肉酱。《礼记·檀弓》记载："孔子哭子路于中庭，有人吊者，而夫子拜之。既哭，进使者而问故。使者曰：'醢之矣。'遂命覆醢。"这段记载说的是孔门七十二贤人中的子路由于参与了卫

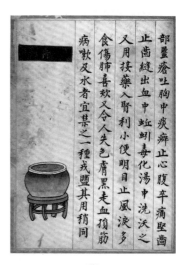

酱

国的政变，被当作乱臣剁成了肉酱，孔子听闻后极为悲痛，于是就将家中的肉酱倒掉，不再食用。以上材料表明，先秦时期的人们经常制醢。该时期，肉酱的品种极其丰富。据《周礼·天官》记载，周天子祭祀或宴宾时用酱"百二十瓮"，这些酱绝大多数为肉酱，如兔醢、雁醢、鱼醢、蠃醢（用细腰蜂制成）、蚳醢（用蚁卵制成）、蠯醢（蚌肉制成）、醓醢（肉汁醢）等。

醢，或作"胾"，是带骨的肉制成的肉酱。《说文解字》："胾，有骨醢也。"《尔雅·释器》"肉谓之醢。有骨者谓之臡。"意思是纯肉酱为醢，带骨的肉酱为臡。如古代文献中有麋臡（带骨的麋鹿肉酱）、麇臡（带骨的獐子肉酱）等记载。东汉经学大师郑玄在《周礼》的注文中，对当时肉酱的制作方法做了详细的解释：先将各种肉料曝干或风干，加工成肉末，加入梁米饭或谷粉、曲、盐等配料，然后用酒腌渍，最后装入瓶中封存100天，等待自然发酵即可。

值得注意的是，周代的酱包含的范围比较广，是醢和以酸味为主的醯两大类发酵食品的总称。据《礼记·内则》记载，不同食材应该搭配不同的肉酱品类。如吃干肉片应配蚁卵酱，吃干肉粥用兔肉酱，吃熟麋肉片蘸鱼酱，吃鱼片蘸芥酱。周天子专享之"八珍"中的淳熬、淳毋就是用醢浇在稻米饭或黍米饭上，其他六种，基本上都需用醢、醯两大发酵食品调和。

由于肉酱中加入了大量的盐，味道很咸，所以肉酱由最初的肉食品逐渐变成人们进食的调料，与其他肴馔配合食用。先秦时期，关于酱的食用还有一套规范。《礼记·曲礼》记载"献孰食者操酱齐"，意思是上熟食时，一定要把相应的酱一起献上。由于一肴配一酱是当时的礼制要求，所以孔子才有"不得其酱，不食"的观点。对于有经验的食客而言，只要看到主人端上来的是什么酱，便可知道接下来呈上的菜肴为何。《礼记·曲礼》又载"毋歠醢"，意思是说食客千万不要直接端起主人的调味酱便喝，因为客人这样做，会让主人觉得自己

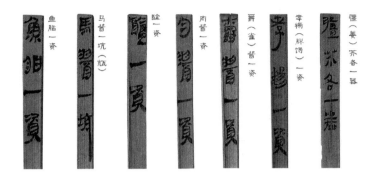

马王堆汉墓遣策记载的酱品

的酱没有做好，味道太淡了。主人甚至会自嘲说自己太穷，穷得连制酱的盐都买不起。

春秋以降，酱的含义发生变化，由传统的咸味的醢和酸味的醯两大系列调味料，逐渐发展为主要指咸味的非肉料调味品，并在汉代确立了以大豆为主要原料的特征。

汉代的酱主要指豆酱。长沙马王堆汉墓遣策中，有"肉酱"、"爵酱"（麻雀所制酱）、"马酱"（马肉所制酱），此外还有单名"酱"者。前三者无疑都是肉酱类，单名"酱"者指的是豆、麦等发酵制成的面酱。由于酱经过了一段发酵期，所以它的味道较盐更为厚重。《论衡·四讳》记述了"作豆酱恶闻雷"的风俗，可知制作豆酱是汉代家庭生活的重要内容。东汉时期，豆酱油也已经产生。据东汉崔寔《四民月令》记载，正月"可作诸酱：上旬炒豆，中旬煮之。以碎豆作'末都'（末都者，酱属也）……可以作鱼酱、肉酱、清酱"。这里的"清酱"指的就是现在所称的酱油，这是酱油在文献中的首次记载。

除了肉酱外，汉代巴蜀之地还出产了著名的"枸酱"。《汉书音义》曰："枸木似谷树，其叶如桑叶。用其叶作酱酢，美，蜀人以为珍味。"可见，这是一种蒟树叶制作的美味酱品。汉武帝时的中郎将唐蒙被誉为"西南丝绸之路"（又名"南方丝绸之路"）的开拓者，而他的飞黄腾达竟然源于一份来自蜀地的构酱。据《史记》记载，唐蒙在南越国意外地吃到了疑似来自蜀地的构酱，警觉的他马上询问构酱的来历，对方说这蜀地的构酱是经牂牁直接运至番禺的。唐蒙对此言半信半疑，当他回到长安后，继续询问来自蜀国的商人，商人的回答使唐蒙终于确信在南越国吃到的构酱，确是经牂牁江从夜郎国运至南越国。于是，他立即上书汉武帝，建议开通夜郎道。汉武帝听完立即同意，由此有了后来汉武帝在置犍为郡以及兴师沿牂牁江攻打南越国之事。

《汉书·货殖列传》记载，汉时卖酱与卖貂裘等物资一样能致富成为"千乘之家"，说明酱的畅销以及巨大的社会需求量。出土材料也能证明酱在汉代人饮食中的重要地位。马王堆一号汉墓、江陵凤凰山一六七号汉墓、云梦大坟头一号墓等墓葬出土的遣策简中都有酱杯若干的记载；张家山汉简《二年律令》中的《传食律》和《赐律》对各级吏员伙食标准中酱等重要调味品的供给有详细的规定；悬泉汉简中也有悬泉置招待外国使者时消耗酱等调味品的费用记录。

魏晋南北朝时期，肉酱的整体地位有所下降，但肉酱的制作技术仍在发展，首先表现在肉酱的制作原料更加广泛。除了传统的牛、羊、鹿、兔、鱼、虾酱品外，还有其他以水产品或动物杂碎（如鹿尾、鱼肠）为原料的酱品。其次是肉酱制作工艺的进步。先秦时期肉酱酿制过程中使用的粱米饭、谷粉被"黄蒸"或"黄衣"取代。"黄蒸"是把小麦春成含麦麸的粗细混合物后，加适量水，再蒸熟得到的小粒米曲霉饼曲；"黄衣"则是制造豆豉的一种副产品，主要成分为各种曲霉。这一时期，新兴的谷物酱开始广泛流行，谷物酱以豆、面为主料，味道鲜美，营养丰富，价格便宜，深得普通民众的喜爱。而伴随着禁食肉腥的佛教的广泛流行，社会上层人士也开始接纳谷物酱。贾思勰《齐民要术》中有专门的《作酱法》章节，详细记载了当时的制酱技术。此章以豆酱为中心，介绍了肉酱、鱼酱、麦酱以及榆子酱等酱品的制作工艺。当时豆酱的主要原料

《史记》中关于"构酱"的记载

是大豆（包括黑豆），并不制曲，而是加入相当量的曲进行固态发酵，然后再加入黄蒸盐水浸出液，进行稀醪发酵，制出稀酱。《齐民要术》为我们留下了一份自汉以来至公元6世纪北方民众的美味酱单：以谷物为原料的豆酱、干酱、稀酱、大酱、清酱、麦酱、榆子酱；以牛肉、羊肉、獐肉、鹿肉、兔肉等为原料的肉酱；以鲤鱼、鲭鱼、鳢鱼、鲚鱼、鲇鱼等原料制成的鱼酱等。许多肉酱、鱼酱也都有一定比例的豆酱成分。

隋唐时期，凡提及酱者均等同于谷物酱，如前所述唐代颜师古谓："酱之为言将也，食之有酱，如军之须将，取其率领进导之也。"在唐代人看来，酱（谷物酱）在各类调味品中的地位，犹如指挥作战的大将军一样重要。这一观念一直延续至今。唐代《四时纂要》中详细记载了当时的制酱工艺。关于酿造豆酱的时节，《四时纂要》仍选低温季节，即十二月及正月。此外，在六月中安排了制作"十日酱"的工作。命名"十日"并非"十天即可制成"之意，只是表明其酿造时长较短。"十日酱"的制曲法改为面粉裹豆黄，这样制曲操作简易，且在六月做成曲后，马上进行发酵，在较高的气温条件下，酶的活性高，可以迅速分解，酱品较低温季节要成熟得快。"十日酱"开辟了夏季制酱的先河，是古代制酱技术的重大进步。

隋唐时期的酱品种类也很丰富。从酱中提取的汁液叫作酱清，类似现代的酱油。《千金要方》中有这种豆酱和酱清的记载；上述《四时纂要》除记载有"十日酱"外，还有鱼酱、兔酱等；《食疗本草》载有獐、雉、兔、鳢鱼等肉酱以及小麦酱、榆仁酱、芜荑酱等；《酉阳杂俎》载"至今闽岭重鲎子酱"；《岭表录异》记载："交广溪洞间，酋长多收蚁卵，淘泽令净、卤以为酱。或云，其味酷似肉酱，非官客亲友不可得也。""交广"即交州、广州，包括今广东、广西以及越南北部地区。"溪洞"即山林地方，当地的酋长搜集蚁卵制酱，用于招待贵客。

值得注意的是，当时的人们已经意识到多食酱品的弊端。

《齐民要术》记载的酱品

如芜荑是榆科大果榆的翅果，榆仁（亦称小芜荑）是榆树的翅果，两者都可制酱，可泛称为"芜荑酱"。据《食疗本草》的记载，芜荑作酱食之，甚香美。但是，由于其味辛，不宜多食。此外，獐、雉、兔、鳢鱼等肉酱也不宜多食。

　　酱除了是寻常百姓餐桌上的必备调味品外，也是唐朝军队食品供给的重要组成部分。唐代士兵的口粮主要由谷米和酱菜组成，酱菜指的是利用酱制品腌成的菜。李商隐《为荥阳公论安南行营将士月粮状》记载，派遣到安南的将士有五百人，仅"每月酱菜等，一年约用钱六千二百六十余贯"。僧侣们也常以酱佐饭，如《入唐求法巡礼行记》记载，日本僧人圆仁一行"乞酱酢盐菜，专无一色，汤饭吃不得"。有意思的是，唐代酱菜工竟奉东汉文学家蔡邕为祖师。据唐代李肇《唐国史补》记载，某刺史巡察驿务，始见酒库祀杜康、茶库祀陆羽，又见菹库（存放酱菜的库房）祀蔡伯喈（蔡邕的字），问明缘由，才知因蔡邕之名谐音"菜佣"，故酱菜工将其敬奉为祖师。

　　酱在宋元时期更是得到广泛认可。当时，谷物酱广泛应用于食材腌渍和菜肴烹饪。宋代的酱有"八珍主人"之雅称。所谓"酱率百味"，更是强调了酱在中国古代调味体系中的主导地位。宋代人也喜食酱菜，当时腌渍的食材多为蔬菜瓜果，腌渍多用甜面酱，比较受欢迎的酱菜品种为糟姜、豆豉姜、蜜姜。北宋《物类相感志》中有"糟姜，瓶内安蝉壳，虽老姜亦无筋"之句；孟元老《东京梦华录》中有"姜豉"；又梅尧臣《裴直讲得润州通判周仲章咸豉遗一小瓶》诗云："金山寺僧作咸豉，南徐别乘马不肥……我今老病寡肉食，广文先生分遗微。"蜜姜，早在初唐就被列入御膳贡品之列。宋代大文豪苏东坡十分推崇扬州酱菜，曾以扬州酱菜赠与好友秦观，并赋诗《扬州以土物寄少游》。元代时，不少著作开始将"柴米油盐酱醋茶"作为"开门七件事"。酱和醋作为调味品，开始与油盐并列，"油盐酱醋"成为人们惯用的俗语。该时期，酱主要用豆或面粉发酵制成，有黄酱、榆仁酱、大麦酱等。黄酱

蔡邕像

金山豆豉

（分生、熟）以黄豆、黑豆和面制作，另有单以豆、面粉制作的豆酱、面酱。元太医忽思慧的《饮膳正要》记载："酱，味咸酸，冷，无毒。除热止烦，杀百药……豆酱主治胜面酱。陈久者尤良。"又载："榆仁，味辛，温，无毒，可作酱，甚香美。能助肺气，杀诸虫。"这里对榆仁酱的养生保健功能也有深入的认识。大麦酱的制作方法则是以黑豆煮烂后拌以大麦面，其他程序与黄酱相似。

"酱油"一词最早出现于宋代。南宋林洪的《山家清供》载："韭菜嫩者，用姜丝、酱油、滴醋拌食。"元代倪瓒在其著作《云林堂饮食制度集》中记录了"酱油法"："每黄子一官斗，用盐十斤足秤，水二十斤足秤，下之，须伏日合下。"这里只有黄子（豆饼上黄后捣碎）、盐、水的比例，没有记载详细的操作程序，但这是关于专门制作"酱油"的明确记载。

酱在明代更受重视。李时珍的《本草纲目》中将酱列入药物，排在"谷部"，不仅介绍各种酱的性味、主治和配方，而且还介绍了酱油和各种酱的生产。书中将酱油称为"豆油"，强调晒成油，可见对酱油浓度要求极高。"豆油"的制法为：取大豆三斗用水煮烂，加面二十四斤，拌匀发酵成黄色。每十斤，加盐八斤、井水四十斤，搅晒成油即可。这段豆油制法的记载并不完善，因为它既没有提及分离豆油的方法，也无抛弃豆渣的记录。尽管如此，从这段记载可以看到"豆油法"的生产目的很明确，就是制作酱油，而非豆酱的延伸副产品。而在明朝的史籍中，较完整地记载酱和酱油生产工艺的还属戴羲的《养余月令》。这部著作总结了前人诸多的制酱方法，还特意写了"南京酱油方"。这个酱油方操作工艺完整，在酱油制造史上具有重要地位。

到了清代，饮食烹饪类书籍逐渐增多，如李渔的《闲情偶寄》、朱彝尊的《食宪鸿秘》、李化楠的《醒园录》、袁枚的《随园食单》等，均介绍了各种酱油的生产工艺。酱油作坊如雨后春笋般迅速发展，当时已有红酱油、白酱油之分；酱油的提取也开始称"抽"，本色者称"生抽"，在日光下复晒使之增色，酱味变浓者称"老抽"。

与酱油的迅速发展不同的是，肉酱在明清时期的地位进一步衰落。李时珍的《本草纲目》中仅仅提及面酱、豆酱、榆仁酱、芜蒌酱，丝毫不见肉酱的影子。由于各地水土、气候的差异，酱菜的口味也各不相同：有以麸做麸酱，以白米舂粉做米酱，以豆和面相混合做甜面酱；又有以西瓜做甜酱，以乌梅和玫瑰做甜酱，以芝麻做芝麻酱，以甜酱加香油、冬笋、香蕈、砂仁、干姜、橘皮做八宝酱。

中华民族是人类历史最早开发并发展谷物发酵技术的民族，古代先民借助不同类别谷物原料发酵所形成的盐渍食物，统称为"酱"。酱在古代调味品体系中占有重要的领军地位。无论是儒家经典《论语》中孔子"不得其酱，不食"的经典名言，还是普通百姓"开门七件事，柴米油盐酱醋茶"之俗语，都说明酱在中国人的饮食生活中的重要性。古代劳动大众在饮食生活中很少能吃到动物性食物，他们能保持身体健康，主要功劳在于包括酱在内的谷物制品。酱不仅为各类精美菜肴的制作增味添彩，也在一定程度上塑造了中华民族的性格特质。比如，酱为各类原料的糊状混合物，酱文化中"合"的属性暗合了中华传统文化中的和谐、中庸之道。中华酱文化经历了数千年漫长的历史发展，早已跨越地域范畴，传播到朝鲜、韩国、日本和东南亚的广大地区，并在异国他乡落地生根、开花结果，造福了无数人民。

# 甜蜜滋味

　　甜味，是人类最早感知的味型之一，也是最具愉悦感的味型。甜蜜的滋味主要来源于糖。中国古代的糖主要为使用谷物制作的饴糖和甘蔗制作的蔗糖两种。此外，还有蜂蜜制作的糖、甜菜制作的糖等。

　　在古代的各类调味品的记载文献中，"糖"字的出现比较晚，甲骨文、金文、小篆均无"糖"字。汉扬雄《方言》中才第一次出现"糖"字。"糖"，最初称为"饴"，指的是麦芽糖。传说"饴"是由公刘所创造。公刘是周部族的祖先，传说是后稷的曾孙。《诗经·大雅·绵》云"周原膴膴，堇荼如饴"，就是形容周原土地肥沃，连堇葵和苦菜都甜得如同饴糖。这说明当时制糖已相当普遍。其实，糖并非某位圣贤的发明，而是在生活中偶然发现的，这一点与酒颇为相似。《尚书》中有"稼穑作甘"的记载，意思就是耕作、收获的谷物可制作出甜味的糖。进入农业社会以后，谷物越来越多，由于贮藏条件和技术所限，谷物经常会受潮发芽。人们舍不得丢弃这些发芽的谷物，仍然将其烹饪食用，结果发现烹煮出来的饭食竟然甘甜可口，就这样，人们首次品尝到了麦芽糖的味道。接着，人们优选出了谷芽"蘖"，风干磨碎制成"曲"，用它来糖化各种蒸煮熟的谷物（如稻米、大麦、小麦、黄米、高粱、糯米等），再经过滤、煎熬就会得到富含麦芽糖的糖食了。这种糖

饴糖

食最初叫作"饧"或"饴"。

先秦时期，调味品的开发热潮，改变了先前饮食的寡淡原味，不仅改善了食物的口感，而且促进了食物资源的进一步开发。很多原来因口感不佳而不能食用的食品经过调味品的调制，都成了可口之食。当时的基本调味品中就包括甜味的饴和蜜。《礼记·内则》记载："妇事舅姑，如事父母……枣、栗、饴、蜜以甘之。"意思是为人子女应该遵守的孝行包括用枣子、栗子、饴糖、蜂蜜类的甜品奉养双亲。可见在两千多年前，古人已把甜食作为孝敬父母的选择。

秦汉时期，人们已经对饧和饴做出了明确的区分。按照东汉刘熙的《释名》所说："饧，洋也，煮米消烂，洋洋然也。饴，小弱于饧，形怡怡也。"饧是坚硬的糖块，类似"糖膏"。饴由于煎熬时间较短，浓缩程度较差，因而尚保留较多的水分，质地比较柔薄，类似"糖稀"。

"含饴弄孙"的典故和东汉时期的明德皇后马氏有关。马皇后是中国历史上一位有名的"布衣皇后"，她知书达理，在汉明帝、汉章帝时期的国家治理方面发挥了积极作用。《后汉书·皇后纪》记载，公元75年，汉明帝去世。马皇后被尊为皇太后，继续辅佐汉章帝。新帝登基，朝中许多大臣认为应当沿袭之前的制度，给几位亲贵封侯，汉章帝也希望给几位舅舅封侯，但深明大义的马皇后却对此坚决反对。马皇后说道："我们马氏家族对国家并没有太大功劳，不宜封赏侯爵；一来封侯会引起百姓的不满，二来国家正值困难时期，大肆封赏无疑会令国家财政雪上加霜，动摇汉朝的根基。等到国家安定、百姓富足之时，我必然会支持皇帝按自己的志向行事，而那时我也将含饴弄孙，颐养天年，不再过问朝政。""含饴弄孙"的意思是含着饴糖，逗弄孙儿，"含"字表明饴是可以含服的。此后，人们就用含饴弄孙来形容晚年生活的乐趣。

蔗糖也是甜味家族的重要成员。汉代的文献记载了岭南地区的蔗糖生产。杨孚《异物志》："甘蔗，远近皆有，交趾

清代焦秉贞绘《含饴弄孙图》，
故宫博物院藏

所产甘蔗，特醇好，本末无薄厚，其味至均。围数寸长丈余，颇似竹，斩而食之既甘，迮取汁如饴饧，名之曰'糖'，益复珍也。又煎而曝之，既凝如冰，破如博棋，食之入口消释，时人谓之'石蜜'者也。"随着美誉度的提升，甘蔗成为进贡中原的珍贵食品。三国时吴国的蔗糖仍由交州进贡就是一个例证："吴孙亮使黄门以银碗并盖，就中藏吏取交州所献甘蔗饧。"意思是孙亮让太监用银碗加盖，收藏交州送来的甘蔗饧。这说明当时的交州所产甘蔗为上贡之物。且从记载来看，当时的蔗糖还是糖浆状，不易保存。张衡《七辩》中有"沙饧石蜜，远国储珍"的记载。"沙饧"为蔗糖的一个名称。有学者认为这是东汉时从古印度引进的一种团状的粗制糖，由于极易被捣碎成沙状粉末，故名。这种糖与后世的结晶状砂糖差别很大。所谓"石蜜"，指的是块状的蔗糖，《凉州异物志》中记载："石蜜非石类，假石之名也。实乃甘蔗汁煎而曝之，则凝如石，而体甚轻，故谓之石蜜也。"意思就是，将甘蔗加工成甘蔗汁后，将其放在太阳下暴晒使其凝结成块状，即为"石蜜"。

魏晋南北朝时期，饴糖的生产和食用都比较普遍。贾思勰的《齐民要术》记载了"白饧""黑饧""琥珀饧"等饴糖的制作方法。白饧和黑饧的主要区别是所用的小麦芽蘖不同，白饧用的是白芽散蘖，黑饧用的则是青芽成饼蘖。琥珀饧则用的是大麦蘖。饴糖广泛用于烹饪中，如魏文帝的《诏群臣》中有"蜀人作食，喜著饴蜜，以助味也"的记载。可见，当时蜀人很喜欢用饴蜜烧菜，并非一味追求"辛香"。

这一时期，甘蔗在南方的种植很多。左思所写的《蜀都赋》云："其园则有蒟蒻茱萸，瓜畴芋区，甘蔗辛姜。"意思是，当时蜀都的园艺作物有蒟蒻、茱萸、瓜畴、芋区、甘蔗、辛姜等。蒟，蒟酱也，缘树而生，其子如桑葚，以蜜藏而食之，辛香温调五脏。蒻，草也，其根如蒻，可以灰汁，煮则凝成，可以苦酒淹食之，蜀人珍之。茱萸，也是一种辛味调料。

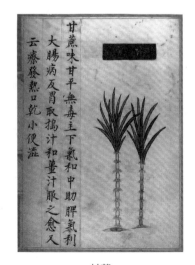

甘蔗

可见，当时蜀人的口味是"辛香"与"甜味"并重。因为甘蔗的产地在南方，北方不产甘蔗，所以史籍中有北方人向南方人"索要"甘蔗的记载。《宋书·张畅传》记载："魏主致意安北，远来疲乏，若有甘蔗及酒，可见分……世祖遣人答曰：'知行路多乏，今付酒二器，甘蔗百挺。'"意思是北魏太武帝拓跋焘遣使致意南朝宋孝武帝刘建求甘蔗和酒，刘建送酒二器和甘蔗百根。时人吃甘蔗也颇有意思。《晋书·顾恺之传》记载："恺之每食甘蔗，恒自尾至本，人或怪之，云：'渐入佳境'。"意思是晋代大画家顾恺之吃甘蔗很讲究，每次都从尾部吃起。后来人们用"蔗境"一词比喻处境越来越好。

唐代的饴糖制作技术基本延续前代，如《四时纂要》记载的饴糖制作工艺基本与《齐民要术》相同，当时饴糖的主要品类为"丝饧""李环饧""胶牙饧"等。其中，以"李环饧"最为有名。"李环饧"是一种配有乳油的工艺考究的硬饴类甜食，是后世奶油饴糖制品的滥觞，因系唐代武臣李环家厨师创制而得名。李环的曾祖父是唐高祖李渊的祖父李虎，李环曾奉李渊之命出使突厥，后来调任荆州都督，官至散骑常侍。李环家有个技艺高超的厨师创制了这一有名的甜点，后在民间广为流传。据唐代李匡乂《资暇集》记载，唐文宗大和年间，李匡乂十六七岁时，住在东都洛阳。一日，他在街边散步时，发现一家新开的饮食店正在忙着熬制一种食品。他进店询问。店家说："这是一种乳饧，今晚制作，明早出售，六十文钱一斤。你要买的话，请明天来。"次日，李匡乂就到该店买回数斤，确实甜美无比。几个月后，"李环饧"就成为整个洛阳市集上争相购买的食品。

唐代时，我国的蔗糖制作技术有了长足的进步。蔗糖制作技术得以提升，应归功于唐太宗。《新唐书》《唐会要》都记载了这个"西域取经"的故事：贞观二十一年（公元647年），唐太宗派遣专人去印度取经，学习熬糖法。当时有石蜜匠二人、僧八人一同前往。回来后，他们到扬州制造蔗糖，制

唐太宗像

出的糖比原来的糖浆更易保存和携带，质量也高于印度所产之糖，其颜色类似今天的红糖。此外，唐代在制糖工艺中的另一重大成就是掌握了制造大块结晶冰糖的技艺。不过，在唐宋时期人们把冰糖称作"糖霜"，直到明代白砂糖问世以后，人们又称白砂糖为"糖霜"，于是才改称累缀如崖洞间钟乳状的结晶糖为冰糖。

宋元时期，制糖业取得重大发展，主要表现在：其一，制糖专著的问世。南宋王灼的《糖霜谱》是现存最早的一部介绍甘蔗制糖方法的专著。此书记载了遂宁当时制糖霜的工艺。这种糖霜，紫色者为上品，浅白色者为下品。四川遂宁冰糖当时享誉全国，诗人苏东坡就是遂宁冰糖的忠实拥趸，其为镇江金山寺宝觉禅师送行所作的《送金山乡僧归蜀开堂》一诗中有"冰盘荐琥珀，何似糖霜美"之句，描绘的就是遂宁冰糖。其二，白砂糖生产技术上的重大进步。宋元之前，虽然文献中也有"白糖"之类的字眼，但这种"白糖"并非真正意义上的白砂糖，其杂质较多，颜色也不够纯净。白砂糖生产技术上的重大改进可能与元朝军队征服西亚的历史相关，《马可·波罗游记》记载："这个地方（福建武干）以大规模的制糖业著名，出产的糖几乎全部运到汗八里，专门供给宫廷使用。在它纳入大汗版图之前，本地人不懂得制造高质量糖的工艺，制糖方法很粗糙，冷却后的糖，呈暗褐色的糊状。等到这个城市归入大汗的管辖时，刚好有精通糖的加工方法的巴比伦人被派到这个城市来，于是他们向当地人传授用某种木灰精制食糖的方法。"有学者认为用灰来中和、沉淀这些游离在蔗汁中的酸的方法，极大地改进了砂糖的制法。而且加入石灰还可使某些有机非糖分、无机盐、泥沙悬浮物沉淀下来，既可改善蔗汁的味道，又可使蔗汁的黏度减小，色泽变清亮。这都有利于蔗糖的析出，提高蔗糖质量。

孟元老《东京梦华录》记载，东京汴梁夜市每天热闹非凡，买卖交易直到凌晨。当时州桥夜市有不少闻名的糖果点心

颐堂先生糖霜谱

遂宁王灼晦叔父撰

原委第一

糖霜一名糖冰福唐四明番禺广汉遂宁有之独遂宁为冠四郡所产甚微而碎色浅味薄越比遂之最下者凡物以希有难致见珍故荔枝橙柑荔枝杨梅四方不能出乃岁重于世若甘蔗所在皆植所植皆荼非美物也至结蔗为糖霜则中国之大止此五郡又遂宁专美焉外之夷狄戎蛮与顽犷之尤不知所从来

蔗霜无闻此物理之不可诘也先是唐大历间有僧号邹和尚不知所从来跨白驴登繖山结茅以居须蔬米薪菜之属即诣纸缯钱遗鬻贸至市区人知为都也取平直挂物于鞍縱驴归一日驴犯山下黄氏者蔗苗黄氏偿

《糖霜谱》书影

售卖，比如"鸡头酿砂糖""西川乳糖狮子""滴酥鲍螺"等。"鸡头酿砂糖"中的"鸡头"即芡实，将芡实挖孔，酿入砂糖，再用熟蜜浸泡，加工成"蜜饯鸡头米"。"西川乳糖狮子"是用牛乳和蔗糖为原料制成的糖果，因外形酷似狮子，故名。"滴酥鲍螺"就是用奶油加工的一种象形小点心，做法是从牛奶中分离出奶油，加入蜂蜜和蔗糖，凝结以后，挤到盘子里，一边挤，一边旋转，类似今日的蛋糕裱花；由于挤出来的点心为螺纹造型，扁的像牡蛎（宋人称"鲍"），长的像螺蛳，故这款奶油小点心被称作滴酥鲍螺。《饮膳正要》记载的甜品种类如木瓜煎、香圆煎、株子煎、紫苏煎、金橘煎、樱桃煎、石榴浆等，都是用白砂糖熬煎而成，荔枝膏、梅子丸则用砂糖。

明清时期，蔗糖制造工艺上的一个重大发明当属黄泥脱色法。清代刘献廷《广阳杂记》记载："嘉靖以前，世无白糖，闽人所熬，皆黑糖也。嘉靖中，一糖局偶值屋瓦堕泥于漏斗中，视之，糖之在上者，色白如霜雪……异之，遂取泥压糖上，百试不爽，白糖自此始见于世。""黄泥脱色法"即将黄泥浆覆盖砂糖，砂糖在黄泥浆的作用下脱色为白糖。这种简单有效的实用技术使得糖的脱色效果更佳，也大大提高了制糖的效率。当时在制糖工具上也有大的创新，比如当时的重大发明——糖车，巨石辘轳的榨蔗工具以畜力代替人力，既省时

清代糖车，广西壮族自治区博物馆藏

省力又提高了生产效率。广西壮族自治区博物馆馆藏的糖车是一对石质的带齿轮的辊车。两个辊车互相契合，安装在上下两块木板中间，木板两端各有一根柱子固定在地面上。

当时，以蔗糖为原料生产的糖品极为丰富，如"茧糖（窠丝糖）""糖缠""糖粒""响糖""芝麻糖""牛皮糖""葱糖""乌糖""捻糖""乳糖"等。饴糖种类也不少，制作原料十分广泛。《天工开物·甘嗜》记载："凡饴饧，稻、麦、黍、粟皆可为之……"当时还出现了饴糖和蔗糖的合制食品，如当时比较流行的甜品——"芟什麻"（南方称"浇切"）。明代高濂《饮馔服食笺》和清代朱彝尊《食宪鸿秘》对其制法均有记载，大致是用白糖、糖稀、芝麻和炒面调匀，置案擀薄，切块而成。此糖一直流行至今，在江苏、上海等地称其为"烧切糖"。

明清时期是古代蔗糖业发展最快的时期，蔗糖还成了我国重要的出口商品之一。当时，广东、福建、台湾等蔗糖商品生产基地已初步形成，并发展迅速。至迟在明末，我国已和印度并称为世界两大制糖国。中国出产的糖，销往东南亚、欧洲各地，颇受好评。

季羡林先生名著《文化交流的轨迹：中华蔗糖史》明确了"糖是文化载体"的观点。作为世界上最早制糖的国家之一，中国的"糖文化"源远流长。据《诗经》记载，远在西周时期，人们已经开始懂得利用谷物来制作饴糖，从而获得甜味剂。从糖源发展到制糖工艺的进步，再到各种甜品的产生和寓意的出现，"糖文化"推动了饮食文化的发展，也成为博大精深的中华饮食文化的一个缩影。

《天工开物》中的制糖法

卖糖图

# 呷酸吃醋

醋在中国烹饪史上诞生得晚一些，但酸味很早就被列为调味品中的五味之一，与咸味并称为中华民族的两大食味。在醋诞生之前，古人用梅作为调味之酸。《尚书》云："若作和羹，尔惟盐梅。"梅，是我国栽培历史悠久的特产果品。早在距今3000多年以前，梅已经作为栽培植物见于各类文学作品中，如《诗经》有5处提及梅，其中3处为酸果之梅。梅果清酸爽口，能生津解渴。故事"望梅止渴"就将梅子甘酸解渴的特性描绘得颇为形象生动。将梅掺入羹中作为酸味调料，显然是先民们在长久的生活实践中总结出的经验。用梅烹饪鱼，可以使鱼肉中的碱性与梅中的有机酸中和，消除鱼腥气。梅与兽肉同煮，也易于将兽肉煮烂。直至今日，梅的这种调味方式仍然在不少地区为人们所沿用。

将梅子捣碎后取其汁，做成梅浆，称为"醷"。《礼记·内则》记载："浆、水、醷、滥。"在制作梅浆以后，人们发现粟米也可制成酸浆，"熟炊粟饭，乘热倾在冷水中，以缸浸五七日，酸便好用。如夏月，逐日看，才酸便用"。在制成酸浆的基础上，又加上曲，可做成苦酒。苦酒实际上就是早期的醋。除了"苦酒"之外，"醋"在古代还有"醷""酢"之名。"醋"或"酢"的部首都是"酉"字旁，说明"醋"与酿酒有很密切的关系。《韩非子》记载了这样一则故事：有一个卖酒的宋国

梅

人，酒的分量很足，对待顾客十分恭敬有礼貌，酿造的酒也很好喝，卖酒的旗子挂得很高很显眼，然而酒就是卖不出去，都发酸了。这是因为古代酿造的酒的酒精度数比较低，过低的酒精量使酒一遇到空气中的产酸菌即进一步氧化成醋。因此，醋最初是作为酿酒的副产品出现的。汉代扬雄在《法言》中有"日昃不饮酒，酒必酸"的记载。"昃"是太阳偏西的意思，这句话实际上是讽刺了当时礼仪的繁缛，由于仪式过长，一直等到太阳偏西的下午，做好的肉食都放干了，准备好的酒也变酸了。可见，古代的酒极其容易变酸。

周代，掌管醋类生产调配的官职名叫醯人。《周礼》记载："醯人，掌共五齐七菹，凡醯物，以共祭祀之齑菹。凡醯酱之物，宾客亦如之。王举，则共齑菹醯物六十瓮，共后及世子之酱齑菹。宾客之礼，共醯五十瓮。凡事共醯。"意思是醯人掌管五齐、七菹等，凡用醯调和的食物，以供给祭祀所需的齑、菹。提供所需调和醯的齑、菹以及未调和醯的酱类都在其职责范围内。款待宾客也这样。王杀牲盛馔，其就供给用醯调和的齑、菹六十瓮。供给王后和太子所需的酱类，以及用醯调和的齑、菹。接待宾客之礼，需要提供醯五十瓮。总之，凡是涉及醯物，都要负责供给。"齑""菹"指的是腌制的蔬菜或肉类。"醯物"指的是用醯来调拌的各种酱状食品。值得注意的是，在《周礼》的记载中，掌管酒的官员叫作酒正、酒人等，与掌管醋的醯人是有明确区分的。这表明，尽管醋是一种"特殊"的酒，但周代人还是分得很清楚。醯能作为周天子日常食用以及祭祀所用之物，表明醯在周代的地位还是很尊贵的，普通百姓不能轻易品尝其滋味。

到了春秋时期，醯变得普及一些了。《论语》记载："子曰：'孰谓微生高直？或乞醯焉，乞诸其邻而与之。'"微生高姓微生，名高，是孔子的弟子。时人认为此人诚信坦率。孔子却不以为然。原因在于微生高在别人向他讨醋时，家里正好没有醋，但他不说家里没有，而是跑到邻居家讨来，再送给别人。

扬雄像

《周礼》中记载的"醯人"

孔子通过这件小事，认为微生高慷别人之慨，以求名义，非正人君子所为，所以他才反问道："是谁说微生高正直？"孔子认为讨醋虽然是件小事，但若遇到国家大事，就容易出现问题。从"微生高乞醯"这个故事可以看出，春秋时期醋已经是普通百姓家中常见的调味品了。

秦汉时期，人们已经使用粮食发酵法制作醋。当时的"醋"被称为"醯"，又称"酢"。在先秦时期，"酢"字原本读"zuò"，表示酬谢、报答之意。《诗经·大雅·行苇》中有"或献或酢"的记载。在先秦时期的宴会上，主宾之间的进酒礼节，称为"献""酢""酬"。主人进宾客之酒曰"献"；宾客回报主人之酒曰"酢"；主人先自饮，再劝宾客饮之酒曰"酬"。后来"酢"的含义发生了演变，变成表示酸醋的意思，它的读音也变成和醋一样。汉代文献多提到"苦酒"。《释名·释饮食》云："苦酒，淳毒甚者，酢苦也。"《五十二病方》《伤寒论》《金匮要略》等汉代医书也用"苦酒"入药疗疾。此外，江陵凤凰山168号汉墓中墨书"苦酒"与"盐""酱"的竹简墨书同出，所以"苦酒"显然也有调味品的属性。因此，综合看来，"苦酒"是"醋"的可能性极大。东汉崔寔《四民月令》中把制酢列入农事之一，"四月四日可作酢，五月五日亦可作酢"。但对于酢的制作技术却没有进一步介绍。根据汉代史籍记载，汉初醯的制作规模很大。如《史记·货殖列传》记载："通邑大都，酤一岁千酿，醯酱千瓨，浆千甔……

凤凰山汉墓出土竹简墨书

此亦比千乘之家，其大率也。"这则记载表明，醯在当时的需求量很大，专门生产和经营醯的商人所累积的财富甚至与"千户"（官职名）齐平。

魏晋南北朝时期，醋的酿造技术取得了重大进展。北魏贾思勰《齐民要术》共记载20余种醋的制作方法，如"大酢""秫米酢""粟米曲酢""大麦酢""烧饼酢""回酒酢""糟糠酢""酒糟酢""小豆千岁苦酒""桃酢""乌梅苦酒""蜜苦酒"等。从制醋的原料来看，包括有粟米、大麦面粉、小麦面粉、糯米、黍米、大小豆、桃、乌梅和蜜等，可谓种类繁多。以富含糖分的水果、蜂蜜等为原料的制醋流程，相较于以谷物为原料的制醋流程而言，省略了一个淀粉转化为糖的过程，可直接把糖发酵为乙醇，再把乙醇发酵为醋酸就行了。《齐民要术》中的制醋技术掌握了固态发酵制曲酿醋法，已经学会利用各种谷物制曲和使用醋母传醅的科学方法，开创了我国酿造陈醋的历史。

隋唐时期，醋的酿造工艺又有了进一步发展。《云仙杂记》载有"桃花醋"，《食医心鉴》提及了"五辣醋"，唐韩鄂的《四时纂要》中记载了"米醋法""暴米醋""暴麦醋""醋泉"等。这些酿醋法的名称是此前未见的，应为唐代的创新。其中，"暴米醋""暴麦醋"的"暴"字，应为简单快速之意，和《齐民要术》中的"卒成"类似。至于"醋泉"，指的是醋取之不尽，应是夸大其词。值得注意的是，此时的"醋"已经不

魏晋画像砖上的酿醋图

叫"酢"了。

五代孙光宪撰《北梦琐言》中，记载了一则关于唐代名医赵卿的故事：有一位少年，因为眼中常见一小镜子，所以请医工赵卿为之诊断。赵卿与少年相约，第二天备好生鱼片等候他上门。第二天，少年及时赴约，被延揽至厅堂，赵卿告诉少年自己正在款待其他宾客，请其在原地稍候片刻。少年在厅室中久候却不见赵卿出来，饥渴难耐之下，忍不住将在厅堂案台上摆放的一瓦罐的醋汤（由沙芥所制）喝光。喝完醋汤后，少年顿觉胸中豁然开朗，眼睛中的小镜子也不见了。赵卿躲在后室中看到这一幕后，欣然而出，道出原委：原来这一瓦罐的醋汤是赵卿提前准备的，目的就是让少年在饥渴难耐时将其饮下，以达到治病的效果。赵卿告诉少年说："郎君，你先前吃了太多的生鱼片，大量鱼鳞沉积于体内，所以才会有眼花的毛病。现在我特制的醋为你调理好了，但从此以后，你应格外注意，切不可只图口腹之欲。"从这则故事可知，唐代人食脍之风确实十分流行，食脍需配醋。此外，醋在唐代依然被医家拿来作为治疗的药剂使用。

现代人将人因妒忌而产生的不理性行为称作"吃醋"。"吃醋"与妒忌的关联据说来自唐代名相房玄龄的夫人。据说，唐太宗为了笼络当朝宰相房玄龄，准备赐美女给他，为他纳妾。但房玄龄坚辞不受。唐太宗知道房玄龄不是不想要而是不敢要，原因在于房夫人十分强势，使"惧内"的房玄龄不敢纳妾。唐太宗不以为然，让人给房夫人送去一壶毒酒，说要么同意纳妾，要么饮下毒酒。房夫人性情刚烈，把那壶毒酒一饮而尽。结果那壶里不是毒酒，而是香醋。从此，吃醋、醋坛子就成为妒忌的代名词。

宋代在酿醋工艺上也有创新，如宋代陈元靓撰《事林广记》中，就有"长生醋法""作麦醋法""梅子醋法"等记载，寇宗奭《本草衍义》一书还提到了米醋、枣醋等的食用情况。史籍记载表明，醋在宋代已成为人们日常生活中必不可少的调

房玄龄像

味品之一，需求量极大。据《姑溪居士文集·后集》记载，杭人"食醋多于饮酒"，当时民间还流行"欲得官，杀人放火受招安；欲得富，赶着行在卖酒醋"的谚语，说明当时售卖醋的利润很可观。醋在当时的烹饪中使用的频率非常高。宋代林洪的《山家清供》中有"滴醋拌食"的记载，比如一道"山家三脆"的制作方法为：嫩笋、小蕈、枸杞头入盐汤焯熟，同香熟油、胡椒、盐各少许，酱油、滴醋拌食。

元代，醋的品种也非常丰富，忽思慧的《饮膳正要》记载的醋品有酒醋、麦醋、米醋、葡萄醋、桃醋、枣醋等。可见，元代醋品中，水果醋与谷物醋并驾齐驱，深受人们喜爱。值得注意的是，与前代以麦醋为主的生产消费不同，元代米醋的生产消费所占比例越来越大。此外，元人还广泛利用糟、糠等生产食醋，有学者认为这种做法对于节省粮食，开辟食品原料具有重要的意义，反映了元代食醋生产所具有的先进水平。

明代，醋与酒的"亲缘"关系尤为凸显。醋与酒一起征税，称为"酒醋税"。在当时还流传着一段有关"醋交"的佳话：参与《永乐大典》编纂工作的名士虞原璩聪敏睿智，博览群书，享誉当时。慕名向虞原璩求教之人络绎不绝，其中也不乏地方要员。尤其是温州知府何文渊，在任职期间经常上门拜访虞原璩，商榷理政时务。一次，何文渊深夜到访，两人聊着聊着突然想喝酒，可荒村并无处可买酒。于是，何文渊问道："没酒，家里有醋吗？"虞原璩笑着端出一坛子醋，又在后院剪了一把韭菜。就这样，两个人就着韭菜，将一坛子醋当酒喝了。这段以醋为酒、一酸方休的故事就流传开来，人们将虞原璩和何文渊的交情亲切地称为"醋交"。

明清时期，醋用曲已有大曲、小曲和红曲之分。明李时珍《本草纲目》中记载的醋品有米醋、糯米醋、小麦醋、大麦醋、饧醋等。袁枚《随园食单》在评价各类调味品时，指出："醋用米醋，须求清冽。"由于各地生态环境的差异，制

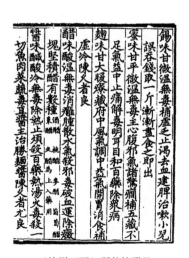

《饮膳正要》所载的醋品

醋所采用的原料和技术也不尽相同，酿造出来的醋的风味各有特色。最具代表性的有以高粱为原料的山西老陈醋，以糯米为原料的镇江香醋，以红曲为发酵剂的永春红曲醋等。明清时期，山西醋业发展到鼎盛时期，其标志之一就是醋坊林立。太原有条小街巷叫宁化府，原来是明太祖之孙宁化王朱济焕的王府所在地，此地有家专为王府酿醋的小作坊"益源庆"。据说，现在这家作坊还保留着嘉庆时期制醋时蒸粮所用的铁瓮。

醋在中国古代有"醯""酢""苦酒"之名。从其字形就可看出，其与酿酒有着密不可分的关系。可以说，醋是酿酒的副产品。在长期实践中，中国先民创造出先进的制醋技艺，生产出许多质优味美的食醋。由于醋在烹饪中有和味、解腻、去腥、抑菌的多样功效，时至今日仍深受广大人民的喜爱。

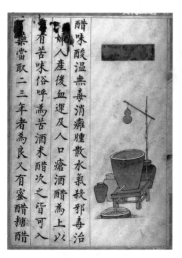

醋

# 烹饪有术

　　中国古代先民发明的烹饪技法多达数十种，如蒸、煮、炒、脍、炙、煎、熬、羹、炮、爆、脯、腊、醢等，可谓世界之最。其中，蒸和炒，都是中国人的独创。考古发现表明，中国人早在史前时期就进入了饮食史上的"蒸汽时代"。釜、鼎、鬲、甑等首批被发明出来的炊具决定了中华民族数千年来的烹饪技法以蒸、煮为主。"食以体政"是中华饮食文化的重要特色，古代很多治国理论都诞生于烹饪活动中。

蒸蒸日上

"蒸蒸日上"的"蒸蒸"原作"烝烝",见于《诗经·鲁颂·泮水》中"烝烝皇皇,不吴不扬"的记载,"烝烝"即为兴盛发展的意思。蒸食法在中国烹饪中有悠久的历史,这个历史至少可以上溯到史前时代。魏晋人谯周所撰《古史考》中云:"黄帝始蒸谷为饭,烹谷为粥。黄帝作瓦甑。"将烹谷为饭和发明饭甑的功劳全部归于黄帝,显然只是神话传说,并不足信,但从大量考古发现可以推断出蒸饭出现的时间应为距今8000多年前。

陶器的发明在中国烹饪史上具有划时代的意义,它开创了中国烹饪技术的新时代。但由于釜、罐、鼎等早期陶制炊具质地脆弱,容易烧煳食物并破损,因而只能煮粥、煮汤,不能直接煮干饭,这是早期陶制炊具的局限性。在寻求烹饪谷物新方法的驱动下,距今8000年左右,先民们发明了一种新式的炊具——陶甑,后来又发明了甗。前者一般放在炊具上,后者是炊具与甑的合一,它们都不用来在陶器上直接煮食物,而是利用蒸汽熟化食物。这是人类对蒸汽的首次开发和应用。这种蒸汽烹饪法既保护了炊具,防止食物烧焦,又能蒸干饭,丰富了人们的饮食生活。

陶甗流行于新石器时代的广大区域,其形制主要有两种:鼎式甗和鬲式甗。其中鼎式甗出现较早,在鼎式陶甗的基础

黄帝像

商代妇好青铜三联甗，中国国家博物馆藏

上，后又出现了鬲式甗。商周时期，青铜制造业十分发达，受到龙山时期陶甗的影响，人们制作了材质更坚固、造型更科学的青铜甗。1976 年在河南安阳殷墟妇好墓出土的分体甗，是分体甗中最早的一件青铜蒸食器。它由一个长方形似禁的承甑器和并列的三个甑组成，宛如一座多眼烧灶。承甑器面有三个侈领圈口，恰好套入三甑，腹部中空可以盛水，下有云足便于生火。这种联体甗的实用功能远超一般的甗，它能同时蒸制 3 种相同或不同的食物，颇适合王室的大型祭祀或宴飨的需要。

先秦时期，最有名的蒸菜当属"蒸乳猪"。《论语》中记载了这样一则故事：鲁国权臣季氏的家臣阳货很想笼络孔子，但孔子对季氏和阳货的僭越之举颇为不满，面对其拉拢不为所动，总是想尽办法躲避与阳货见面。有一天，阳货心生一计，派人给孔子送去一只蒸豚（蒸小猪），这样一来，一向讲究礼仪、崇尚礼尚往来的孔子再不来回拜就有些说不过去了。但是孔子不想与阳货相见，于是暗中派出弟子打听阳货的行踪，故意在阳货不在家的时候，前去回拜。阳货想要网罗人才，送出的礼物必然是价格不菲的。豚（小猪）是周天子专享"八珍"的食材之一，是难得一见的珍馐。可惜，他的如意算盘落空

新石器时代陶甗，中国国家博物馆藏

汉代铺首衔环青铜甗，中国国家博物馆藏

了，珍馐美味始终打动不了孔子。《楚辞·大招》记载了楚国宫廷名菜——蒸凫（蒸野鸭），可看出楚国贵族们嗜食蒸制的野禽。

秦汉时期，由甑、釜、盆组成的铺首衔环铜甗非常流行。中国国家博物馆馆藏的铺首衔环青铜甗由甑底作箅，箅孔呈细长条形，底部中为井字排列，四周呈放射状。腹侧饰衔环铺首一对，上腹有宽带突弦纹一周，甑足插入釜内，釜上有一对衔环铺首，颈下有宽带纹一周。盆与甑相似，底部饰乳突状三足，器腹内壁等距排列三乳钉。出土时釜底、盆底均有烟熏痕迹，应为实用器。整器腹部的衔环既有装饰功能，也使器物更方便移动。

煮与蒸法既可用于主食（稀粥、干饭）制作，又可用于烹饪菜肴。王充《论衡》云："谷之始熟曰粟，舂之于臼，簸其秕糠，蒸之于甑，爨之以火，成熟为饭。"意思是谷子成熟后称为"粟"，用杵臼舂粟米，用簸箕去除秕谷和米糠，然后用甑蒸熟为粟饭。小麦在汉代时逐渐普及到人们的饮食生活中，起初人们食用麦的方法也像食用粟、稻等其他谷物一样，采用蒸制麦饭的粒食法。后来，由于面粉磨制技术的成熟，面粉也使用蒸法食用了。汉代新涌现的主食制作工具以蒸笼为典型代

汉代蒸笼线图

表。河南密县打虎亭汉墓画像中可见汉代蒸笼的图像，其中可见一个由 10 层矮屉叠合而成的大蒸笼。蒸笼的出现，使得蒸这一重要的烹饪技法继续发扬光大。总之，汉代的面食蒸制技术促进了后世面食糕点食品的蓬勃发展。人们利用甑、甗、蒸笼等各种蒸器，充分发挥想象力和创作力，烹制出蒸饼、蒸饭、馒头、包子、花卷、糕点等多样化的面点品种，形成了千姿百态、风味无穷的面点食品系列，极大地丰富了中国古代烹饪文化内涵。

秦汉时期，用蒸法烹制的菜肴，具有原汁原味、味鲜汤清、香气浓醇、清淡不腻的特点，深受人们的喜爱。如马王堆汉墓遣策中有"烝秋"（即蒸泥鳅）的简文，《盐铁论》中有"蒸豚"的记载。拥有"湘菜第一菜谱"美誉的沅陵虎溪山汉墓出土竹简中的《美食方》记载的菜肴烹制技法绝大多数为"蒸法"。秦汉以后，经后世发扬光大，清蒸法成为延续至今的一种流行的食物烹饪技法。此外，在蒸器中同时蒸菜和蒸饭，既节省燃料，又节省烹饪时间。现在在广大农村地区仍保留着饭、菜同蒸的烹饪习俗。

魏晋南北朝时期，蒸菜烹制技法得到极大的发展，这一点在北魏贾思勰所著《齐民要术》中得到了很好的反映。此书有一专章为《蒸缹法》。"缹"意即煮。《蒸缹法》收录的蒸菜品类有"蒸熊""蒸豚""蒸鸡""蒸鹅""毛蒸生鱼""蒸藕"等。此外，在《素食》章中还载有用油豉等蒸素菜的制法。总体来看，这些蒸菜主料取材广泛，配料、调味品丰富，烹饪方法讲究，很多菜肴制作过程中，需要多种方法交替使用，如有的菜需要先腌渍或煮后再蒸，工序较为复杂。比如油豉的制法是取豆豉与油、醋、姜、橘皮、葱、胡芹、盐拌和，上甑蒸熟后再浇上油拌成，可入瓮久藏。

隋唐时期，蒸制面点和蒸制菜肴的技法又有了新的发展。"单笼金乳酥"是唐代烧尾宴的一款珍奇面点。据陶谷记载，"单笼"的意思是"独隔通笼"，说明这款蒸制面点所用的炊

沅陵虎溪山汉墓《美食方》中的"蒸法"

具属于单独的盛器，盛器与蒸汽孔相通，其连接处密封性能良好，具有特殊增压的"欲气隔"的功能，这款炊具（单笼）颠覆了以往隔水蒸的观念，注重密封增压，这在蒸制技术方面属于突破性的创新。"金乳酥"意思是黄色的乳制品，即"乳饼"。其制作要诀在于其独特的烹饪工具——单笼，有学者将其视为早期压力容器的萌芽。这款面点酥糯、柔软、甘香，是唐代各民族间饮食文化交流融合的生动体现。

"葱醋鸡"也是唐代烧尾宴中的一道奇异肴馔。其做法为：将事先喂食过葱和醋的鸡宰杀，入蒸笼蒸制。如果用葱和醋事先腌制鸡，或者将其当作蘸料，便失去了"奇异"的色彩。此菜肴制作的关键在于制作原料为吃葱喝醋之鸡，令人称奇。正因如此，此肴才名列烧尾宴的菜单。

唐时，具有现代意义的药膳出现了。药膳是医疗与食养结合的典型，它将中药和膳食有机地结合起来，具有食物和药物的双重作用，用食物之味，取药物之性，食借药力，药助食威，相辅相成，以达到防病治病、保健强身和营养滋补的目的。开拓药膳这个新领域的代表性著作是昝殷的《食医心鉴》。该书在论述每类病证后，具体介绍相关的食疗方剂。如"蒸牛蒡叶"的制法为：牛蒡肥嫩叶一斤，土苏半两；细切牛蒡叶，煮三五沸，滤出，于五味汁中，重蒸，点酥食之。此膳主治心烦口干，手足不遂，及皮肤热疮。可见，食疗菜品大多具有先蒸后煮或先煮后蒸的特点。

宋元时期，蒸菜品种更加丰富。《东京梦华录》《梦粱录》记载的蒸制菜品有"鹅鸭排蒸""蒸梨枣""脂蒸腰子""酒蒸鸡""间笋蒸鹅""软蒸羊""酒蒸羊""酒蒸石首""酒蒸白鱼""虾蒸假奶""鳖蒸羊""玉灌肺"等。"虾蒸假奶"，顾名思义系虾与"假奶"两种食材合制而成。"假奶"指的是用猪骨、羊骨、鸡骨架熬制的呈牛奶色的骨头汤，即制肴所用的高汤。鲜活河虾与奶白色骨汤的完美融合造就了此菜鲜美异常的口感。"鳖蒸羊"是南宋时期名菜，这道蒸菜系由鳖、羊两种水陆肉

葱醋鸡

食叠合烹制而成，具有浓郁的南北地理文化特色，是南北方饮食文化结合的产物。

《山家清供》记载的名品蒸菜有"蟹酿橙""莲房鱼包"等。"蟹酿橙"的制法为：剔取螃蟹肉装入掏空的橙子中，整个放入甑中，用酒、醋、水蒸熟，用醋、盐调味。"莲房鱼包"的制法为：取鳜鱼肉，加酒、酱、香料拌和，填入掏空的嫩莲蓬中，蒸熟而成。

太医忽思慧所撰的《饮膳正要》记录有一道"盏蒸羊"的制法为：取羊背皮或羊肉，加草果、良姜、陈皮、小椒，再以杏泥、松黄、生姜汁、炒葱、盐等调匀，装入盏内，蒸熟。配经卷儿吃。《云林堂饮食制度集》乃江南名画家倪瓒家的美食谱，其中记载了一道构思精妙的雅致菜品，名作"蜜酿蝤蛑"。"蝤蛑"，俗称青蟹、梭子蟹。制法为：将梭子蟹煮熟，剔取蟹肉，再把蟹肉填在蟹壳内，浇上用蜜调匀的鸡蛋液，铺上脂油蒸熟。用橙齑醋调味。

明清两代，蒸菜发展更为迅速：史料中记载的蒸菜数以百计；蒸制炊具层出不穷，除了传统的蒸锅外，还有砂锣、竹笼、木甑等；多种荤素原料均可蒸制；调料品种类更加丰富；菜肴口味也更加多样化，如清鲜、肥嫩、辛香、香辣、麻辣、蜜甜均有。

明人韩奕所撰《易牙遗意》记载的"盏蒸鹅"制法为：肥鹅肉切成长条，用盐、酒、葱、椒拌匀，放入白盏内蒸熟，浇麻油调味。清人袁枚《随园食单》记载的"干锅蒸肉"制法为：肉切成方块，入小瓷钵，加甜酒、酱油，再把小瓷钵装入大钵内，封口，大钵放进锅内，盖上盖，用文火烧锅干蒸之，熟后取用。清人薛宝辰撰写的《素食说略》中所载的"果羹"制法为：莲子泡软，去掉皮和心，白扁豆泡软后去皮，薏米泡软；一起放在碗里做成三角形，不要太满，再加入糖和开水，稍加一点用糖泡过的黄木樨或玫瑰，放入笼屉蒸到极烂，翻过来取掉碗，浇上糖和芡粉，即成。

蟹酿橙

　　清代学者李渔在《闲情偶寄》视"蒸鱼"为烹鱼之良法，他说有一种烹鱼的良法，能让鱼既鲜又肥，一同臻于佳境，不失鱼的天然本味，紧烧慢炖都合适，也不用担心掌握不好火候，那就是清蒸，烹鱼之法没有比这更妙的了。把鱼放在蒸盘里，加陈黄酒、酱油各几小盏，再把酱瓜、生姜以及香蕈、竹笋等几种时鲜佐料撒铺在鱼身之上，然后用急火猛蒸到熟透。这个菜无论早晚，都随时可以用来招待客人，无所不宜，因为鲜味全都在鱼里，没有一样食物的味道能渗进去，而鱼鲜味也不会散失丝毫，真正是烹鱼的上策。

　　正如邱庞同先生所言，李渔对于"蒸鱼"的评论实际上适用于所有的蒸菜，蒸菜最大的优势在于最大限度地保留原料的鲜味与营养。水火交攻的蒸法，不啻中华烹饪技法的基础。

脍炙人口

　　鲙，又名"脍"，早在先秦时期已出现，如《诗经·小雅·六月》中有"炰鳖脍鲤"的描述。《论语》中记载了孔子"食不厌精，脍不厌细"的经典名言。《说文解字》记载"脍，细切肉也"，意即"脍"就是把肉类细切生吃。古人制脍的原料十分丰富，湖南长沙马王堆汉墓遣策中记录有牛脍、羊脍、鹿脍、鱼脍等多个品种，但脍法常见于治鱼。

　　《后汉书·列女传》记载，东汉人姜诗及其妻庞氏对母亲十分孝顺。姜母喜欢喝江水，庞氏就常去挑江水供养。姜母爱鱼脍，姜诗夫妇就常常向姜母进奉鱼脍。由于夫妇二人的孝行昭著，感动了神明，姜家房屋的旁边忽然涌出泉水来，味道与江水一样，泉中还每天跳出两条鲤鱼来，姜诗每天就可以就近取水、取鱼制脍来供奉母亲了。《后汉书·羊续传》记载，东汉南阳郡太守羊续的一位下属知道其"好啖生鱼"，于是送来一条当地有名的特产——白河鲤鱼。羊续拒收，推让再三未果。下属走后，羊续便将这条大鲤鱼挂在屋外的柱子上，风吹日晒，鲜鱼变成了鱼干。后来，这位下属又送来一条更大的白河鲤鱼。羊续把他引到屋外的柱子前，指着柱上悬挂的鱼干说："你上次送的鱼还挂着，已成了鱼干，请你一起拿回去吧。"这位下属十分惭愧，便悄悄地把鱼取走了。此事传开后，再无人敢给羊续送礼了，南阳百姓莫不交口称赞，敬称羊

《二十四孝》中的"姜诗涌泉跃鲤"

西汉铜姜礤，南越王博物院藏

续为"悬鱼太守"。这则故事表明白河鲤鱼是时人治脍的上等鱼品。

汉时，鱼脍的吃法是将生鱼切成薄片，食用时佐以姜汁等辛味调料。1983 年，广州象岗南越王墓出土的铜姜礤就是一件制作姜汁的"神器"。其上半部礤槽为方形凹槽，用以摩擦生姜，然后在漏孔处挤出姜汁。槽端有挂环，柄背有四短足，使槽在磨姜时可平放受力。可见在食脍时，先民们早已懂得用姜来去腥膻。

魏晋时期，食脍之风渐盛，出现不少名品，如鲈鱼脍、生羊脍等。西晋有个文学家张翰，在齐王司马冏的大司马府中任车曹掾，他心知司马冏必定败亡，故作纵任不拘之性，成日饮酒。时人将他与阮籍相比，称作"江东步兵"。秋风一起，张翰想起了家乡吴中的菰菜莼羹、鲈鱼脍，说人生一世贵在适意，何苦这样千里迢迢追求官位名爵呢！于是他卷起行囊，弃官而归。张翰弃官回乡固然有政治上的原因，但也从侧面说明鲈鱼脍确为当时的菜中精品。

隋唐之时，出现了制脍法的专著——《斫脍书》。该书记述了制脍刀法、脍的品种及烹饪方法等内容，表明当时的制脍技术有了很大的进步。当时，苏州一带的"金齑玉脍"颇为有名，被隋炀帝称为"东南佳味"。"齑"，即捣碎的姜、蒜或韭菜的细末。《太平广记》记载这道菜的制法为：八九月下霜季节，选择三尺以下的鲈鱼，宰杀、治净，取精肉细切成丝，用调味汁浸渍入味后，用布裹起来挤净水分，散置盘内；另取香柔花和叶，均切成细丝，放在鱼脍盘内与鱼脍拨匀即成。此菜"紫花碧叶，间以素脍，鲜洁美观"，故谓之"金齑玉脍"。唐代士大夫也极嗜鱼脍。李白、杜甫、白居易等大诗人写下了歌咏脍品的名篇。如李白所写"呼儿拂几霜刃挥，红肌花落白雪霏"便是对厨师高超斫脍技术的赞美。

宋时，餐饮业获得了极大的发展，市场上有专门售卖"生鱼脍"的店面，而一些文人也喜欢在家中做"脍"食用。著名诗人陆游就很擅于制"生鱼脍"，大文豪欧阳修经常自提海鱼去朋友家请厨婢制脍。中国国家博物馆共收藏四块描绘宋代厨娘备宴场景的砖雕，其中一块描绘的就是厨娘斫脍的场景：只见一位厨娘衣着讲究，梳着高高的发髻，挽起袖子，正在专心致志地斫脍（即将生鱼切成薄片）。从砖雕的内容看，这位厨娘似乎正在为主人精心准备宴会的"重头菜"——生鱼片。

明清时期，岭南地区的食脍之风依然盛行。清人凌扬藻即云"鱼熟不作岭南人"，李调元云："每到九江潮落后，南人顿顿食鱼生。"屈大均在《广东新语》中谈及广东人好吃鱼生的原因时，指出鱼生做法讲究、味道上佳；书中还提到了广东人吃鱼生的深厚传统，即逢有宴会，必以切鱼生为敬。此时，鱼脍的制法更加精致。刘伯温的《多能鄙事》关于"鱼脍"的记载："不拘大小，以鲜活为上。去头尾、肚皮，薄切，摊白纸上晾片时，细切如丝。以萝卜细剁，布纽作汁，姜丝，拌鱼入碟，杂以生菜、芫荽、芥辣、醋浇。"从这段记载可以看出，此时的鱼脍是把传统的鱼片改为鱼丝，制法更加精致，辅料更加多样，可以视其为古代鱼脍制法的集大成者。

要言之，在漫长的历史发展进程中，智慧的中国厨师们积累了丰富的制脍经验：其一，选料严格。一般选肉较厚、刺较少的鱼做原料，如鲤鱼、鲈鱼、舫鱼等都是制脍的理想原料。其二，讲究刀工。无论是鱼片，还是鱼丝，制脍对刀工的要求

宋代厨娘斫脍砖雕，中国国家博物馆藏

极为严格。其三，注重调味。从历史发展过程来看，鱼脍的调味品逐渐由单一走向多样化，常见的有葱、芥、姜、桂、橙皮、醋等。

值得注意的是，自明清时期起，大部分地区的食鱼脍之风渐趋式微。到了现代，由于饮食习惯的改变，我国除少数地区外，已很少有人吃生鱼片了。这与人们认识到食用"鱼脍""肉生"容易导致寄生虫病等病症有关。明代李时珍在《本草纲目》中记载："鱼脍肉生，损人尤甚，为症瘕，为痼疾，为奇病，不可不知。""瘕"意为腹内生长寄生虫类。由于生鱼肉中带有细菌或寄生虫卵，吃下去确能致病。

尽管鱼脍存在饮食卫生之虞，但其却是中国古代高超烹饪艺术的体现之一，若论历史，中国的鱼脍比日本的生鱼片悠长更多。无论是制法还是食法，日本生鱼片都深受中国鱼脍的影响。如日本人吃生鱼片时，要蘸酱油，并放辣椒末、紫苏叶、萝卜丝等，这和前面所述明代《多能鄙事》中提及的食用方法十分相似，这些辅料均有爽口和消毒的作用。

"脍炙人口"中的"炙"指的就是烤肉。直接在火上炙烤食物的习俗，由来已久。《礼记·礼运》记载："昔者先王……食草木之实，鸟兽之肉……以炮以燔，以亨以炙。"烤肉的历史可以上溯至几百万年前的史前时期，原始先民发明用火后，最早享用的熟食应当就是烤肉。炙肉在《诗经》中也被反复吟诵，可见周人对烤肉有着特殊的偏好。以周天子专享菜肴"八珍"为例，其中的"炮豚、炮牂"指的就是烤炖乳猪或羊羔。秦汉时期的人更是无"炙"不欢。史籍记载：汉高祖刘邦吃过烤鹿肝、烤牛肝等；关羽刮骨疗毒，就是边吃烤肉边饮酒进行的。如果把整只动物放在火上烧烤，然后切成块食用，称为"貊烤"。《释名·释饮食》记载，"貊炙，全体炙之，各自以刀割，出于胡貊之为也"，可知"貊炙"类似今之烤全羊和烤乳猪。

汉代，烧烤原料十分丰富。马王堆汉墓遣策记载的烤肉原

汉代壁画中的炙肉图

料有牛、犬、豕、鹿、牛肋、牛乘、犬肝、鸡等。除了一般常见肉类以外，还有很多特别的烧烤食物。如汉代杨孚《异物志》记载：“（鹧鸪）肉肥美宜炙，可以饮酒为诸膳也。”可见，炙鹧鸪也是时人眼中的佐酒美食。长沙砂子塘西汉墓葬中出土有带“鹑”字样的封泥匣，可与传世文献互证。此外，汉代人喜好捕蝉、食蝉、烤蝉也颇值得留意。陕西历史博物馆藏有一架绿釉陶烤炉，上面有烤蝉的形象。

在 2000 多年前的秦汉时期，烤串已经风靡一时，《盐铁论》中有“今民间酒食，殽旅重叠，燔炙满案”的记载。“燔”“炙”都指的是烧烤肉食，两者的区别或在于“燔”是直接放在火上烤，而“炙”是将肉食串起来烤。烤串的魅力就连不食人间烟火的神仙也抵挡不住！山东嘉祥武梁祠石室刻有羽人向西王母献烤肉串的情形：一个身材修长的羽人高举着两支烤肉串，正毕恭毕敬地献给西王母。西王母是秦汉时期神话体系中与东王公并列的神仙，就连地位至尊的她都忍不住大快朵颐，可见肉串之美妙滋味！

魏晋画像砖上有不少的“烤串”“食串”场面。山东金乡画像石显示，厨人左手持数枚串好的肉签，右手摆扇驱风。四川长宁二号石棺的“杂技、庖厨、饮宴”画像中，厨人跪坐，旁边挂有准备好的两条鱼、两块肉，面前为炙烤的方形炉盘。成都新都出土的宴饮画像砖上，三人围坐烧烤，中间为方形炉盘，有一人持烤串。山东诸城前凉台村发现的一方庖厨画像石上，可以清楚地看到“烤肉串”的制作方法。图中显示烤肉者有四人：一人将肉串在竹签上，一人在方炉前烤肉，炉上放有五支肉串，烤肉者一手翻动肉串，一手扇着“便面”；还有两人跪立炉前，似乎在焦急地等待着烤熟的肉串。甘肃嘉峪关魏晋墓葬砖画中既有手拿肉串送食的“烤串人”，也有手握肉串端坐在筵席上的“撸串者”。

此外，烤炉材质也多样，有铁炉、铜炉以及陶炉。广州南越王墓中共发现烤炉四件。出土时，炉上均配备多种供烤炙

马王堆汉墓遣策中的“炙鸡”

汉代画像石上的“羽人向西王母献烤肉串”

魏晋画像砖上的烤肉者

西汉铜烤炉，南越王博物院藏

用的零件，有悬炉用的铁链，烤肉用的长叉（双叉、三叉都有）、铁钎、铁钩。其中1件烤炉的炉壁上有4只乳猪，猪嘴朝上，说明烤炉的主要用途应是烤乳猪。

中国国家博物馆馆藏的汉代铜烤炉为方形，使用时，炉内放炭火，炉上放置肉串；济源博物馆藏有一架陶烧烤炉，炉壁四周和底部有多个长方形的漏孔，以利通风和炉灰下泄，口沿两头有拱起成桥形的把手，以方便炉体的搬运，口沿上平放两根烧烤架，架上分别放置4只、5只鸣蝉。

隋唐时期，曾流行一道名为"浑羊殁忽"的烧烤名品，制法为：取鹅治净，腹中装进五味调和的肉及糯米饭，再整鹅装入洗净的羊腹中，然后上火烤制，熟后去羊取鹅食用。在这道菜里，羊只起到炊具的作用，但羊的鲜味会深深浸入鹅中。鹅中有羊的味道，羊中有鹅的味道，所以称为"浑"。此外，与

汉代铜烤炉，中国国家博物馆藏

汉代陶烧烤炉，济源博物馆藏

汉代烧烤烤完后蘸料为主的制法不同的是，隋唐时期的烧烤一般是烧烤前就将调料放入食材中，这使食材在烧制过程中更易入味，此种烧烤技法已与现代烧烤模式差别不大。唐代韦巨源的《烧尾宴食单》记载了一道名为"箸头春"的奇异肴馔。"箸"即指筷子，这道菜的制法是取活鹌鹑洗净，用筷子夹住烤熟。

　　宋元时期，烧烤依然是权贵阶层的最爱。据《宋史》记载，某日宋太祖赵匡胤与弟弟赵光义突然造访宰相赵普家，赵普事先不知道圣驾光临，没有准备酒菜，便令其妻取切成小块的生肉和酒来。于是，三人各取小铁叉，叉起肉块在炭火上炙烤至熟，蘸酱佐酒，畅谈通宵，终于拟定好征伐大计。宋太祖的烤肉引得民间争相效仿，一时风靡京师，被称为"御烧肉"。也是从宋代开始，烧烤开始走入平民社会，不再是权贵阶层的专享品。《东京梦华录》《武林旧事》等文献中记载有烧烤食品 10 余种，如"江鱼炙""獐肉炙""炙鸡鸭""烧臆子""炙骨头"等。"烧臆子"即烤出来的动物的胸叉肉。"炙骨头"的制法是，选用羊肋肉（或猪肋肉），加工后进行腌制，再用木炭炉火炙烤，成菜时色泽红润，肥而不腻。这道"炙骨头"，对烤制时间、火候把握等都有严格的要求。南宋著名词人辛弃疾的"八百里分麾下炙，五十弦翻塞外声"中提到的"八百里"其实就是一种牛的品种，"八百里炙"就是烤

赵匡胤像

牛肉。

元朝,羊类烧烤是皇室的珍味。忽思慧《饮膳正要》记载的烧烤大菜有"炙羊心""炙羊腰""柳蒸羊"等。"柳蒸羊"是古代蒙古族烤全羊的一种,其制法为:将一只全羊去净内脏,不要去毛,放在大铁箅子上,在地上挖坑深三尺,做成土炉灶,四周用干净的石块码好,在炉子里点上火,当石块全烧红热后,将羊和铁箅子一同放入坑中,上面盖上柳子,并用土覆盖封严,直到羊肉烤熟为止。这种烤全羊食用的时候,是要用刀分割其肉,蘸调味汁料进食的。从制法来看,其与流传至今的"馕坑烤全羊(牛)"基本相同。元中书令耶律楚材博学多闻,深受朝廷器重。一次,耶律楚材陪同国君狩猎后,得到国君赐予的鹿尾,喜不自胜,遂将鹿尾烤熟,并赋一首《鹿尾》诗。此诗记述了烤鹿尾的食法:将新鲜鹿尾烤后蘸以韭菜花、葱末、蘁头、芥末、桂皮、姜等调料,并佐饮"紫琼浆"(即葡萄美酒)。一道烤鹿尾的蘸料竟有 6 种之多,不可谓不讲究。

明清时期,烧烤食品更加普及。明人刘若愚在《明宫史·饮食好尚》中,对当年明宫岁时节日的饮食习俗进行了较为详细的记录,其中也有大量节日菜肴。在当时的宫廷御宴上,可以见到各色烧烤美食,如烧鹅鸡鸭、烧猪肉、炸铁脚雀、炙蛤蜊等。清代,满汉饮食文化交融达到前所未有的高度,"满汉全席"就是在这样的历史背景下出现的。满汉全席,又称为满汉大宴、烧烤大席。《清稗类钞》记载:"烧烤席俗称满汉大席,筵席中之无上上品也。烤,以火干之也。于燕窝、鱼翅诸珍错外,必用烧猪、烧方,皆以全体烧之。酒三巡,则进烧猪,膳夫、仆人皆衣礼服而入。膳夫奉以侍,仆人解所佩之小刀脔割之,盛于器,屈一膝,献首座之专客。专客起箸,筵座者始从而尝之,典至隆也。次者用烧方,方者,豚肉一方,非全体,然较之仅有烧鸭者,犹贵重也。"由这段文字可见,烤乳猪和烤鸭("双烤")在满汉全席上的地位十分显

烤全牛

赫,"双烤"也从宫廷进入民间,传遍大江南北,享誉各地。

在《红楼梦》里,曹雪芹也曾描写过大观园里的烤鹿肉。据《红楼梦》第四十九回记载,贾母对宝玉等说:"今儿另外有新鲜鹿肉,你们等着吃。"宝玉、湘云听贾母说有新鲜鹿肉,就要了一块,到园里玩去了。李婶娘见了奇怪,便问李纨说:"怎么一个哥儿,一个姐儿,在那里商量着要吃生肉呢?"李纨急忙找到他们,宝玉笑着说:"我们烧着吃呢。"李纨才罢了。书中介绍了"烤鹿肉"的食法。吃的时候,要用铁炉、铁叉、铁丝网等工具,吃者自己动手,这种做法颇具满族传统烧烤遗风。因为烤鹿肉既香又有味,不但吸引了宝玉、湘云,而且又引来了探春、宝钗、黛玉等一众姐妹,大家围坐在烤肉炉前,真是"又吃又玩"。可见,烧烤菜品是当时各种宴席上的要菜,其食用地点既可在室内,又可在户外。

脍与炙是古代菜肴烹饪技法中最重要的两大品类。从"脍炙人口"一词可以看出,脍品和炙品是古人心目中的两大并列美食。脍法为生吃,炙法为火食,两种技法的差异非常明显。从选料、刀技、调味、配色等诸多方面来看,脍法显然超越了古代以果腹充饥为目的的一般饮食文化,更多地表现出高层次的饮食美学追求。因此,脍法一般只流行于古代的权贵之家,普通百姓食脍的机会并不多。炙法与炮法、燔法、烤法等均为古代烧烤肉食的一些常用方法,但后来炮、烧、燔等几乎都被逐渐淘汰,唯有炙法得到了广泛的应用和长足的发展。究其原因,一是由于炙法需将食物串起来后加工成熟,更加干净卫生,可视为饮食文明的一种进步,二是炙法与其他几种烧烤方法相比,更具操作性,比如烹饪人员无需用手接触食物,很大程度上提高了烹饪效率。与脍法相比,炙法对于选料、刀技、调味、配色等均无太多要求,其大众属性更加明显,因而普及范围更为广泛。

《红楼梦》中的烤鹿肉

# 生养之本

　　古人对灶很重视，认为灶是生养之本。《释名·释宫室》云："灶，造也，创造食物也。"《白虎通·五祀》谓："灶者，火之主。人所以自养也。"《汉书·五行志》谓："灶者，生养之本。"

　　先民们发明用火、进行火食之后，必须有炊事场所进行饮食原料加工，这类炊事场所也是进食的地方。史前的炊事设施有一个大致的发展过程：篝火—火塘—灶。最初阶段为篝火，仅仅生一堆篝火，人们围火而食。但平地起篝火，火极易熄灭。后来便出现了一种人工修砌的生火设施——火塘。这是一种圆形为主的生火设施，特点是敞口，并配以石三脚和陶支子，进行炊事活动。如距今8000年左右的磁山文化遗址里，出土有带三个鞋形支脚的夹砂筒形釜遗存。

　　然而，火塘这种敞开式无遮挡的炊事设施存在很大的不足，如火势比较分散、燃料消耗大、室内浓烟多，甚至容易失火，烧毁房屋。通过长期的实践，先民们终于发现了解决火塘缺陷的方法，那就是将三脚架的空当围起来，留下灶口和上部出烟口，既能防火控火，又能使火势集中。这样，原始的灶就出现了。

　　在距今7000年左右的浙江余姚河姆渡文化遗址里，出土有一件造型独特的陶灶。此灶口沿平面呈簸箕形，流形火门，

新石器时代陶盉、陶支架，故宫博物院藏

新石器时代陶灶，浙江省博物馆藏

略上翘，火膛腹壁斜直，平底；底附椭圆形圈足，其上有四个小圆孔；外腹两侧安有粗壮对称的半环形耳，内壁横伸有三个粗壮的支丁，上可搁釜。2002 年国家文物局发布《首批禁止出国（境）展览文物目录》，此造型别致的陶灶以其独特的历史价值，赫然名列其中，成为首批禁止出国（境）展览文物之一。

河姆渡文化的这件陶灶是新石器时代南方陶灶的精品代表，而中国国家博物馆馆藏的仰韶文化的陶釜灶则是北方陶灶的佼佼者。此器由釜和灶两种器具组合而成。上部为釜，广口圜底，有明显的折肩，肩部装饰弦纹。下部为灶，圆口平底，底部有低矮的足钉。侧壁开一个上窄下宽的方形口，直通灶的内部。灶口处按压出波浪状花边装饰。釜灶兼具炊器与烧灶的功能，烹饪时可以直接在灶内生火，于釜内烹煮。由于体积不大、便于移动，使用起来很简便。

春秋战国时期，盛行列鼎而食，因而出土的灶具相对较少。秦汉时期，随着无足炊器釜在人们生活中的大量使用，出现了新的炊火设施，就是有封闭燃烧室和固定烟道的灶。汉代桓谭的《新论》记载了这样的故事：一位客人发现主人家里火灶的烟囱是直的，火灶旁边还放着一堆柴火，就建议主人"更为曲突，远徙其薪"（把烟囱改成弯的，把柴火堆挪远一些），

新石器时代陶釜灶，中国国家博物馆藏

以免发生火灾。主人默然不应，没有采纳这位客人的意见。不久，主人家里真的失火了，邻里们都跑来救火，好不容易才把火扑灭了。为了酬谢邻里们，主人"杀牛置酒"招待大家。席间有宾客批评主人没有邀请提出"改造烟囱、挪走柴火"建议的客人，主人听了，马上意识到自己的做法不当，赶忙把规劝过自己的那位客人也请来赴宴。这种"曲突"灶不仅安全，且通风助燃，是理想的灶具类型。

在汉代的考古发现中，无论是画像砖石、壁画等图像资料，还是厨房组合明器，灶均被放在突出的位置上，足见汉代人对灶的重视。徐州出土的庖厨宴饮画像石中刻画了灶的形象，只见灶具前面是火门，用于添柴，后上方有烟道。内蒙古和林格尔县新店子乡东汉庖厨壁画中，可见灶具上方悬挂着宰好的鸡、鱼等，并画有灶上厨师操作、妇女汲水等场景。

西汉中期以后，随着厚葬之风的盛行，与人们生活紧密相关的陶灶明器在随葬品中开始增多。汉代的灶不仅讲究实用性，也逐渐注重其外在的美观性。西汉初期，灶的外形往往比较质朴；西汉中期之后，人们在灶的表面装饰各种花纹和图饰，兼具实用性与审美性。从出土的陶灶模型和画像砖、画像石上的画像来看，灶面有圆形、椭圆形、方形和船形等几种形状，灶门有方形、长方形和券形等形式，灶面上一般有一个大火眼和两个或两个以上的小火眼。西汉早期的灶面往往只有一个大灶眼，西汉中晚期至东汉时期灶面面积逐渐增大，有的灶眼3—5个，灶面上模印出各种食品和炊事用具，如鱼、龟、肉、馒头、瓢、铲、钩、削、刷、箅、勺等庖厨物品和用具。这是人们日常饮食生活的真实写照，从这些造型中，不仅可以看到当时的炊事用具，还能了解时人食物的主要构成。

西汉中、晚期，江南各地流行船形灶，至东汉晚期，船形灶后部拢合上翘，开南北朝式灶造型之先声。中国国家博物馆馆藏的广东广州先烈路出土的陶灶是南方灶具的典型代表。此陶灶似船形，一端上翘，灶面上有3个火眼，上置釜形炊具，

东汉庖厨壁画

东汉船形陶灶，中国国家博物馆藏

灶身两侧附汤缶，灶门口堆塑狗、猫等动物。除放置北方常见的釜甑外，南方陶灶上往往在前面的火眼上置双耳锅。广东广州地区出土的陶灶还常在灶台两侧附装汤缶，生动地反映了当地"宁可食无菜，不可食无汤"的饮食习俗。此外，南方的灶通常在灶前塑造出庖人及猫、狗的形象，而不似北方灶在灶面上模印或刻画厨具和食品等纹饰，这反映了地方饮食习惯和风俗的差异。南昌市新建区博物馆馆藏的陶灶呈船形。灶尾上翘，灶面塑一甑一锅，右侧立一炊事妇人，前挡板呈三级封火状，火口长方形，火口两侧分别塑拱手立人和立犬。此器物制作细腻，造型生动优美，生活气息浓厚，生动展现了南朝时期江南地区灶具的形象。

隋唐时期是古代灶具的发展时期。不同于汉代陶灶有多个火眼且灶台比较大的特点，隋唐陶灶多为单个火眼且灶台较小，但多有装饰。此时灶具的进步之处在于：其一，隋唐时期的灶台火门上多了高高的挡板，以免烟灰飘落于釜甑，可以保持炊具内食品的清洁，灶台后部烟囱较汉代有明显的提高，增加了灶内火的燃烧力，有利于薪柴的充分燃烧；其二，汉代炊具仅下半部沉入灶膛，隋唐灶具仅折沿扣在灶台上，器身完全陷下，这使釜等炊具的受热面积大大增加，极大地提高了烹饪

南朝陶灶，南昌市新建区博物馆藏

的效能；其三，当时已经开始使用火钳和息薪炭罐，未烧尽的柴火可放进罐内熄灭，留待下次燃烧，或用于烤火取暖，这样既节约了能源，又避免了安全隐患。湖北省博物馆馆藏的隋代灰陶灶，其灶台呈长方形，灶面有两个置炊器的圆火眼，一端有隔火山墙，一端为烟囱。一俑左手撑在灶台上，右手作翻炒状，形象生动地反映了厨房的炊事活动。

宋元明清时期出土的灶具数量虽然不多，但这一时期是中国古代灶具设计的完善期，灶具的进步主要表现在：首先是灶具开有多个灶门，有利于掌握不同烹饪活动的火候；其次是蒸笼、铁锅等炊器的普及使用，其与灶台的结合，极大地提高了烹饪效率；最后是风箱的发明与创造，在没有使用风箱之前，人们就注意到往火当中吹入空气可以使火燃烧得更旺，风箱使用之后可以大规模地提升火焰的温度，提高了效率，节约了能源。福建省将乐县光明乡元墓壁画上的灶台与现代农家灶台已没有太大区别。此壁画中的灶台为一座双火膛的灶，火膛中有木柴，灶上架有两锅，左边的锅上置一木蒸桶，蒸桶上有竹编的盖，右边锅台旁置两个小罐、钵。灶前有烧火人坐的小木凳，凳左边搁置有夹火钳、捅火棍，凳右侧有劈柴的斧头等。

明代宋应星著的《天工开物》第八卷冶铸图谱上，已经出现了活塞式风箱。这是一种可使燃烧物充分燃烧的工具，是压缩空气而产生气流的装置。常见的风箱一般为长方形，由木箱、活塞、活门构成。箱内装有一个大活塞，叫作"鞲"，其上装有露在箱外可以推拉的拉手，不论是推或拉，通过活门的调节都可以把空气源源不断地压送到火膛中去，起到连续鼓风的作用，使灶火的燃烧更加旺盛。

伴随着人们的居住环境、食物种类、饮食习惯、烹饪方式的变化，古代灶具的功能也在逐步完善。灶具对于中国人而言，不仅具有重要的实用价值，还具有精神上的重要意义，这主要表现在国人对灶神的崇拜上。

先秦时期，灶神是地位相对低下的小神，这一点可从《战

隋代灰陶灶，湖北省博物馆藏

元代壁画中的灶

国策》《韩非子》等文献收录的"侏儒梦灶"故事中看出来。春秋时期，卫灵公宠爱奸臣弥子瑕，朝中大臣皆敢怒不敢言。一日，宫中的一个侏儒对卫灵公说："我的梦应验了！"卫灵公忙问他："你做了什么梦？"这个侏儒回答道："我梦见灶神了，知道今天能见到大王。"卫灵公听了，非常生气地说："我听说将要见到君主的人会梦见太阳神，你为什么见到我之前会梦见灶神？"侏儒回答道："太阳普照天下，任何一件东西也遮挡不住，君主犹如太阳普照整个国家，任何一个人也遮挡不住，所以将要见到君主的人会梦见太阳神。火灶呢，一个人在灶头烧火，后面的人就看不见火光了。如今也许是有人遮蔽了您的光芒吧？那么，我梦见灶神不是很自然的事情吗？"在这则故事中，聪明的侏儒用一个人烧火而遮住了火灶的光亮，来比喻小人擅权，蒙蔽了国君的视听，成功地向卫灵公谏言。这则故事还有一点值得关注，那就是在卫灵公看来，灶神的地位根本无法和太阳神相比，侏儒把自己与灶神联系在一起是耻辱，因此才有卫灵公"大怒"的记载。由此可见，先秦时期的灶神应是难登大雅之堂的低等小神。

秦汉以降，灶神的地位逐渐上升，"祀灶"活动非常普遍。汉代史籍中多有祀灶的记载。《汉书·息夫躬传》记载：西汉末期大臣息夫躬"祀灶"；《太平御览》引《后汉书》记载：东汉官员张忠署孙宝为主簿，"遂祭灶请比邻"。晋代葛洪《抱朴子》记载："月晦之夜，灶神亦上天白人罪状。大者夺纪，纪者三百日也；小者夺算，算者三日也。"大意是灶神每月最后一日上天，为的是向天尊汇报人们的善恶功过。罪大的"夺纪"，减寿三百天；罪小的"夺算"，减寿一百天。灶神的职权就这样逐渐扩大，由管一家饮食而变为操一家生死祸福，并且能随时记人功过善恶。

那么，古人崇拜的灶神究竟是什么形象呢？从古至今，灶神的形象有男也有女。

火神这一自然崇拜的产物，与灶这一重要炊事设施有着密

《天工开物》中的风箱

不可分的关系。当灶成为火的居所时，火神就逐渐演化为灶神。中国神话中的炎帝、祝融等都是最古老的火神，也是最古老的灶神。后来，灶神的形象逐渐有了性别，如祝融成为灶神之后，演变为女性。如《礼记》《孔子家语》等文献中均认为灶神为女性，祭灶或祭火也由年长女性主祭。这种说法显然与女性在厨事活动中的作用有关。灶神为女性的观念，起源于上古时期母系社会中对掌管炊事的年长、有威望的妇女的崇拜，先秦文献中称其为"先炊之人""老妇之祭"，其形象为"赤衣，状如美女"。汉代陶灶前壁、火门的两侧部位往往有人物组合造型。在这些人物组合中，有一位女性的形象非常突出：身材高大，头戴高冠，手持拨火棍，并采取踞跪姿势。有学者认为这种头戴高冠的女性与普通的烧火或者炊煮人的图像在构图和衣着方面有着显著差异，表现的应该就是灶神的形象。灶神为女性的说法在后代仍有沿袭。

还有一种说法为灶神是男性火神炎帝。汉代最早将火神视为灶神的是《淮南子》。《淮南子》记载："炎帝于火而死为灶。"高诱注曰："炎帝神农以火德王天下，死托祀于灶神。"王充《论衡·祭意篇》云："炎帝作火，死而为灶。"高诱和王充均生活于东汉时期，说明将火神炎帝视为灶神，是东汉时期人们的通识。可能是火神男性的形象更具有威慑力量，秦汉时期的人们更多地接受了灶神为火神炎帝这一说法。到了后来，灶神的家族成员越来越多。唐段成式《酉阳杂俎》记载："灶神名隗，状如美女，又姓张名单，字子郭，夫人字卿忌，有六女皆名察洽。"这段记载，在唐人的信仰中，灶神有妻有女，家庭成员也颇为壮观。随着时间的推移，我们现在所见的灶神基本是男性的形象。

由于灶与灶神在古人心目中的重要位置，古人死后也要将灶带入地下世界中，这就是为何灶成为古代墓葬中最重要的随葬器皿的原因。在民俗中，砌灶也是有讲究的，时辰、方位符合规定才可动土砌灶。南朝时，据《隋书·经籍志》记载，梁简文帝曾撰《灶经》十四卷，这应是有关五行与砌灶、祭灶活动的较早的指南。

灶与中国人的家庭观念也有着重要关系。在古代社会，当儿子长大成人以后，娶了妻子，从父母的家庭分裂出去而另外组成一个新的家庭之时，就需要"另起炉灶"了。灶对中国人而言，有着极为重要的象征意义，一个家庭只能有一个炉灶，如果出现了两个炉灶，就意味着"分家"。

在中国传统文化中，灶神是"一家之主"，主宰着一家的祸福吉凶，是家家户户必须敬奉的神灵。围绕着灶神崇拜衍生出来的各种风俗和祭祀礼仪，影响延续至今。比如，现代人依然延续祭灶的古老传统，祭灶时间北方在腊月二十三日，南方在腊月二十四日。祭灶前，要把旧年的灶神像取下来，晒干，以便祭灶上天时焚烧。同时要准备祭品，祭品以甜食为主，以便封住灶神的嘴，请他"上天言好事，下界降吉祥"。灶神信仰充分体现了中国古代民间信仰的世俗性，具有深刻的文化内涵。

祭灶图

# 古代厨师群像

厨师这一职业在远古至商周时期的地位十分重要。远古传说中，中国人的人文始祖之一伏羲曾经就是一位厨师。《史记》记载太昊伏羲氏："养牺牲以庖厨，故曰'庖牺'。""庖牺"，或又称"伏牺"，获取猎物之谓也。此外，伏羲还教人织网捕鱼，驯养家畜，丰富了人们的食物来源；燧人教人钻木熟食；神农播种耕作，石上燔谷；黄帝则改善了原始烹饪技术，"黄帝烹谷为粥，蒸谷为饭"。伏羲、燧人、神农、黄帝无一例外，都是因为开辟食源、教人熟食以及改善烹饪方法等饮食生活上的丰功伟绩，而被后世尊为中华民族的始祖。

传说，号称活了 700 余岁的长寿老人彭祖，有一手烹调雉羹的绝活，并以此博得帝尧的欢心。距今 4000 年左右的国王少康是古代史上第一个有年代可考的厨师。少康因父亲相被叛臣寒浞所杀，投奔到有虞氏，当过庖正（即厨师长），后来复国，成为夏朝第六代君主。还有学者认为少康就是传说中的杜康，还是酒的发明家。

历史上既善于烹饪而又官至国家重臣的，最著名的莫过于商朝宰相伊尹。伊尹名挚，生活在约公元前 16 世纪的夏末商初，曾经也是一位厨师，他辅佐商汤，被立为三公，官名阿

伏羲像

伊尹像

衡。他曾从饮食滋味的角度教导商汤为政的道理：凡当政的人，要像厨师调味一样，懂得如何调好甜、酸、苦、辣、咸五味。首先得弄清各人不同的口味，才能满足他们的嗜好。作为一个国君，自然得体察平民的疾苦，洞悉百姓的心愿，才能满足他们的要求。

春秋战国时期，史籍记载了两位有名的厨师，一位是易牙，另一位是庖"丁"。

易牙是春秋战国时期的第一名厨，因擅长烹饪得宠于齐桓公。《战国策》记载："齐桓公夜半不嗛，易牙乃煎熬燔炙，和调五味而进之，桓公食之而饱，至旦不觉。"在炒法尚未发明之前，名厨易牙为齐桓公准备膳食所用的烹饪技法可谓十分全面。《方言》云："凡有汁而干谓之煎。"可见，煎法系将食物与水和调料一同熬煮，至汁干肉烂即可。从《说文解字》"煎，熬也"的记载可知，熬法与煎法是比较相近的烹饪技法，两者的区别在于：煎法为干煎不留汤汁，而熬法则保留汤汁。如《后汉书》记载汉桓帝诏中有因"火炽汤尽"而导致镬中之鱼烧焦的说法，可见，熬法注重汤量，不可令汁熬干。燔是直接投于火上烧烤的一种烹调方法，多为放在火灰中煨熟；炙是将食物切成小件，串起来放在火上烤，即叉烧的烹调方法。抛去人品不论，从"煎熬燔炙，和调五味"的记载来看，易牙的烹饪技艺确实不凡。后世多以易牙作为烹饪技术高超的代表，如元人韩奕所著食书《易牙遗意》即托名易牙。

据《庄子》记载，战国时期，梁国有一名叫"丁"的厨师，专门负责替梁惠王宰牛。他的刀工简直神乎其技。他的手、脚、膝盖合着刀的声音一起有节奏感地动作后，就将一头牛的肉和骨头全部都拆解下来了，牛骨头上面不剩下一点牛肉，十分干净。从"茹毛饮血"到火食时代，人类的饮食生活日趋精细。如果菜肴形状过大，就会难以夹取，吃起来不方便。特别是对整只大型动物（猪、牛、羊等）进行烹饪之前，都要进行分档取料，再经过切配或烹调后改刀，这样就方便食用了。庖"丁"对牛的肢解操作表明战国时期厨师的刀工就已经达到出神入化的境界了。

《周礼》将为帝王准备膳食的御厨称为"食官"，统归"天官"，与"食为天"的观念正相吻合。周代宫廷中从事饮食业的人特别多，王仁湘先生曾对《周礼·天官》记载的宫廷食官进行过统计：负责周王室饮食的官员多达 2294 人，占整个周朝官员总数的近 60％。这一数字说明周王室饮食管理机构的庞大规模以及宫廷中庖厨之事的重要性。周代食官的分工极其细致，各司其职。食官中分膳夫、庖人、内饔、外饔、烹人、甸师、兽人、鳖人、腊人、食医、酒正、酒人、浆人、凌人、笾人、醢人、醯人、盐人、幂人等 20 余种。周代以膳夫为食官之长，是总管，要负责周王的饮食安全，在君王进食之前，他要当面尝一尝每样馔品，使君王放心进食。无论是宴宾还是祭祀，君王所用食案都由膳夫摆设和撤下，别人不能代劳。历代宫廷都有专门为皇室贵族提供膳食服务（日常饮食和祭祀饮食）的食官体系，以秦汉时期的食官为例，当时的食官统称为"大官""泰官""太官"，名称正源于《周礼》的食官制度中的"天官"。食官可分为三类：第一类是奉常所属食官，主掌祭祀供食及帝王陵寝食事；第二类是少府所属食官，主掌帝王之膳食；第三类是詹事所属食官，主掌王后和太子之膳食。

秦始皇陵出土了许多刻有"丽山飤官"等文字的器皿。"丽山飤官"，即始皇陵之食官。汉代奉常属下食官有"太宰""诸庙寝园食官令长丞""雍太宰"等，主管陵园的日常祭祀。"雍"乃地名，即雍，在汉代三辅地区之一右扶风境内。如淳注曰："五畤在雍，故特置太宰以下诸官。"颜师古曰："雍，右扶风之县也。太宰即是具食之官……"汉代陵园的祭祀是"日祭于寝，月祭于庙，时祭于便殿"。如此频繁的祭祀活动，需要大量庖厨、园吏等，这些属员都隶属于食官管理，所以始皇陵内城外的这些廊庑式建筑，当是陵内食官、园吏及庖厨们居住的寺舍建筑。

西汉"食官监印"铜印，徐州博物馆藏

西汉鎏金银蟠龙纹铜壶壶底铭文

西汉鎏金银蟠龙纹铜壶，河北博物院藏

汉代，诸侯王宫内还有"食官监"一职。徐州狮子山楚王墓的一处陪葬墓出土了一枚铜质"食官监印"。该印印台边角圆滑，字口模糊，印纽也呈现长期使用形成的圆润状态。与其他出土印章相比，"食官监印"显然在下葬前经过长期或高频率使用。据学者考证，"食官监印"是陪葬墓墓主本人的官印，因此陪葬墓墓主当为该楚王墓葬的食官令，其主要职责是为死去的楚王提供膳食祭品。这或许是其殉葬于楚王墓的一个重要原因。

除了奉常属下食官外，《汉书·百官公卿表》记载的少府属下食官还有太官、汤官、导官等。颜师古曰："太官主膳食，汤官主饼饵，导官主择米。"少府主掌山海池泽的税收，其所属食官，直接掌管帝王膳食，重要性不言而喻。

汉代，诸侯王国内也设有"太官"之职，负责掌管王国的膳食。河北博物院藏满城汉墓出土的鎏金银蟠龙纹铜壶底部刻有铭文："楚，大官，糟，容一石囗，并重二钧八斤十两，第一。""大官"即"太官"，全称为"太官令"，为少府属官，掌膳食。表明此壶原属楚国太官所有。

古代权贵家庭中的厨师人数众多。以汉画像砖石为例，权贵家厨的职责主要有汲水、劈柴、屠宰、切肉、烧火、烹饪等。东汉时期经学家、儒学大师何休解释说：汲水浆者曰"役"，炊烹者曰"养"。厨师人数众多显然与权贵阶层对"坐上客恒满，樽中酒不空"奢侈生活的追求有关。山东诸

城前凉台的庖厨画像砖刻画的权贵家厨多达 42 人，包括汲水
者（1 人）、制烤肉者（4 人）、切肉者（4 人）、取肉者（1
人）、宰杀者（9 人）、剖鱼者（1 人）、洗涤食物者（2 人）、
劈柴烧火者（2 人）、放置食物及食具者（9 人）、烹制食物者
（2 人）以及其他忙于厨事活动的人（7 人）。这些人是当时权
贵家厨形象的真实再现。据文献记载，汉代权贵家厨中，有专
门的管理人员，称为"厨监"，他们的职责是负责采买、监督
其他家厨工作等，身份高于普通厨师。前凉台画像石显示 3 人
一字排开跪坐于案前切菜，其后有 1 人似乎在指挥整个厨事活
动，可能他的身份就是厨监。除了厨监外，权贵的家厨普遍地
位不高，且家厨中从事伐薪者，较之烹饪者地位更加低下。

　　汉以后的历朝历代均有人因厨艺高超步入仕途，享受厚禄。
《宋书·毛修之传》记载，毛修之被北魏擒获后，做了美味的
羊羹进献尚书令，尚书"以为绝味，献之武帝"。武帝拓跋焘
也觉得美味无比，于是授毛修之为太官令。又据《梁书》记载，
孙廉精于厨艺，经常给朝中重臣烹制美味来联络感情。在获得
任职太官的机会后，他亲自负责烹调皇帝的膳食，官位也扶摇
直上，"遂得为列卿，御史中丞，晋陵、吴兴太守"。北魏侯刚
也因"善于鼎俎，得进膳出入"，封武阳县侯，晋爵为公。

　　唐代，厨师们的技艺较前代更加进步了。诗圣杜甫在《丽
人行》云："紫驼之峰出翠釜，水精之盘行素鳞。犀箸厌饫久
未下，鸾刀缕切空纷纶。"意思是，翡翠蒸锅端出香喷的紫驼
峰，水晶圆盘送来肥美的白鱼鲜。犀角筷子久久不动，厨师们
快刀细切空忙了一场。可见，唐代厨师们已具有较高的饮食审
美品位，不仅注重美食、美器的和谐搭配，而且在一席菜肴的
搭配上，还十分讲求构图的整体美。翡翠蒸锅配紫驼峰，水晶
圆盘配白鱼鲜，绝佳的色彩搭配让人食欲大增。诗中最后一句
"鸾刀缕切空纷纶"，更是将唐代厨师制脍的高超技艺表现得
淋漓尽致。此句的意思是刀背上系了许多铃铛的刀，厨师们可
以用它一边切脍一边奏出美妙的乐曲。可惜这种刀和操刀技法

庖厨画像砖线图

都已失传了。

宋代诗人苏东坡可谓是中国历史上最著名的文人厨师了。他在菜、汤、粥乃至酿酒方面均有突出的贡献，其烹饪技术在中国烹饪史上留下了浓墨重彩的一笔。他开发出的菜品有"东坡肉""东坡蒸猪头""东坡春鸠脍""东坡牛肉""东坡鲫鱼""东坡鳊鱼""东坡鳜鱼""东坡虾""东坡笋""东坡豆腐""东坡甜藕""东坡烧卖"等 20 余种。特别是苏东坡在黄州发明的"东坡肉"更加体现了他在美食方面的天赋。他的《猪肉颂》记载了"东坡肉"的制作方法。在苏东坡的不懈努力下，他把价贱如泥土的猪肉烹饪成了流传广泛的美食，猪肉得以"逆袭"，出现在文人墨客的餐桌上。

如果说宋代苏东坡是实操型的文人厨师，那么清代袁枚绝对是理论型的文人厨师。作为清代乾隆时期的文坛将领，袁枚一生著述丰富，涉猎文学、史志、诗词、养生、民间文艺等诸多领域。其中，《随园食单》不仅是袁枚 40 年美食家实践活动的一个佐证，而且是一部系统论述中华烹饪技术的鸿篇巨制，在中国烹饪史上具有无可替代的重要地位。他的烹饪理论，大致可概括成以下几方面：其一，注重优质食材的选择；其二，强调食材加工的细致和卫生；其三，保持食材的独立品性，还原其独特风味；其四，注重搭配，讲究色、香、味、形、器的

《随园食单》书影

统一。袁枚不仅是理论派，更是行动派，他的一生都在四处寻觅美食踪迹。只要遇见心动美食，他就会抱着强烈的好奇心去厨房一探究竟，因此，他不仅品尝到形形色色的珍味美馔，也观摩到无数珍馐的烹饪过程，为他撰写《随园食单》提供了丰厚的资料。美食制作离不开厨师，袁枚深谙厨师的重要性，因此他经常慕名拜访各地名厨。幸运的是，一代名厨王小余也很仰慕袁枚，自告奋勇做了他的家厨。王小余是一位烹饪专家，不仅有丰富的烹饪经验，对于烹饪理论也颇有研究，他在烹饪技术上的很多真知灼见都对袁枚产生重大影响，被袁枚收入《随园食单》中。袁枚与王小余犹如伯牙遇子期一般意气相投、惺惺相惜，可以说是两人互相成就了彼此。王小余去世后，袁枚悲痛之余撰写《厨者王小余传》来表达深深的怀念之情。王小余也成为我国古代唯一死后有传的名厨。

女性厨师在中国古代厨师群体中占有特殊的地位。古代普通百姓家中的烹饪工作基本上是由家中女性完成的。考古资料显示，家庭女性承担的炊事工作也是全方位的。汲水、舂米、淘米、洗菜、烹饪、烧火、摆盘等各类厨事活动都有她们的身影。中国国家博物馆馆藏四川地区出土的舂米、庖厨、献食女俑就是女性从事厨事工作的生动再现；汉画像石中有妇女淘米的场面；一些陶灶上模印的灶人能看清者均为女性。

隋唐五代时期，随着中原地区与西域经济文化的交流，面点的新品种增加，制作技术也有进展。新疆阿斯塔纳唐墓出土的一组彩绘劳动女俑，再现了唐代女性舂粮、簸糠、推磨、擀面、烙饼的全过程。其不仅是研究新疆古代社会生活、饮食文化的重要实物资料，更是唐代女厨师形象的真实写照。这一时期，寺院素菜得到了很大发展，已形成独特风味。当时出现了我国古代最著名的女厨师——梵正。梵正的出名源于其所创制的大型风景冷拼盘"辋川图小样"，此拼盘将菜肴与造型艺术融为一体，使菜上有山水，盘中溢诗歌。《辋川图》是唐代著名诗人王维所绘关于其晚年隐居之地辋川别墅的风景画

东汉制作面食女俑，中国国家博物馆藏

图。在此图中，王维共绘华子冈、竹里馆等辋川二十景，并与道友裴迪赋诗，以纪诸景。梵正所制"辋川图小样"极为复杂，不仅要拼出20个独自成景的小冷盘，而且各个小盘彼此间要有机地构成"辋川别墅"的迷人景色，如果没有超高的审美品位、独特的艺术构思以及精湛绝伦的刀工，是绝对做不到的。可见，梵正是一位颇富才情且技艺超群的女厨师。

与考古发现中衣着朴素的汉代厨娘不同，宋代厨娘的形象衣着华丽，有着雍容华贵的神态与气度。中国国家博物馆收藏的4块厨事画像砖上，描绘了宋代厨娘从事烹调活动的几个侧面。砖刻所绘厨娘的服饰大体相同，都是云髻高耸，衣衫齐整，焕发出一种精明干练的气质。

据史籍记载，宋五嫂为南宋著名民间女厨师，她在钱塘门外开了一家小饭店，专营鱼羹，由于是传统汴京风味，因此颇受南下异乡之客的欢迎。据说，一日，宋高宗赵构乘龙舟游西湖，尝其鱼羹，龙颜大悦。自此，宋嫂鱼羹声名鹊起，身价倍增。买鱼羹的人越来越多，这位民间女厨师从流落他乡的落魄之人一跃成为远近闻名的富妪。

主妇掌勺，名曰"中馈"，见《玉台新咏》载张衡《同声歌》云："不才勉自竭，贱妾职所当。绸缪主中馈，奉礼助蒸尝。"中国历史上传世最早的一位妇女著者写成的烹饪专著《中馈录》即以此为名。《中馈录》意即家中饮膳事务的记录，作者曾懿，是大约生活在清代末年至民国的女性。她的父亲、丈夫曾分别在江西、安徽、湖南等地为官，作为随行家属，各处游历的经历使她深入地了解了当地的饮食烹饪特色，她结合自己常年的家中烹饪经验，撰写了这本供女子学习的烹饪著作。

伴随着食材的日益丰富以及烹饪理论的发展完善，历朝历代均涌现了厨艺精湛的著名厨师，这些厨师中不乏因厨艺高超而平步青云者。与宫廷、权贵、饭肆的厨师多为男性不同的是，古代普通百姓家中的烹饪工作基本上是由家中女性完成的。女性厨师是古代厨师群体中的一道靓丽风景线。

# 漫话古代食谱

　　食谱是中国古代饮食文化的重要组成部分，是人们在饮食生产生活实践中宝贵经验的总结。中国古代论及饮食的典籍浩如烟海，但真正算是食谱类的书籍却数量不多，很多食谱是散见于经、史、子、集等各类书籍以及出土文献中。

　　先秦时期的食谱主要出自《周礼》和《楚辞》中的零星记载。如"周八珍"是周天子的专享食谱，被记载在周礼的《天官·膳夫》篇中，体现了中原饮食文化的风格，全面展现了当时的烹调技术。"周八珍"的具体制法为：1.淳熬，稻米肉酱盖浇饭；2.淳毋，黍米肉酱盖浇饭；3.炮豚，烤炖乳猪，包括了酿肚、炮烧、挂糊、油炸、慢炖等多道工序；4.炮牂，牂

"周八珍"还原

即公羊，其做法与炮豚相同，不过将猪换成了羊；5.捣珍，取牛、羊、鹿等的里脊肉，经捶打、去筋腱后，煎至嫩熟，再调以香料、酱、醋等食用；6.渍，将鲜牛、羊肉切薄片，用香酒浸渍，佐以酱醋、梅酱等食用；7.熬，加香料烘烤而成的肉脯；8.肝膋，烤网油包狗肝。

战国后期的诗集《楚辞》，歌颂了当时楚国的饮食名品。诗集的《招魂》《大招》篇中提及了许多菜肴（见表一），这些菜肴体现了鲜明的荆楚饮食文化风格。从两首诗篇记载的菜肴内容来看，楚人制作的粥饭、饼饵等主食十分精致，肉食以野味和水产品居多，家畜、家禽则不多。诗中提到的野味肉食包括鸿、鹄、凫、鸽、鹌鹑、鸹、雀、豺等 10 余种，占所有肉食种类的一大半。口味上五味并重，尤嗜酸、苦、甜。这与中原饮食中绝少苦味形成鲜明对比。值得关注的是，《楚辞》反映出荆楚地区与中原地区在烹饪原料及方法上有很多共同点，证明两地之间有饮食文化方面的交流。

表一　《楚辞·招魂》中的美味食单（节选）

| 原文 | 翻译 |
| --- | --- |
| 稻粢穱麦 | 大米小米和麦米 |
| 挐黄粱些 | 里面还要掺黄粱 |
| 肥牛之腱 | 肥牛宰了抽蹄筋 |
| 臑若芳些 | 烧得烂熟喷喷香 |
| 陈吴羹些 | 摆上吴氏风味汤 |
| 胹鳖炮羔 | 红烧鱼鳖烤羊羔 |
| 有柘浆些 | 拌上一些甘蔗浆 |
| 鹄酸臇凫 | 酸味天鹅炒野鸭 |
| 煎鸿鸧些 | 又煎大雁又烹鸧 |
| 露鸡臛蠵 | 酱汁卤鸡闷海龟 |
| 粔籹蜜饵 | 油炸蜜饼和甜糕 |

本表据董楚平《楚辞译注》（上海古籍出版社，1986）绘制

秦汉时期的食谱散见于汉赋文章中，如张衡的《西京赋》《东京赋》《南都赋》，枚乘的《七发》以及桓宽的《盐铁论》

《楚辞·招魂》中的菜单

等，有大量对菜肴品种、食物物产、饮食习俗、宴饮盛况的描述。而对食谱记载更为详细的是两种简牍，分别是湖南沅陵虎溪山《美食方》汉简以及马王堆汉墓遣策。

1999 年，考古工作者在虎溪山 1 号汉墓（墓主为西汉初年沅陵侯吴阳）发现了千余支竹简，共计 3 万余字，其中三成左右是记载有关饮食的，被命名为《美食方》。此《美食方》号称"湘菜第一菜谱"，记录的美馔佳肴近百种。《美食方》对植物性的饭食和动物性的食材分别记录，菜肴操作讲究，程序很多，作为菜肴的动物性食材有马、牛、羊、鹿、豚、犬、鱼、鹄、鸡、雁等；烹调方法有羹、炙、煎、熬、濯、脍、脯、腊、炮、菹等；所用的佐料有盐、酱、豉、糖、蜜、芷、梅、橘皮、花椒、茱萸等。

《美食方》食谱的特色在于：首先，羹类菜肴十分丰富，多达数十种，主料均为动物原料，而以配料的多样化调制出种类繁多的不同风味，如有白（米糁）羹、巾（芹菜）羹、逢（蒿类蔬菜）羹、苦（苦菜）羹等。此外，还有很多以腌菜为配料的羹，这种酸味的羹与湖湘人嗜酸的口味非常一致。其次，肉酱制品很多。通过腌酿的方法制作菜食，也是湖湘地区由来已久的传统。《美食方》中记载了很多肉类经过解切细碎后制成的酱品，如有鱼酱、爵酱（雀肉酱）以及马酱（马肉酱）等。其所记载的原料、佐料以及烹调方法与今日的湘菜有着很多相似之处。最后，尽管炒菜在当时尚未出现，烹调技法以蒸煮为主，但烹调程序非常复杂，尤其是动物性菜肴的制作程序繁杂，有宰杀、去毛、处理、反复蒸煮，以及加入佐料、香辛料使之入味等诸多程序，令人叹为观止。

湖南长沙马王堆汉墓食品遣策记录的是西汉初年长沙国轪侯利仓家的美味食谱，包括肉食馔品、调味品、饮料、主食和小食、果品和粮食（见表二）等。湖南长沙为古楚地，食俗为荆楚风格，但随葬的大量羹品和炙品分别体现了中原食俗和北方食俗的特点，反映出南北食俗的相互影响与融合。

湖南沅陵虎溪山《美食方》汉简

**表二　马王堆汉墓遗策食单**

| | | |
|---|---|---|
| 菜肴 | 羹类 | 大羹、白羹、巾羹、逢羹、苦羹（原料为牛、羊、豕、狗、鹿、凫、兔、鱼、鸡等）；<br>如牛白羹（牛肉与稻米熬制的羹品）、鹿肉芋白羹（鹿肉与芋、稻米熬制的羹品）、小叔（菽）鹿荔（胁）白羹（鹿肋骨与小豆、稻米熬制的羹品）、狗巾羹（狗肉芹菜熬制的羹）、雁巾羹（雁与芹菜熬制的羹）、鲭（藕）肉巾羹（鲫鱼与藕片、芹菜混合熬制的羹）、豕逢羹（猪肉蒿菜熬制的羹）、狗苦羹（狗肉苦菜熬制的羹）等 |
| | 烧烤类 | 牛炙（烤牛肉）、牛胁炙（烤牛胁肉）、豕炙（烤猪肉）、鹿炙（烤鹿肉）、炙鸡（烤鸡肉）、犬其胁炙（烤狗胁肉）、犬肝炙（烤狗肝）、串烤鲫鱼、串烤鲤鱼等 |
| | 脯、腊类 | 牛脯、鹿脯、羊腊、兔腊等 |
| | 脍类 | 牛脍、羊脍、鹿脍、鱼脍等 |
| | 蒸菜类 | 蒸泥鳅、蒸鱼等 |
| | 涮菜类 | 牛濯胃（涮牛肚）、濯豚（涮小猪肉）、濯鸡（涮鸡肉片）、濯藕（濯藕片）等 |
| 主食 | 饭粥类 | 稻米饭、麦米饭、黍米饭、黄粟饭、白粟米、黍枣黏饭 |
| | 小点类 | 白米糕、稻米糕、麦米糕、蜜糖稻米糕、蜜糖荸荠米糕、粗粺（类似后世的馓子）、餺飥（一种油煎饼）等 |

本表据湖南省博物馆编《长沙马王堆汉墓陈列》（中华书局，2017）绘制

　　魏晋南北朝时期，迎来了中国历史上民族大融合的高潮。当时，各民族都把自己的饮食习惯和烹饪方法带到了中原腹地，民族间饮食文化交流空前繁荣。以《齐民要术》为代表的饮食著作记载了各民族饮食文化的精髓。北方地区的奶酪和乳制品，西域地区的胡羹、胡饭、胡饼、胡炮肉等，东南地区的叉烧、腊味等，西南地区的红油、蜀椒、茶叶等，南方沿海的野味和鱼生等，这些风味各异的烹饪技法和地方食品均在《齐民要术》一书中有所记录。

　　《齐民要术》的卷八和卷九记载的古代食谱，涵盖了100多种菜肴的制作方法，这些食谱充分反映了当时南北方地区和各民族之间饮食文化交流繁盛的景象。如黄河中下游地区的人们喜食小麦、荞麦等各种面粉制作的饼食；长江流域的人们喜食糯米、粳米所制的粽子等饭食。这种饮食上的喜好并不是一

成不变的，而是南北方互有影响。值得一提的是，各民族间饮食文化的交流与融合并不是简单地照搬，而是根据本民族的特点加以改造。如书中记载的"羊盘肠雌斛法"，即在羊血中加入生姜、橘皮、椒末、豆酱清及豉汁等调味品，再加入米、面作糁，成为素馅。接着，将素馅灌入经水洗、洒洗的羊肠中，再将羊肠切成五寸左右长的小段，煮熟食用。这道胡风菜肴用米、面作糁，以生姜、橘皮等作香料去除膻腥，完全是为了配合中原人士的饮食习惯。又如，《齐民要术》中载有"截饼"的制法，其中用牛奶和羊奶和面，显然是受到游牧民族饮食习惯的影响。

《齐民要术》专辟《素食》一节，在烹饪史上是极为重要的。《齐民要术》中载有 10 余种素食，如葱韭羹、瓠羹、焦菌、焦茄子、油豉、雍白蒸、蜜姜等。早在先秦时期，中国人就有吃素食的传统。比如人们在祭祀或重大典礼时，要实行"斋戒"，也就是不食荤腥，只吃素食，以表示虔诚和崇敬。这一时期，素食并非平常之食，且品类单一，主要是一些菜羹以及蔬菜或野生植物所制的齑、菹等，素食并没有获得相对独立的地位。魏晋南北朝时期，佛教的盛行和寺院经济的发展，使素食发展进入一个飞跃阶段。这一时期的佛教徒们认为吃素是"仁者的美德"，因此笃信佛教的士族大家们也开始潜心研究素食的制作。此外，烹饪技术的进步以及素食原料的丰富也促进了素食作为一种专门的体系发展起来。由《齐民要术》的记载可知，当时的人们已经熟练掌握了烧、烤、蒸、煮、熬、炖、煎、炒、炸、糟、腊、酿等多种烹饪技术，烹饪技术的进步使素食的烹制有了坚实的技术基础。再者，蔬菜植物、豆制品的丰富也为素食的加工提供了丰富的原料。如《齐民要术》记载，一些菌类和水生植物被引入饮食中，大大增强了素食的营养性。总之，作为中国古代最早、最系统的食谱，《齐民要术》在中国饮食史上的地位不可估量。

隋唐时期的食谱留存下来的极少，大多数已亡佚，现在能

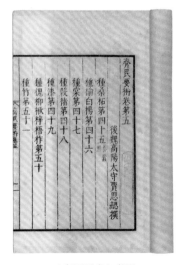

《齐民要术》书影

够见到的最著名的唐代菜谱来自韦巨源的《烧尾宴食单》。唐代官场盛行烧尾宴。所谓烧尾宴，即任朝廷要职，须宴请皇帝或升官时要宴请宾朋同僚。烧尾之意取自民间传说的"鲤鱼跳龙门"故事。传说鲤鱼跃过龙门才能成为真龙，但龙门水急，鲤鱼无法跃过。如果真有鲤鱼跃过龙门，必有天火烧掉其尾，从而变成真龙。荣升高官就如同鲤鱼跃过龙门，故庆祝官员升迁之宴被命名为"烧尾宴"。唐代韦巨源拜尚书令，曾宴请唐中宗，留下了一份著名的《烧尾宴食单》。《烧尾宴食单》共收录 58 种菜点（见表三），菜肴有用羊、牛、豕、鸡、鹅、鸭、熊、鹿、狸、兔、鱼、虾、鳖等为原料制成的各种荤食；饭点有乳酥、夹饼、面、膏、饭、粥、馄饨、汤饼、饆饠、粽子等。无论从原料的选择还是菜肴的烹饪，烧尾宴上的菜品均为奇珍肴馔，不仅追求原料名贵，而且烹饪方式极为讲究，造型独具匠心。

表三　《烧尾宴食单》举要

| 名称 | 制法 |
| --- | --- |
| 升平炙 | 羊舌、鹿舌烤熟后拌和一起，定三百舌之限 |
| 金铃炙 | 如金铃形状的酥油烤饼 |
| 单笼金乳酥 | 一种用独隔通笼蒸的酥油饼 |
| 巨胜奴 | 用酥油、蜜水和面，油炸后敷上胡麻的点心 |
| 御黄王母饭 | 盖有各种肴馔的黄米饭 |
| 箸头春 | 切成筷子头大小的油煎鹌鹑肉 |
| 生进二十四气馄饨 | 二十四种花形馅料各异的馄饨 |
| 五牲盘 | 羊、猪、牛、熊、鹿五种肉拼成的花色冷盘 |
| 仙人脔 | 乳汁炖鸡块 |
| 红羊枝杖 | 可能指烤全羊 |
| 吴兴连带鲊 | 吴兴原缸腌制的鱼鲊 |
| 汤浴绣丸 | 浇汁大肉丸，类似今日之"狮子头" |

本表据王仁湘《民以食为天——中国饮食文化》（济南出版社，2004）绘制

宋元时期最著名的食谱莫过于林洪的《山家清供》以及忽思慧的《饮膳正要》。《山家清供》主要记录乡野人家待客用

的清淡饮食，共2卷，书中以蔬食为中心，介绍了许多与文人相关的、极富情趣的肴馔，为研究宋代的烹饪技艺和历史提供了极其珍贵的素材。宋代士人没有唐代士人的雄浑气魄，他们往往将精力专注于生活的末节，注重饮馔精致，喜欢素食，这与唐代士人豪迈粗犷的饮食风格大相径庭。《饮膳正要》是元代宫廷饮膳太医忽思慧撰写的一部融食肴养生与菜肴烹饪于一体的重要著作，此书在介绍元代的菜肴、面食等制作方法的基础上，又增添了养生内容，成为中国古代饮食养生的经典之作。此书收录了许多异域饮食，如"八儿不汤"是"西天（南亚）茶饭"，即流行印度一带的花式肉粥；"阿剌吉酒"是产于阿拉伯的一种酒，与今天的白酒类似。

明清时期，伴随着商品经济的不断发展，很多追求奢侈生活的官宦、商人分外讲究饮食，饮食求奢之风不断蔓延，食谱书籍也大量涌现。如《宋氏养生部》《遵生八笺》《闲情偶寄》《多能鄙事》《食宪鸿秘》《随园食单》《农圃便览》《醒园录》《调鼎集》《养小录》《中馈录》《粥谱》等，可谓百花齐放，名菜荟萃。《食宪鸿秘》是清代著名文学家朱彝尊的作品，书中共收录400多种调料、饮料、果品、菜肴、面点的制法，内容相当丰富。此外，该书还有一些饮食宜忌的理论论述，对今天仍有重要借鉴意义。书中所收食谱以江浙地区为主，兼及北京和其他地区。如此书记载了浙江的"笋馔""金华火腿"的制法，还有一些北方的面食、乳制品等，颇具地域特色。清人袁枚的《随园食单》所记载的食谱涵盖元明清三个时期共326种菜肴、饭点和茶酒，是中国古代食谱之集大成者，也是中国古代饮食文化的一座丰碑。此书中所述及的菜点均是作者亲自游历大江南北品尝和品鉴过的品种，尤其难得的是，《随园食单》不单单是一部食谱，更被公认为中国饮食理论史上最杰出的经典之作。袁枚在此书中提出了"美食不如美器"的著名饮食美学见解。

明清时期，一位妇女著者写成的烹饪专著——《中馈录》

袁枚像

颇为有名。《中馈录》共一卷，除总论外，分 20 节，介绍了火腿、肉松、鱼松、糟鱼、熏鱼、醉蟹、皮蛋、冬菜、月饼等 20 种食品的制法，这些食品颇具风味特色，制作方法的记载也非常详细。尤其是其对云南"宣威火腿"、江苏"醉蟹"、四川"泡菜"等制法的记载，为研究地域美食提供了重要的参考资料。

　　食谱作为中国古代饮食文化的重要组成部分，体现了历代烹饪技术发展的高超水平。仔细盘点古代的食谱，可以发现一个有趣的现象：古代食谱的撰写者基本都是文人和官宦，几乎没有一位是厨师，如先秦的屈原，汉代的张衡、枚乘，宋代的林洪，清代的袁枚等，都是文人；而魏晋南北朝的贾思勰、唐代的韦巨源、元代的忽思慧等，都是官宦。这种现象产生的原因在于，古代中国厨师的社会地位一般很低，其受教育程度一般不高，由他们亲自撰写食谱基本不太现实。因此，美食的话语权自然而然落在知识分子（士大夫）的身上，文人和官宦遂成为食谱的撰写者。尽管这些食谱撰写者的写作初衷在于保留历代烹饪技术的精华，但由于他们并非实际操作者，这就使食谱的记录与现实情况出现背离，很多菜点既有道听途说的成分，也有个人臆想的成分，并不足信。此外，由于古代食谱的转录、摘录现象十分普遍，有些作者在抄录前代食谱时出现了谬误，这就造成了很多食谱完全无法操作的遗憾。

# 礼始饮食

　　"夫礼之初，始诸饮食"，作为中国古代文明象征的"礼"，首先是建立在饮食的基础上。古代宴饮礼仪的雏形脱胎于远古时期先民们的共食生活实践。历代宴饮活动在内容、形式和规模上虽有很多差异，但也遵循着一些共性的礼仪，如尊老爱幼、礼貌谦恭、热情和睦、讲究卫生等，这些礼仪规则均是中华民族的优良传统，值得继承和发扬。古代宴会名目繁多，美酒佳肴之外，人们还注重宴饮与赏心乐事的结合，诗歌、音乐、舞蹈、戏剧、杂技等艺术形式为宴饮场合增添了热烈和亲切的氛围。

筷子的前世今生

　　当今世界上超过 16 亿人使用筷子，也就是说每 5 人中就有 1 人用筷子进餐。对于我们中国人而言，筷子的地位远非餐勺可比，天天与筷子朝夕相处，真可谓"不可一日无此君"！筷子的名称在历史上有多次演变，先秦时期称"梜"，也作"荚"。秦汉时期，筷子称"箸""筯"。到了唐代，"筯"与"箸"通用。虽然从唐到清皆统一称筷子为"箸"，但明代时筷子的名称开启了由"箸"到"筷"的转变。最初的原因是民间尤其是苏州一带的船民和渔民有避讳的习俗，由于行船讳"住"，"箸"与"住"字谐音，因此被改称为"筷（快）子"。此后，随着世俗文学的盛行和外来文化的翻译，"筷子"最终成为最广泛且最主要的称呼方式。

　　在使用筷子吃饭之前，先民们用手抓饭吃，所谓"以土涂生物，炮而食之"。聪明的先民把谷子用树叶包好，糊泥置火中烧烤，为受熟均匀，不断用树枝拨动，就有了筷子的雏形。筷子古名"筯"，即竹字头加帮助的"助"字，意即帮助吃饭的工具。远古先民们发现用小木棍拨食的方法后，逐渐把小木棍的数量固定为两根，使用小木棍的技艺也越来越高，直到把两根小木棍使得灵活自如。考古学家们曾在江苏高邮龙虬庄新石器时代遗址发掘出 42 根骨棍，有学者认为它们就是骨箸，即中国最早的筷子原型。但有学者对此看法提出疑问，因为类似的骨棍在其他新石器时代遗址中也有发现，而它们一般被认作骨笄，即扎住头发的发笄。《史记》中有"纣为象箸"的记载，即纣王曾使用象牙箸进餐。商代末期君主纣王用精制的象牙箸用餐，足见 3000 多年前就有使用筷子的情形。迄今为止，考古发现年代最早的箸出自安阳殷墟墓，为接柄使用的青铜箸头。

先秦时期，人们的进食方式是手食与用筷子、匙叉进食并存。因为主要还是沿用以手指抓食这一传统进食方式，所以筷子的使用尚不普及。如《左传》中的"染指于鼎"，《礼记》中的"共饭不泽手""毋抟饭"等，便是明证。《左传·宣公四年》记载，楚国人献给郑灵公一只大甲鱼，公子宋和子家将要进见，公子宋的食指忽然自己摇动，就把手抬起给子家看，得意地说："以往我发生这种情况，一定是将尝到新奇的美味。"等到进去以后，他俩果然发现厨师正准备将甲鱼切块，两人相视而笑。郑灵公忙问他们为什么笑，子家就把刚才的事情告诉郑灵公。等到厨师把甲鱼煮好后，郑灵公把公子宋召来，但故意不给他吃。公子宋大怒，他猛然把手指蘸在鼎里，尝了味道后才退出去。这则故事中的"食指动""染指于鼎"，其实都是手食的动作。

《礼记·曲礼上》云："共饭不泽手，毋抟饭，毋放饭。"根据郑玄的解释，"共饭不泽手"中的"泽"意思是捼莎，即揉搓双手。为什么不能"泽手"呢？原因是这样做容易引起手上出汗，而用汗手抓取饭食很不卫生。什么叫"毋抟饭"呢？就是用手将饭搓成饭团之意。而"毋放饭"是指不要将手上多拿的饭重新放回器皿中。所以这则记载的完整意思是，如果和大家一起吃饭，需要注意手的清洁，不要用手揉搓饭团，也不要把手上多拿的饭重新放回盛饭的器皿中。

以上两个例子说明，虽然筷子早已被发明，但先秦时期的人们确实还保留着传统的手食进食方式。其实，此后很长历史时期内，一些边远地区仍盛行手食，如新疆的维吾尔族、台湾的高山族等都有吃手抓饭的习俗。

汉代人普遍使用筷子进食。考古发现汉代的箸除铜箸外，多见竹箸，湖南长沙马王堆汉墓、湖北云梦大坟头以及江陵凤凰山等地墓葬中，均出土了大量竹箸。马王堆汉墓的竹箸是被放置在漆案上的，云梦和江陵汉墓出土的竹箸，一般都装置在竹质箸筒里。据《广雅·释器》的记载，箸筒又名"籯"。考古发现的东汉时的箸大都是铜箸，少见竹箸。比如，广州先烈路东汉墓葬出土的便是铜箸。此外，在新疆汉"精绝地"的一处房址内发现了木箸，这表明中原用箸进食的习惯已经传播到边远地区。

汉代漆筷，甘肃省博物馆藏

汉晋时期的画像石与画像砖上，也能见到用箸进食的图像。《邢渠哺父图》是汉代画像石中常见的孝子故事。邢渠的母亲早逝，他与父亲同住，他的父亲因为年迈，无法自主进食，邢渠就亲自喂养。画面中父亲坐榻上，邢渠跪在父亲的面前，一手拿着筷子，一手扶着父亲，正在给父亲喂饭。

隋唐时期，箸的材质更加多样化，从考古发现和文献记载来看，有金银箸和犀箸。年代最早的银箸，出自李静训墓。宋辽金元时期，考古发现多见银箸，如中国国家博物馆收藏的5双银筷子就来自元代安徽地区的窖藏。此外，也有木箸，如内蒙古赤峰巴林左旗辽墓壁画显示了3名契丹髡发男侍，其中1名侍从双手端一漆盘，盘内就放着木箸等饮食用具。

元代银筷子，中国国家博物馆藏

明清时期，箸的款式与现代的箸已无太大区别，首方足圆为最流行的样式。清代帝妃所用的箸品用料极为珍贵，制作十分考究，有金银镶玉箸、铜镀金箸、紫檀镶玉箸、象牙箸、乌木箸等，奢华至极。中国国家博物馆馆藏的一件附筷嵌珊瑚银鞘刀，它的刀鞘为皮制，鞘通过绳子连接一个双龙圆环，可系于腰带上。这种小刀是蒙古族使用的典型器物，一般用于切割

清代附筷嵌珊瑚银鞘刀，中国国家博物馆藏

食物，同时也是男子的装饰物，鞘内插有筷子一双，反映了其受到汉族饮食习俗的影响。

从筷子出现开始，其所肩负的两项主要功能就是烹饪和进食。比如现在我们在烹煮食物的时候，经常用筷子来搅拌，或者用两根筷子夹起锅里的食物，检查成熟程度，或者品尝味道。这些动作反映的是筷子的烹饪功能。而当我们将煮熟的食物用筷子夹取并送到嘴里品尝，这样的使用方法表现的是筷子的进食功能。甘肃嘉峪关魏晋墓彩绘备宴画像砖中，有两名女婢席地而坐，手持筷子，正在合作准备宴席的小几、餐具等。筷子和小几以及其他餐具同出，显然此筷用于进食。中国国家博物馆馆藏的宋代厨娘煎茶砖雕中的筷子则是用于烹饪。画面中的高髻妇人正俯身注视面前的长方火炉，其左手下垂，右手则执火箸夹拨炉中火炭。

筷子还被赋予了很多吉祥的寓意。比如，人们常用筷子正直的形状来比喻人的高尚品格。质地奢华的象箸、金箸、银箸、玉箸除了用作皇室餐具和祭祀用品外，也用作帝王赏赐臣下的尊贵礼物，成为达官贵人身份地位和生活富华的象征。这些被精心打造的珍贵箸品有的镶金嵌玉，有的绘画题词，它们的功能就不再限于食具，而是可供鉴赏的高雅艺术品。此外，筷子成双成对，也寄寓了人们对美好婚姻爱情的憧憬和向往。传说，当年司马相如与卓文君定情时，曾以一双筷子作为信物。他们的定情诗"少时青青老来黄，每结同心配成双。莫道此中滋味好，甘苦来时要共尝"也是对筷子的歌颂，寄寓了"爱侣成双，永不分离"的美好期待。直至现在，成双成对的筷子仍然是新婚夫妇互赠的信物以及亲朋馈赠的礼物。

筷子的使用禁忌有很多。筷子使用中最忌讳的，莫过于将筷子竖直插入碗盘之中，因为此种情形非常类似灵前设供，寓意不祥。用筷进食时，夹取食物要适量，夹太多易被视为贪食，有违礼仪。至于在席面上将筷子延伸过长，将筷子与其他食具频繁碰撞弄出声响，抑或在盘碗之中用筷子挑拨翻拣等行

宋代厨娘煎茶砖雕，中国国家
博物馆藏

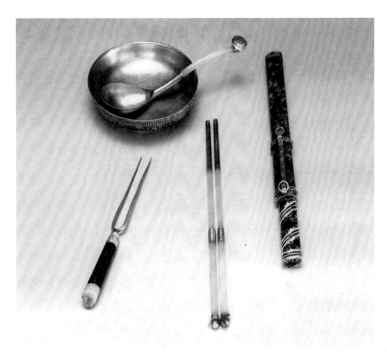

清代皇室餐具，故宫博物院藏

为更是缺乏教养、罔顾礼仪的表现。筷子的握把方式也有禁忌。古人认为宴飨场合左手执筷是失礼的行为。执筷位置不可过低，那样显得笨拙且缺乏教养；也不可过高，否则有远离父母家门之嫌。此外，筷子摆放时，切忌将筷足向外，也不可一反一正并列。筷子摆放的数量应该与进餐者人数一致或更多，否则即属不敬。规范的筷子摆放方式为整齐地拢置于进餐者右手位。在正式的进餐或宴会场合，筷子需摆放于筷枕之上，夹取食品的圆足一端略微跷起，不与餐台面接触，这样既庄重得体又合卫生观念。

唐宋时期，受到中国影响的越南、朝鲜半岛和日本，基本上形成了用筷子进食的习惯。值得注意的是，同筷子一样，中国人也很早就发明了餐叉和餐勺。那么为什么后两者没有形成像筷子一样的影响力呢？

先看餐叉。筷子和餐叉一直被视为中西饮食文化差异最典型的标志物。在距今约5000年的青海同德宗日遗址中出土过迄今为止最早的餐叉，说明中国人早在新石器时代已开始使用餐叉。同餐勺一样，餐叉起初也是以兽骨为材料制成。餐叉的主要功能是挹取肉食。因为中国古人的饮食结构以素食为主、肉食为辅，所以肉食的挹取器——餐叉只是上层社会的专用品，普通民众因为缺乏肉食，自然用不着置备专门食肉的餐叉。因此，与筷子和餐勺相比，餐叉的使用并没有形成经久不变的传统。

再看餐勺。餐勺，在古代或称为"匕"，或称为"匙"。中国人使用餐勺的历史最早可追溯至新石器时代中期，经历了7000年以上的发展过程。新石器时代餐勺的制作材料，主要取自兽骨，而青铜时代则主要取用的是青铜。自战国时代开始，除了青铜餐勺还在继续使用外，又出现了漆木勺。隋唐时期开始用白银打制餐勺，在上层社会，用白银打制餐勺的做法到宋元时代仍然流行。在历代皇室贵胄们的餐桌上，还曾出现过金质餐勺。

尽管古代餐勺的产生时间比筷子还要早，但它的作用却远远不如筷子重要。筷子可以方便地夹取各类饭食，但餐勺的作用相对受限，比如用餐勺挹取块茎类蔬菜就很不方便，因此，餐勺只能作为筷子的辅助工具在餐桌出现。古代中国人在进食时，箸与餐勺一般会同时出现在餐案上，共同使用。先秦时期，箸与餐勺有着明确的分工。《礼记·曲礼上》云："羹之有菜者用梜，其无菜者不用梜。"这里是说箸是用于夹取菜食的，不能用它去夹取别的食物。《三国志》中曹操与刘备煮酒论英雄时，曹操说了一句"当今天下英雄，只有我和你刘备两人而已"，吓得刘备将手中拿着的勺和箸都掉在了地上。这是汉代箸与餐勺同用的一个例证。考古发现表明，勺与箸也作为随葬品一起埋入墓中。汉代以后，比较正式的筵宴，都要同时使用勺和箸作为进食具，如唐人所撰《云仙杂记》述前朝故事时云："待客，有漆花盘、科斗箸、鱼尾匙。"这里的箸和匙都是组合出现的。1987年，陕西西安长安县南里王村一座唐代

辽墓壁画中筷子与餐勺的组合

唐代韦氏家族墓《野宴图》壁画

中期墓葬里，发现了保存完整的壁画，墓室东壁的《野宴图》，将1000多年前唐人游春宴乐的生活场景，展现在人们面前，画中绘有男子9人围坐在一张长桌前准备进食，每人面前都摆放着箸和勺，摆放位置整齐划一。据文献记载，宋高宗赵构每次进膳食，都要额外多预备一副箸、勺，用箸取肴馔，用勺取饭食，避免将食物弄脏了，因为多余的膳品还要赏赐给宫人食用。这个例子说明宋代仍沿用箸、勺在之前的传统分工。正如王仁湘先生所言，到了现代社会，筷子与餐勺仍然是密不可分的进食器具组合，正式宴会场合的餐桌上也要同时摆放勺与筷子，食客每人一套，这显然是对古代传统的继承。但勺与筷子各自承担的职能发生了变化：勺已不像古代那样专用于食饭，而主要用于享用羹汤；筷子也不再是夹取羹中菜的专用工具，它几乎可以用于取食餐桌上的所有肴馔，而且也可用于食饭，传统的进食方式发生了改变。

最能体现中华饮食文化特色的进食器具便是筷子，这种与中国美食相伴而生的进食工具，是中华饮食文化的重要标志。作为中国人最伟大的发明之一，筷子的影响力辐射全世界，成为中华优秀传统文化的代表之一。

# 宴饮之礼

"夫礼之初，始诸饮食。"作为中国古代文明象征的"礼"，首先是建立在饮食的基础上。中国古代宴饮礼仪的雏形脱胎于远古时期先民们的共食生活实践。当先民们采集、渔猎归来，一起围坐在篝火或火塘边进食时，大家会遵循一些简单的、约定俗成的"规矩"——部落首领负责分配食物、按照尊卑次序安排座次、食物的分配方式、进食的先后顺序以及特殊时刻（如重大收获）的食事流程等。此外，宴饮礼仪也起源于远古先民们的祭祀活动。无论是隆重、严肃、神秘的祭礼，还是欢庆热烈的聚食，远古时期的这些饮食活动中的礼节都具有宴饮礼仪的雏形。

商周时期，吃饭前祭祀祖先和神灵的传统被继承下来，并不断发展。为了表示虔诚，商周时期的祭祀活动除了置备必需的祭品外，陈放祭品的饮食礼器也非常讲究，最隆重的祭品是牛、羊、猪三牲组成的"太牢"，其次是羊、猪组成的"少牢"。祭祀完毕后，若是国祭，君王则将祭品分赐大臣；若是家祭、祖祭，则亲朋挚友围坐一席，分享祭品。于是祭品转化为席上的菜品，饮食礼器就演化成筵席餐具。值得注意的是，祭品在祭祀后可以被分吃掉，这种传统对后世产生了深远的影响，如《淮南子·说山训》有"先祭而后飨则可，先飨而后祭则不可"之语，这种传统也一直延续至今。现代部分地区的农村在清明节祭祀祖先时，仍有在祭礼完毕后众人分食祭品的习俗。《仪礼》《周礼》《礼记》三书中对先秦时期的宴饮礼仪有着详细的叙述，范围涉及饭食、酒浆、膳牲、荐羞、器皿等方面。乡饮酒礼、飨燕之礼、设食之礼、进食之礼等等，便是这一时期的产物，并对后世产生极其深远的影响。

秦汉以降，我国古代的宴饮规模不断扩大，宴饮种类更是名目繁多，不可胜数。这些宴饮大致有以下四种：其一，朝廷赐宴和因各种国事举办的官宴。这类宴会规模宏大，礼仪烦琐，其意义主要在于宣扬帝王的恩德，对于维护政治安定，加强与其他民族及外国的联系起到了一定的促进作用。如皇帝宴请皇室贵族的宗室宴、赐予老人的千叟宴、赐予举子的乡饮酒宴等。其二，文人雅士的宴会雅集。如曲水流觞宴、游船宴、登高宴、曲江宴、赏花宴等。这类宴会将文人雅士汇集一处，大家饮酒赋诗，畅享自然风光，十分惬意自如。其三，民间宴饮活动。凡遇到婚丧嫁娶、盖房乔迁、生辰祝寿、年节庆贺、亲朋会友等情形时，民间均要举办各种类型的宴饮活动。这类宴饮活动的气氛比较亲切而热烈，礼仪较少，主宾往往都会尽情尽兴。不论古代宴饮活动以何种形式和规模出现，其所遵循的礼仪大多都包括延请之礼、备宴之礼、座次之礼、祝酒之礼、进食之礼等诸多方面。

清代丁观鹏绘《西园雅集图》，
台北故宫博物院藏

## 一、延请之礼

俗语说："摆席容易，请客难。""请客"之义本为宴请客人，后引申为宴客之前的延请过程。现代社会，宴请宾客的方式方便快捷，庄重正式的宴会一般会提前月余向受邀宾客发送邀请函或请柬，私人聚会更为简便，一通电话、一条信息即能敲定。古代人可没有这些便利条件。以先秦的乡饮酒宴为例，"请客"被称为"谋宾"，流程是由主人（乡大夫）和乡先生（乡中教师）一起商议来宾人选和名次，即商议请哪些贤能的人作为宾客。宾客又分为三等，即主宾、介（陪客）和众宾。

主宾、介都只有一人，众宾可有多人，并选定其中三人为众宾之长，由主人亲自去通知被邀请的宾客何时赴宴。居延汉简可见多处"请具酒"的简文，如"伏地再拜拜请具酒少赐子建伏地再拜请具""伏地再拜伏地请具酒少少酒少且具拜"等，应是邀请客人参加酒宴的请柬类残断文书。"伏地再拜""伏地请""酒少少"等都是一些类似的谦辞。如果是拜请不识之人参加宴会，则要提前递送拜帖类，秦汉时期称其为"名刺"，类似今天的名片。名刺在秦汉时期非常流行，刺上一般要写明姓名爵里，故又称"爵里刺"。汉代刘熙的《释名》中解释说"爵里刺"就是"书其官爵及郡县乡里也"。至于下级或晚辈谒见上级或长辈，也可称谒，如果同时送礼，则还要加上所送钱物的数量。如前文所述，刘邦在参加沛县县令为吕公置办的欢迎宴时，就递交了谒（即名刺），并在上面写了"贺万钱"的字样。

内蒙古阿盟额济纳旗黑城遗址中出土的元代请柬，距今700余年，弥足珍贵。这份请柬是用毛笔书写在竹纸上的，文曰"谨请贤良：制造诸般品味，簿海馒头饰妆。请君来日试尝，伏望仁兄早降。今月初六至初八日，小可人马二"。根据请柬内容可知，有位马二先生，他的饭馆开张，为招揽客人，他发出了这封颇具诱惑力的请柬。请柬中明言，持柬者可在初六至初八的三天里，前去马二饭馆品尝他精细筹备的"诸般品味"和"簿海馒头"，为其开张庆典助兴道喜。如果说这份请柬具有商业宣传的成分，下面这份写给"国瑞老兄"的请柬绝对是古代宴饮延请之礼的珍贵实证。请柬曰"谨请国瑞老兄：众爱务别久等，今朝若不赴会，来日甚脸觑人"，这份请柬所反映出的恳切之情溢于言表，极具感染力。总之，"谨请""谨邀""拜上""伏地请"等均是古代请柬的常见用语，其谦恭之意充分体现了中国人淳厚的宴饮礼俗特征。

马二请柬

## 二、备宴之礼

举行宴会之前，主人家通常要打扫住所，清洗宴饮所要用的各种器具，以示对来宾的尊敬，所谓"饰几杖，修樽俎，为宾，非为主也"。《汉书》记载，魏其侯窦婴想要宴请丞相田蚡，与夫人"夜洒扫张具至旦"。与普通百姓家庭自行准备宴会饭食不同的是，权贵阶层所办宴会的备宴规模极为宏大。备宴场所既有室内，也有户外。前述中国国家博物馆馆藏的庖厨画像砖上部刻一屋顶，表明庖厨活动是在室内进行的。同样是四川地区所出的画像砖，有的庖厨画像砖没有交代环境标志物，估计备宴活动是在户外进行的。如四川博物院收藏的庖厨画像砖左侧有两厨师席地坐于长案后，边交谈边切食物；案后有一高架，上悬猪肝、猪腿肘，其后侧四案重叠的厨架上摆满了碗、盘等食具和食品；右侧三足架上置一铁釜，釜下支数块木柴，一厨工正持扇在釜前煽火助燃。整个画面简洁明了，反映的应该是露天庖厨的场面。甘肃嘉峪关魏晋备宴画像砖上刻画了两位婢女席地而坐，共同准备宴饮所需的食案和各式餐具等。2002年北京市石景山区八角村金代墓葬出土的备宴壁画，画面右侧为一案，上置食物，两男侍备奉，桌案左为5位侍女，居中的中年女仆，包髻长袍，身体侧前行，左手执巾，右手食指指向两男仆，四女仆分执托盘、灯油等。

菜肴制作完毕后，仆从们端菜进肴时，必须格外注意卫生。比如，绝对不能面对客人和菜盘子大口喘气。如果此时客人正巧有问话，仆从回答时，必须将脸侧向一边，避免唾沫溅到盘中或客人脸上。上的菜如果是整尾的烧鱼，一定要将鱼尾指向客人，因为鲜鱼肉从尾部易与骨刺剥离。干鱼则正好相反，上菜时要将鱼头对着客人，因为干鱼从头端更易于剥离。冬天的鱼腹部肥美，摆放时鱼腹向右，便于取食；夏天的鱼鳍部较肥，所以将背部朝右。案上菜肴的陈列也有一定规矩。《礼记·曲礼上》云："左殽右胾，食居人之左，羹居人之右，脍炙处外，醢酱处内，葱渫处末，酒浆处右。以脯脩置者，左

魏晋备宴画像砖

金代备宴壁画

胸右末。""载"，意思为切成的大块肉。"葱渫"，指的是蒸
葱。"朐"，意思是弯曲的干肉。这段记载的意思是，应把带
骨的熟肉块放在左边，不带骨的肉块放在右边。干的食品菜肴
靠着人的左手方向，羹放在靠右手方向。细肉和烤肉放在外
侧，肉酱放在内侧，蒸葱放在最边上，酒浆等饮料和羹放在同
一方向。如果要分陈干肉、牛脯等物，则弯曲的在左、挺直的
在右。从汉代画像石、壁画以及帛画等的宴饮图来看，大体上
也是这样陈列。这样排列自然是为了方便取食。

　　除了菜肴摆放外，饮食器具的摆放也有规矩。河南密县打
虎亭汉墓北壁的备宴画像石，画面上方是一大型长案，案上摆
满了杯盘碗盏，4位仆从在案旁劳作，分别用筷子和勺子往杯
盘里分装馔品；地上有放满餐具的大盆，还有8个摆放在一起
的三足食案；画面下方是一铺地长席，席上也摆满了成排的杯
盘碗盏，也有几位厨人在一旁整理肴馔。同墓西壁的备宴画像
石，画面上有案有席，案上、席上和地上放满了各种餐具和酒
具，有1人似在指挥餐具和酒具的摆放位置，他应是负责安排
筵宴的总管。

### 三、座次之礼

　　中国人自古以来就格外重视长幼尊卑的次序，古代社会
生活的各个方面都有着严格的礼仪惯例。《礼记·祭义》云：
"昔者，有虞氏贵德而尚齿，夏后氏贵爵而尚齿，殷人贵富而
尚齿，周人贵亲而尚齿。虞夏殷周，天下之盛王也，未有遗
年者。年之贵乎天下久矣，次乎事亲也。是故，朝廷同爵则尚
齿。七十杖于朝，君问则席。八十不俟朝，君问则就之，而弟
达乎朝廷矣。"这段话的大意是，从前虞舜之时，虽然尊重有
德之人，但也不忘尊重年长之人；夏代虽然尊重有爵之人，但
也不忘尊重年长之人；殷代虽然尊重富有之人，但也不忘尊重
年长之人；周代虽然尊重有亲属关系的人，但也不忘尊重年长
之人。虞、夏、殷、周四代，是人们公认的盛世，他们都没有

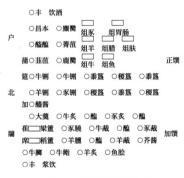

《仪礼》所载的肴馔排列

忘记对年长者的尊重。由此看来，年长之人被人们看重是很久以来的事了，其重要性仅次于孝道。因此，在朝廷上，彼此官爵相同，则年长者居上位；年龄到了70岁，可以拄着拐杖上朝，国君如果有所咨询，就要在堂上为他铺席以便落座；到了80岁，不用等候朝见，国君如果有所咨询，就要亲自到他府上求教。这样，孝悌之道自然就通行于朝廷了。

由这段记载可见，虞、夏、商、周四代的价值标准虽然经历了德行、官爵、财富、亲情四次改变，但尊年尚齿始终是贯穿其中的一条不变的主线。在宴饮场合中，无论是主人还是客人都需要遵循尊年尚齿的礼仪规范，注重尊卑等级的差别，这套规范对谦恭礼貌、尊贤敬老风气的形成有着显著的作用。

座次的排列是古代宴饮礼仪的重要组成部分。"尚齿"是中国古代宴饮礼俗所崇尚的基本原则。现今一般宴席中长者上座之礼仪，便是古代"尚齿"传统的遗风。

在宴会上，看似简单的座次安排却反映出地位尊卑、人际关系、时势变化等诸多内容。在宴席座次的安排上，中国向来有以东为尊的传统。这一点，在先秦典籍中多有记载：天子祭祖活动是在太祖庙的太室中举行的，神主的位次是太祖东向，最为尊贵。这一座次礼仪在鸿门宴上有清晰的展现，据《史记》记载，当时的座次为项王、项伯东向坐，亚父范增南向坐，沛公北向坐，张良西向侍。项羽东向坐，是自居尊位而当仁不让，项伯是他叔父，不能低于他，只有与他并坐。范增是项羽的最主要谋士，乃重臣，故其座次虽低于项羽，却高于刘邦。刘邦势单力薄，屈居亚父之下。张良是刘邦手下的谋士，在五人中地位最低，自然只能敬陪末座，也就是"侍"坐。

家宴中最尊的首席一般由家中的长者来坐，但有时也有例外。如《史记》记载，汉武帝的舅舅丞相田蚡"尝召客饮，坐其兄盖侯南向，自坐东向"，田蚡之所以取代他的兄长坐在首席之位，是因为他官居丞相，官位远在哥哥之上，只有东向坐才符合他的丞相身份，才合乎礼制。一般而言，在一些普通的

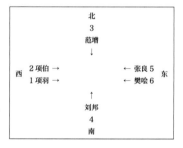

鸿门宴座次

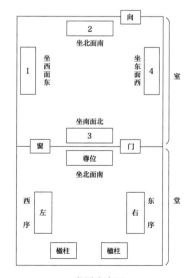

堂屋座次图

清代姚文瀚绘《紫光阁赐宴图》（局部），故宫博物院藏

房子里（田蚡家宴）或军帐（鸿门宴）举行的小型宴会场合，都是以东向为尊的。

如果宴会的举办地是在堂室结构的室中，座次会发生变化。清人凌廷堪《礼经释例》中曾讲道："室中以东向为尊，堂上以南向为尊。"堂是古代宫室的主要组成部分。堂位于宫室主要建筑物的前部中央，坐北朝南。在堂上举行宴会时，以面南为尊。如《仪礼·乡饮酒礼》记载的堂上座次为：主宾席在门窗之间，南向而坐。历代皇帝的御座都安排在宴堂的正中，坐北朝南，所以古人形容君王有"南面"之称。

在中国古代，不论何种规格的宴会，不论人数多少，均按尊卑顺序设置席位，宴会上最重要的是首席，必须等到首席者入席后，其余的人方可落座。现代宴会座次安排较古代有所变化，一般宴席用的是八仙桌或圆桌，重要客人往往都安排于面朝门的席位，主人面对客人落座。这样的安排是从古代演化而来的。

### 四、祝酒之礼

无论是国宴或家宴，正式或非正式宴会，重要或一般的交际应酬，都有祝酒之礼。如主人要说欢迎客人，感谢客人的光临，祝客人身体健康、万事如意之类的话；客人则说感谢主人盛情款待之类的话，同时亦要祝福主人。

《周礼·春官·大宗伯》中有"以宾礼亲邦国"的记载，凡古代国与国之间的外交往来都归宾礼。外交往来中，接见和宴请各国君主与外交使者是礼仪的重要内容。唐朝的《开元礼》规定了朝廷宴请藩国使者的礼仪。皇帝在太极殿宴请诸藩国使者与随行人员。首先皇帝入座，藩使再向皇帝敬献礼品，中书侍郎收下后，典仪官高呼"就座"。皇帝、朝廷重臣、藩使等的席位安排在殿上，其他人员的席位安置于殿下的廊下。接着，乐官引歌舞乐工登阶升座，御膳房进酒，皇帝手持酒盏，殿上、廊下之人皆起立行礼，饮酒。在这种外藩宴中，帝王作为最大的主人，自然要率先拿起酒盏，欢迎外宾。而在帝王的生日宴上，则是群臣向皇帝先行敬酒祝寿。古代称帝王的生辰为"千秋节"或"万寿节"。帝王的生日纪念活动始于隋高祖。五代以后，历代帝王的生日庆贺活动规模越办越大。《梦粱录》记载了南宋皇帝的一次寿筵的全过程：教坊司仿百鸟齐鸣，皇亲国戚和文武百官进宫入席。乐队奏乐后，百官依次行酒，向皇帝祝寿。

在民间宴席中，主人应率先敬酒。敬酒祝寿在汉代称"为寿"或"上寿"。汉代史籍记载："凡言为寿，谓进爵于尊者，而献无疆之寿。""卑下奉觞进酒，皆言上寿。"这两段记载表明，宴会中主要是小辈给长辈敬酒祝寿。但根据史籍记载，平辈之间也可以互相敬酒祝寿。武帝年间在丞相田蚡举行的宴会上，主人田蚡和客人窦婴先后"为寿"。敬酒的吉语除祝对方长寿外，还可称赞对方的品德和能力。如《东观汉记》记载，东汉时齐郡掾吏为太守敬酒时，说道："齐郡败乱，遭离盗贼，人民饥饿，不闻鸡鸣犬吠之音。明府视事五年，土地开辟，盗贼灭息，五谷丰熟，家给人足。今日岁首，诚上雅寿。"这番敬酒将太守的政绩和能力大加赞赏了一番。敬酒时，被敬酒之人如果辈分或官位较低时，要做避席或离席状，以示谦卑。仍以田蚡宴会为例：官居丞相高位，又是皇帝亲舅的田蚡敬酒时，众人为表示恭敬，皆避席，伏身谢。可等到窦婴敬酒，只有他的故旧避席伏身，其他人只是"半膝席"（略欠身）。

### 五、进食之礼

进食之礼是主宾都要遵循的宴席礼仪。先秦时期的典籍对进食之礼有着详细的叙述，笔者根据王仁湘先生的注解制成下表。进食礼仪基本涉及的是宴饮场合中的吃相和仪态，一些进食礼仪原则，如饮食卫生、长者优先、讲究吃相等优良传统一直沿袭至今。

**进食之礼**

| 原文 | 注释 |
|---|---|
| 共食不饱 | 同别人一起进食。不能吃得太饱，要注意谦让。 |
| 共饭不泽手 | 同器食饭，不可用汗手，食饭本来一般用匙。 |
| 毋抟饭 | 不要把饭团揉成大团，大口大口地吃，有争饱不谦之嫌。 |
| 毋放饭 | 要入口的饭不要再放回饭器中去，别人会感到不卫生。 |
| 毋流歠 | 不要长饮大嚼，让人觉得自己是想快吃多吃。 |
| 毋咤食 | 咀嚼时不要让舌在口中做声，有不满主人饭食之嫌。 |
| 毋啮骨 | 不要啮骨头，一是容易发出不中听的声响，使人感到不敬重；二是怕主人感到是否肉不够吃，竟还要啮骨头；三是容易啮得满嘴流油，面目可憎可笑。 |
| 毋反鱼肉 | 自己吃过的鱼肉不要再放回去，应当接着吃完。 |
| 毋投与狗骨 | 客人自己不要啮骨头，也不要把骨头扔给狗去啮，否则主人会觉得你看不起他准备的饮食。 |
| 毋固获 | 专取曰"固"，争取曰"获"，是说不要喜欢吃某一味食物就只独吃那一种，或者争着去吃，有贪吃之嫌。 |
| 毋扬饭 | 不要为了能吃得快些，就扬起饭粒以散去热气。 |
| 毋嚃羹 | 吃羹时不可太快，快到连羹中菜都顾不上嚼，既易出恶声，亦有贪多之嫌。 |

续表

| 原文 | 注释 |
|------|------|
| 毋絮羹 | 客人不要自行调和羹味。这会使主人怀疑客人更精于烹调，而以主人的羹味不正。 |
| 毋刺齿 | 进食时不要随意剔牙齿，如齿塞须待饭后再剔。 |
| 毋歠醢 | 不要直接端起肉酱就喝。这样会使主人自己的酱没做好，味太淡了。 |
| 濡肉齿决 | 吃湿软的肉可直接用牙齿咬断，不可用手掰。 |
| 干肉不齿决 | 吃坚硬的干肉不能用嘴撕咬，须用手帮忙。 |
| 毋嘬炙 | 大块的烤肉或烤肉串不要一口吃下去，如此狼吞虎咽，仪态不佳。 |

　　宴饮之礼是中国古代食礼中最重要的组成部分。古代宴饮活动虽在内容、形式和规模上有很多差异，但也遵循着一些共性的礼仪，如尊老爱幼、礼貌谦恭、热情和睦、讲究卫生等，这些礼仪规则均是中华民族的优良传统，值得继承和发扬。

# 侑宴之艺

古人敲击土壤而歌，是稼穑耕作之歌；瓦釜击节，是平民食时音乐；黄钟大吕，是贵族筵宴的音乐，这些生产生活中的音乐皆不离饮食。中国历史上，人们在特定饮食活动中，通过演奏乐器而发出美妙动听的音乐来助兴的现象可谓源远流长。

早在夏代以前就有饮食活动中击鼓奏乐的习俗；所谓"钟鸣鼎食"，即周天子在宴饮活动一边聆听着乐工击打编钟、编磬的乐曲，一边享受着盛放在鼎簋中的各种珍馐美味。《周礼》中记载了很多主管音乐的官职，如大司乐、乐师、大师、小师、钟师、笙师、镈师等。这些乐官的主要工作是根据周王室开展的不同饮食活动，分别负责演奏各种音乐。春秋战国时期，诸侯和贵族们在各种饮食活动中也使用乐器奏乐助兴。如《诗经·小雅·鹿鸣》中有"呦呦鹿鸣，食野之芩。我有嘉宾，鼓瑟鼓琴。鼓瑟鼓琴，和乐且湛……"的记载。大意是鹿儿呦呦地鸣叫，呼唤伙伴来吃芩草。我的嘉宾真不少，弹琴鼓瑟相邀他们。琴瑟和鸣多美妙，欢乐的气氛把宴会笼罩。1978 年出土于湖北随州擂鼓墩的曾侯乙墓全套编钟共 65 件，是我国迄今为止发现的数量最多、保存最完整的编钟实物，其音律精确，音色优美，至今仍能演奏乐曲，使人可以真切感受古代贵族之家"钟鸣鼎食"的宴饮场面。

秦汉时期的宴饮活动，相较于先秦时期更加热烈和活泼，

战国曾侯乙编钟，湖北省博物馆藏

礼仪性乐舞活动逐渐减少，但以乐侑宴的传统依然保留，这一点，可从众多考古发现中得到验证。1983年，广州象岗山南越王墓出土一套8件铜勾鑃，总重达191公斤。每件勾鑃上均有"文帝九年，乐府工造"刻铭和"第一"至"第八"的编码，表明这是南越文帝九年（公元前129年）时，南越国主管音乐事宜的乐府监造的乐器。此外，同墓中还出土有数套青铜编钟、编磬。1999年，山东济南章丘发现的洛庄汉墓，墓主疑为西汉吕国第一任国君——吕后的侄子吕台。令人震惊的是，洛庄汉墓中居然随葬了107件编磬。2015年，江西南昌海昏侯墓出土了一组14件钮钟，其形制、纹饰全同，仅大小有别。大汉王朝的繁荣富庶为王侯贵族们奢华的享乐生活提供了保障，"钟鸣鼎食""歌舞宴乐"是他们日常生活的精彩写照。

西汉铜勾鑃，南越王博物院藏

他们希望死后在阴间可以继续过这种奢靡生活，因此，勾鑃、编钟和编磬就成为汉代诸侯王墓中常见的随葬乐器。

音乐、舞蹈是伴随着远古先民的饮食活动而出现的。远古时期，当人们获得了丰收，以及猎取了美味以后，常常设庆功喜宴，载歌载舞，以祈求祖先、神灵保佑他们，希望风调雨顺，免除灾难。由此还形成了诗歌。早期诗歌一般都配合乐器，带有舞蹈的艺术成分，且诗歌内容多为反映劳动人民的饮食生活。古人食毕，有持牛尾洗涤食器之事，食器洗涤干净，就手持牛尾起舞。甲骨文"舞"字正是这种情况的象形反映。中国国家博物馆馆藏的舞蹈纹彩陶盆内壁饰 3 组舞蹈图，图案上下均饰弦纹，组与组之间以平行竖线和叶纹作间隔。舞蹈图每组均为 5 人，舞者手拉着手，面均朝向右前方，步调一致，似踩着节拍在翩翩起舞。人物的头上都有发辫状饰物，身下也有飘动的斜向饰物，头饰与下部饰物分别向左右两边飘起，增添了舞蹈的动感。每一组中最外侧两人的外侧手臂均画出两根线条，好像是为了表现臂膀频繁摆动的样子。

汉代画像砖石中的宴饮与乐舞场面往往同时出现。从汉画可知，巾舞、长袖舞和盘鼓舞等都是汉代宴饮中经常出现的表演。中国国家博物馆馆藏的四川成都出土观伎画像砖生动再现了墓主人生前的宴乐生活。画面左上方男主人席地而坐，在观赏伎舞，其旁 1 女和 2 男吹排箫伴奏，右侧 4 人表演，2 人作杂技，2 人在表演巾舞。巾舞是汉代宴会上表演的一种杂舞。因舞人用巾作为舞具而得名。据萧亢达先生考证，它的由来可能与周代的帔舞有关，帔舞是手持五彩缯（一种丝织品）而舞。据记载，汉代祭祀后稷的灵星舞还用这种五彩缯作舞具。持巾而舞大概便是受此启发而产生的。在汉代画像砖石及壁画中，舞人的舞姿奔放热烈，舞者所持的双巾有的长短不一，有的双巾等长。此外，巾舞的伴奏乐队以鼓为主，有时也伴有歌者。这说明巾舞有歌词可供演唱，而且是比较注重节奏的舞蹈。

新石器时代舞蹈纹彩陶盆，中国国家博物馆藏

汉代观伎画像砖，中国国家博物馆藏

南唐顾闳中绘《韩熙载夜宴图》中的舞蹈场面

《韩非子·五蠹》记载："长袖善舞，多钱善贾。"舞袖是我国古代舞蹈艺术最基本的特征之一。现在对秦汉时期舞蹈的研究中，把不用其他舞具，以舞长袖为特征的舞蹈统称为"长袖舞"。据《西京杂记》记载，汉高祖刘邦最宠爱的戚夫人就很擅长跳这种"翘袖折腰之舞"。中国国家博物馆馆藏的出土于陕西西安白家口的彩绘陶舞俑表演的正是婉约娴静风格的长袖舞。

据学者统计，在目前已发现的汉代舞蹈画像中，以盘鼓舞画像的数量最多；同时，在汉代文献记载的舞蹈资料中，也是盘鼓舞最多。可见盘鼓舞在汉代受欢迎的程度。盘鼓舞是将盘、鼓置于地上，作为舞具，舞人在鼓、盘之上或环绕鼓、盘之侧进行表演的一种舞蹈。这种舞蹈大概以使用七盘较多，因此也被称为"七盘舞"。洛阳涧西七里河一座东汉晚期墓葬曾经出土一套七盘舞俑，使用的鼓为双面圆形，平面，身微鼓，腹空，器身中部有一小圆孔，盘壁很厚，当是仿照实用的舞具而制作的。

隋唐五代时期是一个舞蹈表演高度发达的时代，尤其以唐太宗执政期间的宫廷舞蹈最具代表性，当时出现的《秦王破阵乐》和《霓裳羽衣舞》是最负盛名的宫廷舞蹈，在中国舞蹈史上占有重要地位。唐代宫廷舞蹈的蓬勃发展，与唐代频繁的宫廷宴飨有着密不可分的联系。据史籍记载，唐太宗本人就非常喜欢跳舞，每当宫廷宴飨之际，他经常离席起舞，将宴飨的欢乐气氛推向高潮。唐太宗不仅自己跳舞，还参与舞蹈的创作，如他曾参与创作《秦王破阵乐》相关的破阵舞图。唐朝的宴飨

西汉彩绘陶舞俑，中国国家博物馆藏

舞蹈，到了唐玄宗时期又发展到了新的高度。杨贵妃所跳的《霓裳羽衣舞》是中国历史上最有名的舞蹈。霓裳和羽衣都是该舞蹈的服装。霓裳指的是像云一般的裙子，羽衣就是绣着羽毛的上衣。空灵的舞曲、华美的服饰、杨贵妃的精湛舞技，使《霓裳羽衣舞》在中国舞蹈史上留下了浓墨重彩的一笔，引得众多诗人如痴如醉，啧啧赞叹，如白居易曾发出"千歌万舞不可数，就中最爱霓裳舞"的感慨。

宋代宫廷宴舞的主体是教坊司的舞蹈队，与唐代一人独舞不同的是，其主要为集体群舞。《东京梦华录》记载了"天宁节"（皇帝的生日）队舞演出的盛况。队舞演员由教坊具体组织表演，观众都是当朝的文武百官以及各国使节，这些观众边进御酒边观赏，场面极为宏大。队舞人数众多，程式严格，表现一定的故事情节，前有致语和念诗，后有歌舞奏乐表演，中间有问答，起到衔接节目的作用。这种表演形式兼具礼仪典礼和娱乐欣赏的功能。此外，宋代队舞也很讲究服饰的华美和场景效果的变化。宋朝民间宴舞的队舞通常是民间舞蹈队在节日时演出，演出场所为瓦舍、街巷、茶肆之间。

宋朝宴乐采用的主要是中原传统的"雅乐"，元代则"雅乐"与"胡乐"交替演奏。汉人称其他民族传统的乐曲为"胡乐"。"胡乐"和"雅乐"的用途各不相同，明代叶子奇《草木子》记载："大朝会用雅乐。盖宋徽宗所制大晟乐也。曲宴用细乐胡乐。驾行。前部用胡乐。驾前用清乐大乐。"《元史·礼乐志》记载："朝会飨燕，则用燕乐，盖雅俗兼用者也。"

与先秦时期宴饮场合中单纯的歌舞表演不同的是，秦汉以后的宴饮过程中除了一般的歌舞表演外，还增加了独具特色的百戏表演。在有的宴饮场合中，歌舞与百戏各自独立举行，而在一些大型宴会上，则是歌舞与百戏交叉进行。百戏是杂技、幻术、俳优侏儒戏、角抵、驯兽等各种节目的总称，它广泛流行于秦汉时期，是宴会场合不可缺少的助兴节目。1971 年，内蒙古和林格尔汉墓出土的乐舞百戏壁画就为我们还原了一场大型宴会上的乐舞百戏表演场景。当时常见的宴会百戏表演项目主要有倒立、跳丸和跳剑、驯兽、俳优等。

倒立，现今杂技艺术中称为"顶"功，山东济南无影山出土一组西汉前期百戏俑，即有此类形象。跳丸和跳剑属于手技类杂技，是一种用手熟练而巧妙地耍弄、抛接各类物品的技巧表演。跳丸是将2个以上圆球用手抛接，可分为单手和双手抛接。跳剑则是抛接2把以上的剑，抛接时任由剑在空中翻腾，但必须保持剑把着手。由于剑的体形长大，因此跳剑比跳丸的难度更大。跳丸和跳剑的起源很早。东周时期，已达到很高的水平，《列子·说符》云："宋有兰子者……其技以双枝，长倍其身，属其胫，并趋并驰，弄七剑迭而跃之，五剑常在空中。"这句话的大意是说这个名叫"兰子"的人，能够脚踩高跷，且走且跑，同时双手抛接七剑。踩高跷双手抛接七剑，在当时已算是技艺超群了。

汉代调教禽兽作百戏演出，最常见的莫过于猿猴之戏。河南洛阳烧沟汉墓出土随葬品中即有一猿一猴，和乐舞百戏俑以

汉代乐舞百戏壁画

及鹰、鱼、鸽、蛙等陶俑同出，应是当时流行的猿猴之戏的模型。除了猿猴这种小型动物外，皇家苑囿和诸侯王国苑囿中也驯养一些豹、犀、象等大型动物。徐州狮子山楚王陵出土的石豹脖颈上还雕刻有嵌贝项圈，且豹子面容温顺，说明此豹为家中豢养之宠物；江苏盱眙江都王陵出土的鎏金青铜犀牛、青铜象以及驯犀、驯象俑应是江都王苑囿驯养犀牛、大象的再现。

西汉青铜犀与驯犀俑，南京博物院藏

从汉代画像石中的乐舞百戏图上经常可以看见一些身躯粗短、上身赤裸、形象和动作滑稽的表演者。汉墓中也不乏此类形象的陶俑出土。此类形象的乐人，在古代称为"优""俳""俳优""倡优"等。中国国家博物馆馆藏的出土于四川成都的击鼓说唱俑表现的就是汉代"俳优"的形象。此俑头上戴帻，额前有花饰，袒胸露腹，两肩高耸，着裤赤足，左臂环抱一扁鼓，右手举槌欲击，张口嬉笑，神态诙谐，动作夸张，活脱脱一个正在说唱的俳优形象。

宋元时期的百戏按表演性质，可分为角抵、马戏、走索、上竿、水秋千、口技、幻术等。角抵，又名角力、相扑、摔跤等。1931年，在辽朝东京遗址（今辽宁省辽阳市）出土一个八角形的辽代白色陶罐，有学者考证认为画面呈现的是契丹小儿摔跤的形象。宋代马戏更为成熟精彩，包括引马、文马、骗马、跳马、倒立、镫里藏身等多种马上功夫。水秋千是一项惊险的跳水表演：在大船上立一个高大的秋千，表演者在将秋千荡到高空的一瞬间，突然从秋千上一个跟斗跳下来，扎入水中，秋千在这里起一种活动跳台的作用。南宋时期的都城临安的勾栏瓦舍，曾是孕育和表演幻术艺术的重要场所。当时的手法幻术、撮弄幻术以及藏挟幻术等都得到了长足发展。此外，还有从传统幻术"吞刀吐火"等演变而来的"吞枪吃针"等比较精巧的节目。幻术不仅在临安的勾栏瓦舍、街头以及喜庆堂会频繁演出，而且在皇帝的生日宴会上也有幻术表演助兴。据《武林旧事》记载，宋理宗生日时，当时的著名艺人姚润就表演了非常吉祥的撮弄幻术——"寿果放生"。此外，一些传统

东汉击鼓说唱俑，中国国家博物馆藏

清代徐扬绘《姑苏繁华图卷》（局部），辽宁省博物馆藏

杂技项目依然盛行。如《东京梦华录》中提及的"倒立""折腰""筋斗"等杂技，均是秦汉时期的传统节目。到了宋代，杂技发展出新的品类，如"悬倒进餐"等新技艺。

明清时期，无论宫廷还是民间，都有一些宴饮时说唱的习俗。这些说唱小曲或是赞颂国泰民安，或是抒发百姓情感，非常受欢迎。戏曲的演唱形式，有独唱、合唱、对唱等，一般在演唱时都带有简单的舞蹈动作。不同人群在宴饮时赏戏，所持的目的不尽相同，达官贵人以娱乐消遣为主，官场往来以交际应酬为主，文人雅士以附庸风雅为主，普通百姓则以调剂生活为主。明代初年对戏剧的禁令颇为严格，朱元璋时曾下令"军官军人学唱的割了舌头"。但宫中和民间宴饮时对戏剧之爱好并未绝迹，明代中期以后，宴戏的发展十分迅猛，至清乾隆时期，戏曲的发展达到鼎盛。明代上流社会凡节令、婚丧嫁娶、各种应酬，均要举行宴会，而宴会又少不了各种戏剧演出。据清代计六奇的《明季南略》记载，永历帝朱由榔的小朝廷在流

契丹小儿摔跤线图

清代姚文翰绘《崇庆皇太后八旬万寿图》，故宫博物院藏

亡途中，国舅王维恭居然还不忘重新组织一个昆曲班子，为皇帝及文武官员宴饮助兴。

清代是宴饮戏曲发展的一个高峰期，不仅戏班众多，而且剧目增长迅速。《大清通礼》记载的宴戏名目众多，如乾清宫家宴、皇后及贵妃千秋宴、乾清宫曲宴廷臣等，均有宴戏承应。此外，还有凯旋宴戏、庆成宴戏、普宴宗室宴戏以及千叟宴宴戏等。上行下效，宫廷对于戏曲的推崇，引得民间争相效仿，戏曲也成为民间宴饮娱乐的重要方式。当时的戏曲有"雅部"与"花部"之分，雅部指的是昆腔，花部指的是昆腔以外的其他地方戏曲。清代后期，集饮食、观赏为一体的戏园应运而生。据统计，至清末，北京的戏园子有30余家。

中华饮食是一种独特的文化艺术。在中国古代的各类宴席上，人们在追求色、香、味、形、器统一的同时，又讲究美食与良辰美景的结合、宴饮与赏心乐事的结合，并把饮食与美术、音乐、舞蹈、杂技等艺术相结合，从而很大程度上促进了文化艺术的发展。

# 分食与合食

　　中国历史上的餐饮方式可以分为围食、分食和合食三种。围食是史前时代人们围坐在篝火或火塘边进食；分食是进入文明时代以后的餐饮方式，以几案的使用为重要特征；合食共餐则是以桌椅的出现为前提条件。

　　隋唐以前的漫长历史时间内，中国先民习惯于席地而食，或凭俎案而食，人各一份，是典型的分食制。古代先民为何要席地而食呢？石器时代的人们住在洞穴中，穴内铺草荐，饮食坐卧都是在草荐上进行。先秦时期建筑的高度也并没有提升多少。席地而食的重要原因在于住房低矮，且没有桌椅板凳，高度的限制导致人们只能延续石器时代穴居的遗风。

　　先秦及秦汉时期，不同阶层所用之席在质地、边饰、形制、摆放上都有很大区别。先秦礼制规定：天子之席五层，诸侯三层，大夫二层，有其严格的等级之别。席一般用苇、蒲、萑、麻之类的植物茎秆编成，考究的席以丝帛缀边，如湖南长沙马王堆汉墓出土的莞席。此外，还有特殊材质的高档席具，如湖南长沙东牌楼出土的东汉简牍中有"皮席""皮二席"的记载，丰富了我们对"席"这种重要的日常坐具的认识。"皮席"指的是动物皮制成的席，先秦时期即有"熊席"的史籍记载。秦汉时期，有猎杀野生动物，以其皮为席的风俗，如《说苑》

新石器时代草荐，浙江省博物馆藏

记载"虎豹为猛，人尚食其肉，席其皮"；西汉时，班婕妤送给皇后的礼物之一为"含香绿毛狸藉一铺"，指的是用狸皮制的皮席；《释名》中也有以"貂皮"为席的记载。《后汉书·李恂传》记载："（恂）拜兖州刺史，以清约率下，常席羊皮，服布被。"从这可知，羊皮席应是众多皮席中价格便宜且档次较低的一个种类。据王子今先生考证，"皮二席"指的就是史籍记载中的"重席"。"重席"为尊贵之人所坐。据《仪礼·乡饮酒礼》《礼记·曲礼》记载，"公三重，大夫再重"，"大夫辞加席，主人对，不去加席"，"客彻重席，主人固辞，客践席"。这些记载大意是，席的层次，视地位高低而定。"公"要铺三层席，"大夫"要铺二层席（即重席）；乡饮酒礼中，"大夫"的"辞加席"以及"客"的"彻重席"都是一种谦虚的做法，表明自己不以尊者自居，需要辞谢尊者所坐坐具；而主人必须拒绝客人撤席的请求，坚持给"公"和"客"上"重席"。

　　秦汉时期，对于席地而食也有一些礼节规定。首先，陪同客人一起进入室内时，主人要先向客人致意，先行入内并将席放好，然后出迎请客人进室。席的摆放方向要符合礼制，中规中矩。孔子曰："席不正，不坐。"坐席要讲席次，即座位的顺序，主人或贵宾坐首席，称"席尊""席首"，余者按身份、等级依次而坐，不得错乱。其次，席的方位有上下，当坐时必须由下而升，应该两手提裳之前，徐徐向席的下角，从下而升，避免踏席。当从席上下来时，则概由前方下席。中国国家博物馆馆藏的鎏金熊形青铜镇就是为了防止由于起身落座时折卷席角的压席之物。再次，如果客人不是前来赴宴而是为了谈话，就要把主、客座席相对铺陈，当中留有间隔，以便相视对谈。如果是来赴宴的话，则要做到"食座尽前"，即尽量坐得靠前一些，靠近摆放饮馔的食案，以便进食，并避免因不慎掉落的食物弄脏了座席。最后，坐姿也有要求，必须双膝着地，臀部压在足后跟上，称作"跂坐"。如果不按礼节坐席，会被视作无礼。《史记·郦生陆贾列传》记载，郦食其去高阳传舍

西汉莞席，湖南博物院藏

汉代鎏金熊形青铜镇，中国国家博物馆藏

见刘邦时，"沛公方倨床使两女子洗足"，极其无礼；《汉书》记载，陆贾曾奉汉高祖刘邦之命出使南越，南越王赵佗会见陆贾时，箕踞而坐，被陆贾当面指责为野蛮无礼的行为。权贵之家除用竹、苇织席外，还用铺兰席、桂席、苏熏席、象牙席等，制作工艺非常精湛。

除了席地而食外，古人还有凭俎案而食的进食方式。最早的食案出现在新石器时代。山西襄汾陶寺遗址龙山文化墓葬中出土了一些用于饮食的木案。这些木案出土时，案上还放有酒具、刀具和多种食物。陶寺遗址食案的发现，表明中国人使用食案的历史至少有 4000 年。与案相近的还有俎。俎是古代用于切肉、盛肉的用具，兼具砧板和食案的功能。收藏于北京大学赛克勒考古与艺术博物馆的商代石俎，俎面为槽形，沿桌面边缘高起一线，以防酒水、菜汁的流溅，有"拦水线"之名，为后世出现的带拦水线之食案先驱。河南博物院收藏的春秋时期的透雕变形龙纹俎，呈长方形，中间略窄微凹，四足作扁平的凹槽形。俎面及四足有透雕的矩形纹，余饰变形龙纹。俎的镂孔设计应是为了割肉时便于血水流放。当时的实用俎主要是漆木制，此青铜俎的纹饰繁缛精致，应是祭祀用的礼器，用来向神灵供奉肉食。先秦时期，无论是平时进食或举行宴会，食品、菜肴都是放在席上或席前的俎案上，豆、簠、簋、瓹、爵

春秋透雕变形龙纹俎，河南博物院藏

西汉云纹漆案，湖南博物院藏

等饮食器具，一般都是直接摆在席上的。

"举案齐眉"的故事，在中国古代社会中一直被视为妻子敬爱丈夫的典范。《后汉书·梁鸿传》记载：东汉时期的贤士梁鸿娶了一名貌丑的富家千金孟光。两人婚后隐居山林，以耕织为业。每天回家，孟光都为梁鸿准备饭菜，她不敢抬头直视梁鸿，将案举得和眉毛一样高，夫妻相敬如宾。"举案齐眉"的"案"指的是一种无足的类似托盘的器物，据孙机先生考证，这种食案名叫"棜案"。长沙马王堆轪侯夫人辛追墓出土的云纹漆案应该就是孙机先生所说的"棜案"。出土时，该案上置5个盛有食物的漆盘、2个漆卮和1个漆耳杯，还有串肉的竹串和一双竹筷，为当时分餐而食的真实反映。

汉代的食案有两种，除"棜案"外，还有一种有足之案。如甘肃武威旱滩坡汉墓出土的有足木案，整木雕刻，有沿，左右各凸出一重沿；又如北京丰台大葆台西汉墓和河北满城中山靖王刘胜墓出土的装鎏金铜蹄足的彩绘漆案。作为秦汉时期的一种常见器具，食案的主要功能在于盛放杯、盘等食具。从出土的实物来看，食案一般长约1米，宽约为0.5米，有木制、陶制、石制和铜制多种质地。在木案上髹漆便成为美观精致的漆案，如前所述，马王堆、大葆台、满城等诸侯大墓所出的漆案就是汉代食案中的精品。食案是汉代家庭中常备的食具。当时的人们是分餐制，一般是一人一案。《史记·田叔列传》

记载"赵王张敖自持案进食",《汉书·外戚传》记载许皇后"亲奉案上食",都说明食案是很轻的,否则即使是"力举石臼"的孟光也绝不可能把摆满菜的案举到眉毛处。"持案""奉案""举案"等行为都表示尊敬。山东诸城前凉台西村出土的庖厨画像石中还特别表现了两个整理食案的仆人,正在仔细擦洗罗列起来的 7 个食案。他们的身后,有 1 个托盘的男仆,手里正端着食物走过来,等到食品和食具准备完毕,便要将食案抬出,供主宾们享用。大一些的食案还可直接用作厨事活动的案桌,在汉晋时期的许多烹饪场面的画像砖石中能发现它们的身影。中国国家博物馆馆藏的一件四川地区的庖厨画像砖的画像左面有两人跪坐在长案后准备菜肴,后架上挂着三块食物。甘肃嘉峪关出土的魏晋切肉画像砖画面中,一个男仆持刀在案上切肉,一个女婢从旁协助,他们旁边是摆放整齐的一摞小食案。敦煌悬泉置汉简中有"厨更治切肉几,长二尺"的记载,汉代一尺约为 23 厘米,两尺约为 46 厘米,简文记载的"切肉几"应该就是切肉画像砖所示的那种小型食案。

王仁湘先生认为:食案是礼制化的分食制的产物。在原始氏族公社制社会里,人类遵循一条共同的原则——对财物共同占有,平均分配。反映在饮食生活中,表现为氏族内食物是公有的,食物烹调好了以后,按人数平分,没有饭桌,各人拿到饭食后都是站着或坐着吃。饭菜的分配,先是男人,然后是妇女和儿童,多余的就存起来。这就是最原始的分食制。唐代以前,分食是主要的进餐形式。史籍记载,齐国孟尝君田文养的食客多达数千人。有一天夜晚,孟尝君招待新来的食客吃饭,有位客人被挡住了灯光,十分恼怒,认为自己吃的肯定是不怎么好的馔品,于是推开食案起身就要离去。孟尝君站起身来,端起自己的饭同客人的相比,客人看到饭菜并无两样,知道自己错怪了孟尝君,十分惭愧,竟提起剑来自刎谢罪。因为这个食客的自尽,又有许多士人赶来投到孟尝君门下。这则故事表现了孟尝君礼贤下士的优秀品质,也表明在先秦时期,人

汉代庖厨画像砖,中国国家博物馆藏

魏晋切肉画像砖

们实行的是分食制。

秦汉时期，人们在饮食生活中依然实行分餐制。当时人们席地而坐，面前放一低矮食案，食案上放置食物，一人一案，单独进食。鸿门宴上项王、项伯、范增、沛公和张良五人就是典型的一人一案的分餐制。河南密县打虎亭一号汉墓内画像石的宴饮图显示：主人坐于方形大帐内，其面前设一长方形大案，案上有一托盘，主人席位两侧各有一列宾客席，已有三位宾客就座，几名侍者正在其他案前做准备工作。这幅宴饮图是汉代实行分餐制的生动再现。西汉墓葬中常见的饮食器具铜染炉也是汉代实行分餐制的明证。出土的铜染炉的高度一般在10—14厘米，这非常符合汉代人席地而食和分餐制的饮食风俗。魏晋南北朝时期，尽管受到少数民族文化的影响，但当时社会的主流仍是分餐制。《陈书·徐孝克传》记载，南北朝时期，有个名叫徐孝克的大孝子，有一次他陪同南朝陈宣帝宴饮，不曾动过一下筷子，可是摆在他面前的美食却莫名其妙地减少了。原来是徐孝克舍不得吃，悄悄地把食物藏在怀里，准备带回家孝敬母亲。宣帝知道后大为感动，下令以后筵席上的食物，凡是摆在徐孝克面前的，他都可以大大方方地带走。这个故事从侧面反映出，南北朝时期的食俗依然是分食制。

汉代铜染炉，中国国家博物馆藏

魏晋南北朝时期，涌入中原的胡床等高足坐具的使用和流行，使传统的席地而坐的姿势受到更轻松的垂足坐姿的冲击。此外，建筑技术的进步，特别是斗拱技艺的成熟和大量使用，增高和扩展了室内空间，因此对家具有了新的需求。低矮的食案已不能适应这种变化的要求，公元5—6世纪，出现了新的坐具类型，如束腰圆凳、方凳、椅子等，它们逐渐取代了铺在地上的席子以及低矮的食案。从敦煌285窟的西魏时代壁画可见目前已知年代最早的靠背椅子的图像，有趣的是，椅子上的仙人还用着惯常的蹲跪姿势，双足并没有垂到地面上。这显然是高足坐具使用不久或不普遍时可能出现的现象。唐代时各种各样的高足坐具已相当流行，南唐顾闳中的名作《韩熙载夜宴图》中，可以看到各种桌、椅、屏风和大床，图中的人物完全摆脱了席地起居的旧习。尽管高足坐具已非常流行，但传统的坐姿习惯却不能轻易改变。当时坐姿的主流已变成垂足而坐，但依然还有人采用盘腿的姿势坐着。唐代韦氏家族墓《野宴图》壁画显示参加宴会的男子中仍有人盘腿而坐，似乎还不太习惯把他们的双腿垂放下地。无论如何，唐代中晚期以后，垂足而坐已成为标准坐姿，席地而坐的传统方式已经基本被抛弃了。此外，在敦煌唐代屠房壁画中，可以看到站在高桌前屠牲的庖丁像，说明以往烹饪用的低矮条案也已经被高桌所取代。随着桌、椅的广泛使用，食物和饮食器具可以直接放置在桌子上，小食案就逐渐退出了饮食生活，人们围坐一桌共同进餐也

南唐顾闳中绘《韩熙载夜宴图》中的家具

宋代赵佶绘《文会图》（局部），台北故宫博物院藏

就是很自然的事了。《野宴图》壁画以及敦煌 473 窟壁画表现的宴饮场面构图大同小异：人们围坐在一个长方食桌周围，食桌上摆满大盆小盏，每人面前各有一副匙箸配套的餐具。这已经是众人围坐一起的合食场面。

值得注意的是，合食成为潮流之后，分食习俗并未完全革除，依然以《韩熙载夜宴图》为例，画面显示：韩熙载及几位宾客，分坐床上和靠背大椅上，欣赏着一位琵琶女的演奏。他们每人面前摆着一张小桌子，放有完全相同的一份食物，是用 8 个盘盏盛着的果品和佳肴。碗边还放着包括餐匙和筷子在内的整套进食餐具，互不混同。这幅场景说明了在合食成为食俗主流之后，分食的影响力还未完全消退。至于宋代，合食制完全取代了分食制，台北故宫博物院所藏宋徽宗赵佶的《文会图》就是明证。

分食制向合食制的过渡，使人们的饮食方式发生了划时代的改变。从分食到合食经历了上千年的时间，而合食也不断发展绵延至今。现代国人的饮食习惯主要还是围桌合食，不论是在家中或是在饭馆，亲朋好友围坐一处，把酒言欢，亲切交流，隆重热烈的气氛会深深感染每一个人。

敦煌唐代屠房壁画

# 古代名宴面面观

　　中国历史上的宴会，名目繁多，精彩纷呈。除了通常的国宴、军宴、公宴、私宴外，以与宴人群划分，有士人宴、仕女宴、千叟宴、九老会等。以设宴场所分为殿宴、府宴、游宴、野宴、园宴等。如秦末项羽在鸿门宴请刘邦，史称"鸿门宴"；汉武帝在柏梁台宴群臣，称"柏梁宴"；唐代皇帝每年在曲江园林宴百僚，史称"曲江宴"。以筵席间的珍贵餐具命名，如玳瑁筵、琥珀宴。以筵席上必备的食品命名，如唐代的樱桃宴、唐宋时的汤饼宴等。以宴间所奏的乐歌命名，如鹿鸣宴。

　　宴席最早可追溯至新石器时代。当时，人们对各种复杂的自然现象无法理解，出于敬畏之心，举行了各种献祭祖先和神灵的礼仪活动。祭祀活动结束后，大家围坐一起分享祭品。除祭祀活动外，先民们还因庆贺丰收、战争胜利等聚集在一起进行欢庆式聚餐。虽然是聚餐，但是属于聚而分食，并在饮食过程中遵循一定的礼节，如由部落首领负责分配食物，要按照尊卑次序安排座次并载歌载舞。无论是隆重、严肃、神秘的祭礼，还是欢庆热烈的聚食，远古时期的这些饮食活动都具有宴席的雏形。

　　为什么古人聚集而食被称为"宴席"或"筵席"呢？这其实和古人席地而食的进食传统有关。"筵""席"，都是古时铺在地上供人宴饮等活动时所坐的以莞、蒲等为原料编织而成的用具。古人席地而坐，设席每每不止一层。紧靠地面的较大的一层称为"筵"，"筵"上面较小的称"席"，人就坐在席上。《礼记·乐记》云："铺筵席，陈尊俎。"《周礼·春官》有"司几筵"，专掌设席。郑玄注："铺陈曰筵，藉之曰席。"后来，筵席、宴席就成为聚集而食的盛大场合的专称。这一时期筵席的种类非常多。《周礼·天官》记载，周天子的饮食，饭用六种谷物做成，牲肉用六种牲，饮料用六种醇清饮料，美味用一百二十种，珍肴用八种，酱用一百二十瓮。天子用膳需每天杀一牲，陈列十二鼎，鼎中牲肉取出后都由俎盛着奉上。用音乐助天子进食。这段话涉及了食馔种类、调味品的选择、主副食的搭配、食品的刀工加工、烹饪操作及口味等众多内容，反映出周天子的日常饮食就具有筵席的性质。除了宫廷筵席外，如周代的乡饮酒礼、大射礼、婚礼、公食大夫礼、燕礼上均有筵席，礼仪程序和规范都非常烦琐。

　　周代"乡饮酒礼"上的饮宴被称为鹿鸣宴。鹿鸣宴的得名源自《诗经·小雅》中的《鹿鸣》，学者一般认为此诗反映了周天子招待群臣、嘉宾的宴饮场景。鹿喜群居，又善于鸣叫，它的鸣叫往往是呼唤同类的信号，把鹿鸣当作起兴之物，表达了周天子想通过盛大的宴饮招揽人才以及与贵族们联络感情。此诗按照时间顺序进行叙事，展示宴会气氛由庄严到轻松，宾主之间从相敬到愉悦的演进过程，真实地再现了古代宴会礼仪，如迎客鼓瑟吹笙、捧筐献礼以及以乐侑食的制度。而诗中周天子对"嘉宾"的赞美、礼敬和"示我周行"的期待，更是表达了此次宴会选贤敬能的主题。故宫博物院收藏的相传为南宋马和之所绘制的《鹿鸣之什图》卷不仅生动地表现了群鹿在溪畔食草的场景，对殿前乐师"鼓瑟吹笙""吹笙鼓簧"以及周天子"燕乐嘉宾（群臣）"的宏大场面也——描绘，不啻珍

宋代马和之绘《鹿鸣之什图》（局部），故宫博物院藏

贵的历史纪录。

　　春秋时期，士大夫的筵席上"味列九鼎"，筑台宴乐之风盛行，出现了莞席、藻席、次席、蒲席、熊席等多种材质的坐具，食案也有玉几、雕几、肜几、漆几等多个品类。《楚辞》的《招魂》反映了楚国筵席的场面，席单列出了楚地主食四种、菜品八种、点心四种和饮料两种。从考古发现来看，青铜时代的饮食礼器在不同时期有着不同的特点，主要表现为商代重酒，西周重食，而春秋战国时期，礼器组合又转变为"钟鸣鼎食"。所谓"钟鸣鼎食"，意即"击钟列鼎而食"，其中的"钟"指的是编钟之类的古代乐器，"鼎"代表的是古代食器，充分体现了春秋战国时期贵族饮食生活的宏大场面。战国时期贵族们在进食时，往往有庞大的乐队奏乐，以乐侑食，品尝美味与聆听妙乐同时进行，使整个宴席变得庄重而富于韵律。上海博物馆馆藏的宴乐画像杯是一件椭圆形的饮酒器。全器的内外壁共錾刻48个人物、3座建筑物、4辆车、33只鸟、10头兽以及若干鼎、豆等器物。内壁画面中部有楼阁，两旁有阶梯。楼阁内有人正从鼎中取肉，从罍中舀酒，有人则跽坐宴饮。楼阁外侧有人手中持豆正准备拾级而上。此外，还有射猎、鸣钟、击鼓、抚琴、歌舞等人物形象。该器是对战国时期大型贵族宴饮场景的生动

还原。

秦汉时期，筵席的形式和内容有了新的特征，筵席名目增多，帝王登基宴、国宴、封赏功臣宴、公宴、省亲敬祖宴、游猎宴以及民间的家宴、婚宴、寿宴、节日宴等喜庆酒筵都呈现出不同的特点。筵席的每个环节，如延请、备宴、迎宾、赴宴、座次、进食、敬酒等都有各种规范。不同于先秦时期周天子笼络诸侯贵族的仪式繁缛的宴席，秦汉时期的宴会场面更加热烈而亲切。如果要选出秦汉时期乃至中国古代最著名的宴席，相信鸿门宴一定榜上有名。秦末，刘邦与项羽各自攻打秦军，结果刘邦于公元前206年率兵先破咸阳，按照当初楚怀王的约定，"先入关者王之"，刘邦先入关，理应为关中王。但项羽自恃功高，企图独霸天下。在听说刘邦已经进入咸阳的消息后，项羽率领大军，冲破函谷关，进驻鸿门（今陕西临潼东），准备与刘邦一决雌雄。面对项羽的大军压境，刘邦自知寡难敌众，遂采纳张良的建议，亲至鸿门谢罪。于是，项羽设宴款待刘邦。宴会上，虽有美酒佳肴，却危机四伏。项羽的谋士范增几次示意项羽杀掉刘邦，项羽却犹豫不决。在范增的授意下，项庄舞剑想趁机杀掉刘邦，项伯为保护刘邦，也拔剑起舞。危急时刻，刘邦的部下樊哙拥盾闯入宴会，力陈刘邦之功，怒斥项羽听信谗言，诛杀功臣。后来在樊哙、张良的掩护下，刘邦趁机逃走。这就是历史上著名的"鸿门宴"。鸿门宴不仅是一场重要的政治

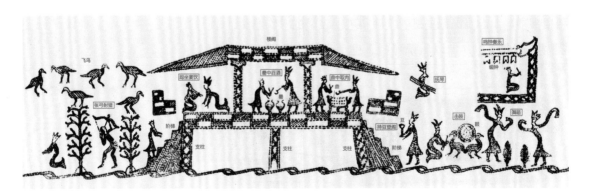

战国宴乐画像杯内壁线图

性宴会，也包含着重要的饮食文化内涵，反映了当时的饮食礼仪和习俗。

中国古代的游宴和野宴起源很早，最初与节庆活动有关。如《论语·先进》中的"暮春者，春服既成，冠者五六人，童子六七人，浴乎沂，风乎舞雩，咏而归"。此即春日祓除不祥的活动。这种节庆活动后来发展成为游宴和野宴。游宴和野宴大多在气候宜人的春秋二季举行，有时还与应时的除灾祈福仪式结合在一起。如春季的上巳（本指暮春三月上旬巳日，后定为三月三日）、秋季的重阳（九月九日）。上巳节最著名的宴集为"兰亭雅集"。古代风俗，三月上巳日人们要在水边祭祀，用浸泡了香草的水淋浴，以除疾病和不祥，名为"祓禊"。东晋永和九年（353年）三月三日，王羲之与谢安、孙绰等42人在会稽山阴（今浙江绍兴）兰亭举行祓禊，并借着蜿蜒曲折的小溪，泛着羽觞（漆制耳杯），浏览美景，赋诗咏怀。王羲之把这些诗集在一起，写了一篇序，是为《兰亭集序》。此后，三月三日的"曲水流觞""兰亭雅集"成为一种模式，历代文人都有模仿。

唐代，经济繁荣，国力强盛，中外文化交流达到前所未有的高度。在这样的历史背景下，各类宴会得到了较大的发展。当时的宴会，讲究排场、礼仪，注重宴会上菜的规格和程序，菜品也是独具匠心，花样翻新。其中，最著名的宴会有杏园探花宴、曲江宴（樱桃宴）、烧尾宴以及女性参与的探春宴和裙幄宴等。杏园探花宴是唐代新科进士较早的一次宴集，主要为宴请主考，并借以庆祝考中。进士张榜的当天，考中者

"鸿门宴"画像石拓片

明人绘《兰亭修禊图》（局部），中国国家博物馆藏

谢恩后，便前往期集院，计划筹备此宴，请一人为录事，其余主宴、主酒、主乐、探花、主茶，都各有分工。是日新科进士鲜衣怒马、意气昂扬地来到杏园宴集。宴会中最重要的节目是"探花"。进士们在同年中选少俊者二人为探花使，或称探花郎。探花使要遍访名园，探采名花。杏园宴上进士要向考官谢恩，自此他们与主考便结成了特殊关系。这一宴会对唐代士人走上仕途十分重要。

曲江是长安郊区风光胜地，在唐代，皇帝每年都要在这里赐宴新科进士，宴席规模庞大，人员众多，是具有节日气氛的重大宴饮活动。参加者有新科进士、负责考试的官员、王公大臣等，皇帝有时也亲临观赏。在这天，许多豪商富室、平民百姓以及长安仕女皆汇聚曲江，观光游览，盛况空前。那些金榜题名的进士，借宴饮之机拜谢考官，结识权贵，互相结交，并饮酒赋诗，显示才华，因此该宴又是一种文化活动。曲江宴又称樱桃宴，因为正值樱桃成熟时节，新鲜的樱桃是宴饮时的必备果品，故有此称。

烧尾宴盛行于初唐，某人升官时要宴请宾朋同僚，时人称为烧尾宴。如果得任朝廷要职，还得宴请皇帝，也称烧尾宴。烧尾宴要精心筹备，从原料的选择到菜肴的烹饪都极其讲究，不仅追求名贵，而且要花样翻新，出奇制胜。唐韦巨源拜尚书令，曾宴请唐中宗，留下了著名的《烧尾宴食单》。北宋陶谷《清异录》择食单之珍异者 58 款加以记载。

　　唐代社会开放，女性地位较高，富家女性也有自己的节日和宴饮活动。唐代仕女之宴中最著名的是探春宴和裙幄宴。据《开元天宝遗事》记载，每年的立春和雨水两个节气之间，富家女子结伴郊游，家人以马车带着帐幕、餐具、食品等跟随。游玩之后，在草地上搭起帐幕开始宴饮。宴饮时有猜谜作诗等娱乐活动，日暮还家。由于春天刚刚开始，因此此宴被称为探春宴。每年上巳节大宴之后，曲江园林向社会开放，许多富家女子前往游览。其有两个活动，先是"斗花"，即购买或采集野花佩戴，比谁的花名贵漂亮；后是将裙子挂在四周的竹竿之上，围成一个幄帐，大家在里面宴饮取乐。因为用裙子围成幄帐，故称裙幄宴。

　　质孙宴是元朝规格最高、最为隆重的宫廷大宴，是融宴饮、歌舞、游戏和竞技于一体的贵族庆典娱乐活动。"质孙"是蒙古语的音译，意为颜色。"诈马"是波斯语外衣、衣服的音译。质孙和诈马指的是同一件事，因此质孙宴又称为诈马宴。质孙服饰习称为"金锦衣""金织文衣"。元朝时期，凡忽里台大会和内廷大宴皆服之，意在"亲疏定位，贵贱殊列"，质孙服为皇帝所赐，且"其佩服日一易"，因此，参加质孙宴的皇帝、贵族、大臣等人有多套质孙服。按照马可·波罗的描述，质孙服是包括衣、带、靴等物在内，同时缀有珠宝的宴饮用服饰。作为宫廷最高规格的宴席，举办质孙宴的目的在于增强最高统治集团的凝聚力。质孙宴一般于每年的阴历六月择良辰吉日举行。宴会时，皇帝盛装亲临，参与的高级官员们按贵贱亲疏的次序各就其位。质孙宴上的主要食材是羊，除了手扒羊肉、烤全羊、煮全羊外，还有著名的"蒙八珍"。所谓"蒙八珍"，又称为"北八珍"，是元代宫廷御膳房制作的八种高档菜肴。据陶宗仪的《南村辍耕录》记载，八珍包括醍醐（从酥酪中提炼出的油）、麆沆（麈的幼羔）、野驼蹄（野骆驼蹄）、鹿唇、驼乳麋、天鹅炙（烤天鹅肉）、紫玉浆（葡萄酒）、玄玉浆（用马乳葡萄酿造的美酒）。元代诗人袁桷的

《虢国夫人游春图》（局部）宋代摹本，辽宁省博物馆藏

质孙宴

《宫乐图》宋代摹本，台北故宫博物院藏

《装马曲》中曾这样描述质孙宴的盛况："酮官庭前列千斛，万瓮蒲萄凝紫玉。驼峰熊掌翠釜珍，碧实冰盘行陆续。"此外，蒙古族能歌善舞，质孙宴也总是伴随着歌舞进行，在此期间还有摔跤等系列表演，持续数日才告结束。总之，蒙古人对于宴会十分重视，他们认为宴会和战争、狩猎一样均属于重要的国家大事。按照蒙古人的习惯，国家大事都要在宴会上讨论，做出决定。这种观念与蒙古族的游牧生活方式和部落组织形式有密切的关系。质孙宴作为最高规格的宫廷大宴，其举办时间、地点、场所、服饰、过程等均有严格和具体的规定，展示了蒙古王公重武备、重衣饰、重宴飨的习俗。

明清时期，最负盛名的宴席当属规模浩大的千叟宴。该宴是清廷为年老重臣和社会贤达举办的盛大国宴，因与宴者都是60岁以上的男子，且人数超过千人而得名。有清一代，该宴共举办过4次，分别为康熙五十二年（1713年）、康熙六十一年（1722年）、乾隆五十年（1785年）、嘉庆元年（1796年）。相较于其他清宫大宴，千叟宴规模最大、准备最久、耗费最巨。千叟宴都由礼部主持，光禄寺供置，精膳司部署，准备工作冗繁。千叟宴极重礼仪，不仅事前严格操练程序、置办礼品，而且筵分两等，由始至终仪礼井然。先后有肃立静候、高奏韶乐、皇帝升座、三跪九叩、就位进茶、宴席揭幕、奉觞上寿、御赐卮酒、执盒上膳、一跪上叩、皇帝回宫、垂首恭送、领赏谢恩、辞京回乡等程序。千叟宴是三代燕礼、汉代养老礼、元代寿庆礼、明代万寿节宴的延续和发展，是十分典型的中国传统敬老嘉会。中国国家博物馆馆藏的清人汪承霈所绘的《千叟宴图横幅》表现的是乾隆五十年在乾清宫举办千叟宴的情景。

我国古代宴会名目繁多，一般而言，宫廷官场的典礼性的宴会比较隆重，但与宴者多拘于礼节，不易开怀畅饮；而一般家庭宴饮、亲友聚会或文人宴集则更宜于尽情尽兴。在古人的心目中，宴饮的意义远在饮食之外。通过宴饮活动联络宾客、敦睦亲属、亲善友谊，是中国人自古以来团结群体、整合关系的重要方式。中国古代丰富多彩的宴席活动，是辉煌灿烂的中华饮食文化的重要组成部分。

清代汪承霈绘《千叟宴图横幅》（局部），中国国家博物馆藏